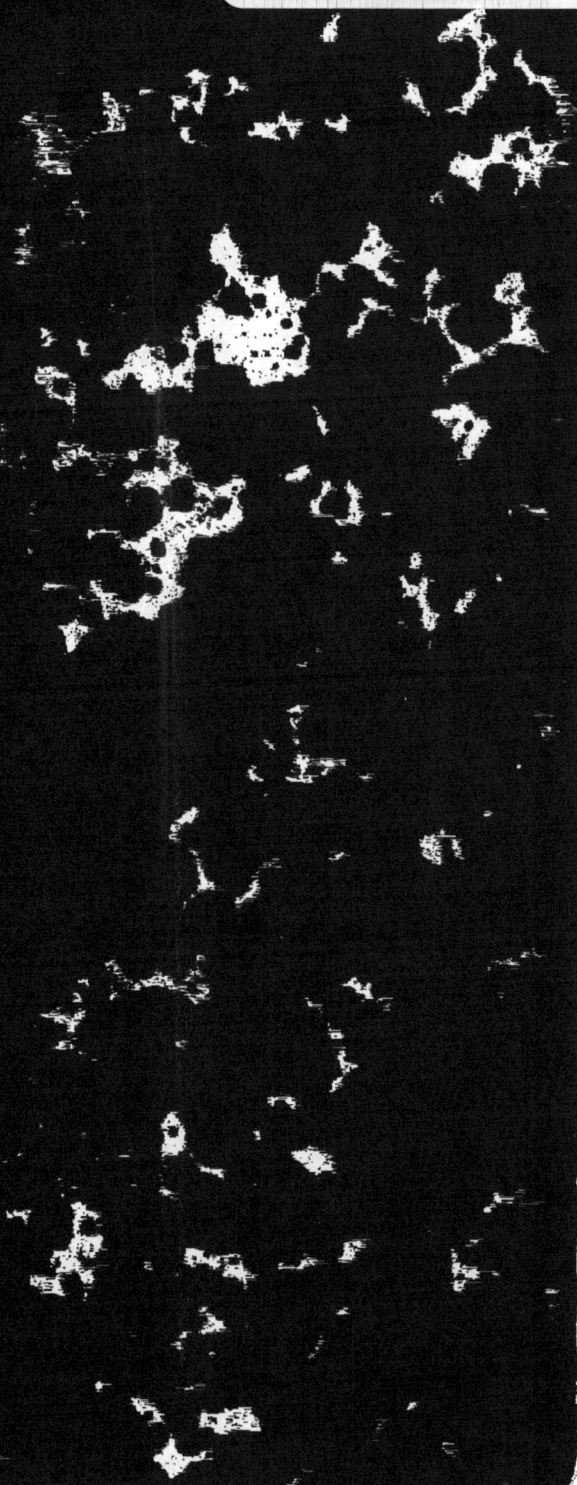

I0001577

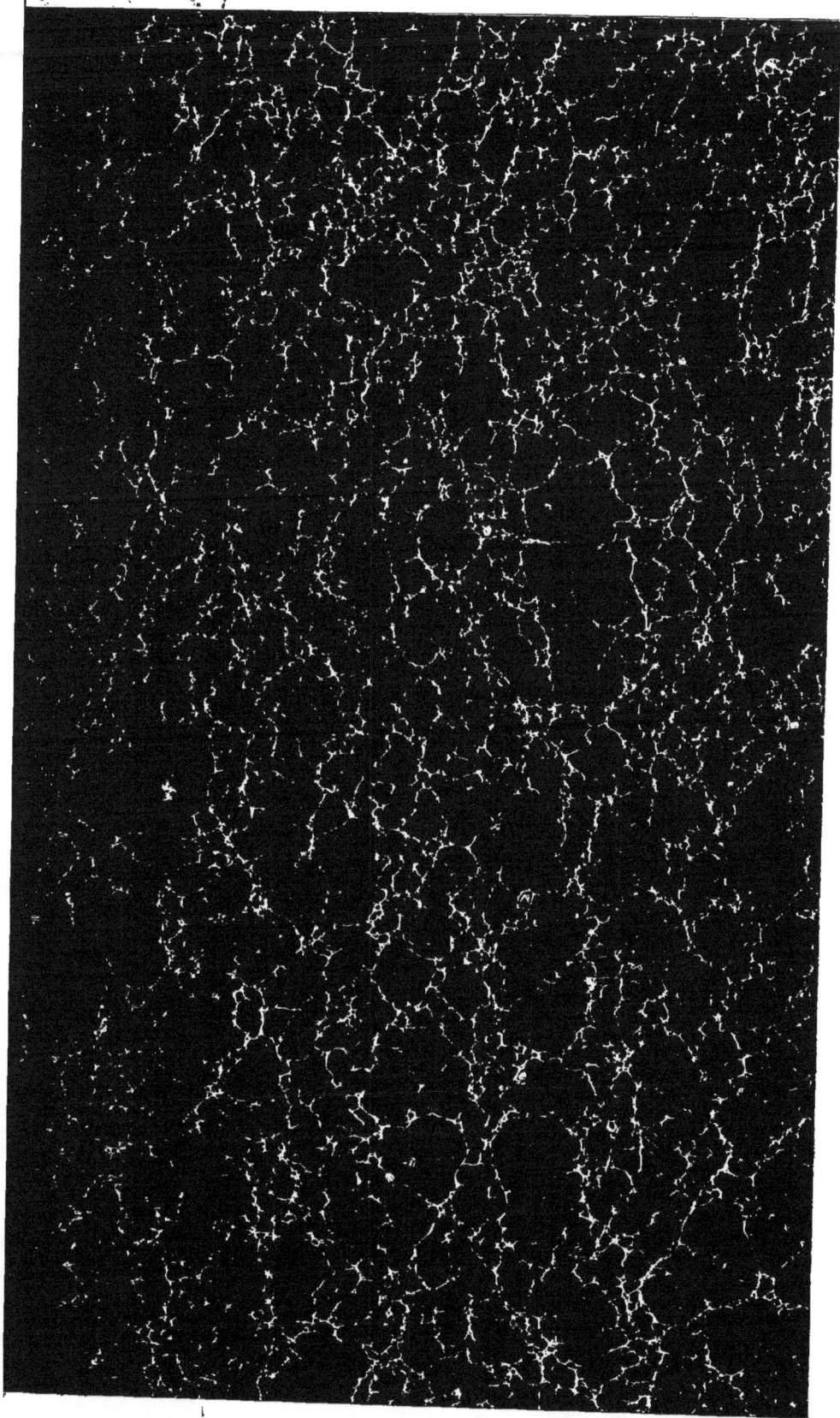

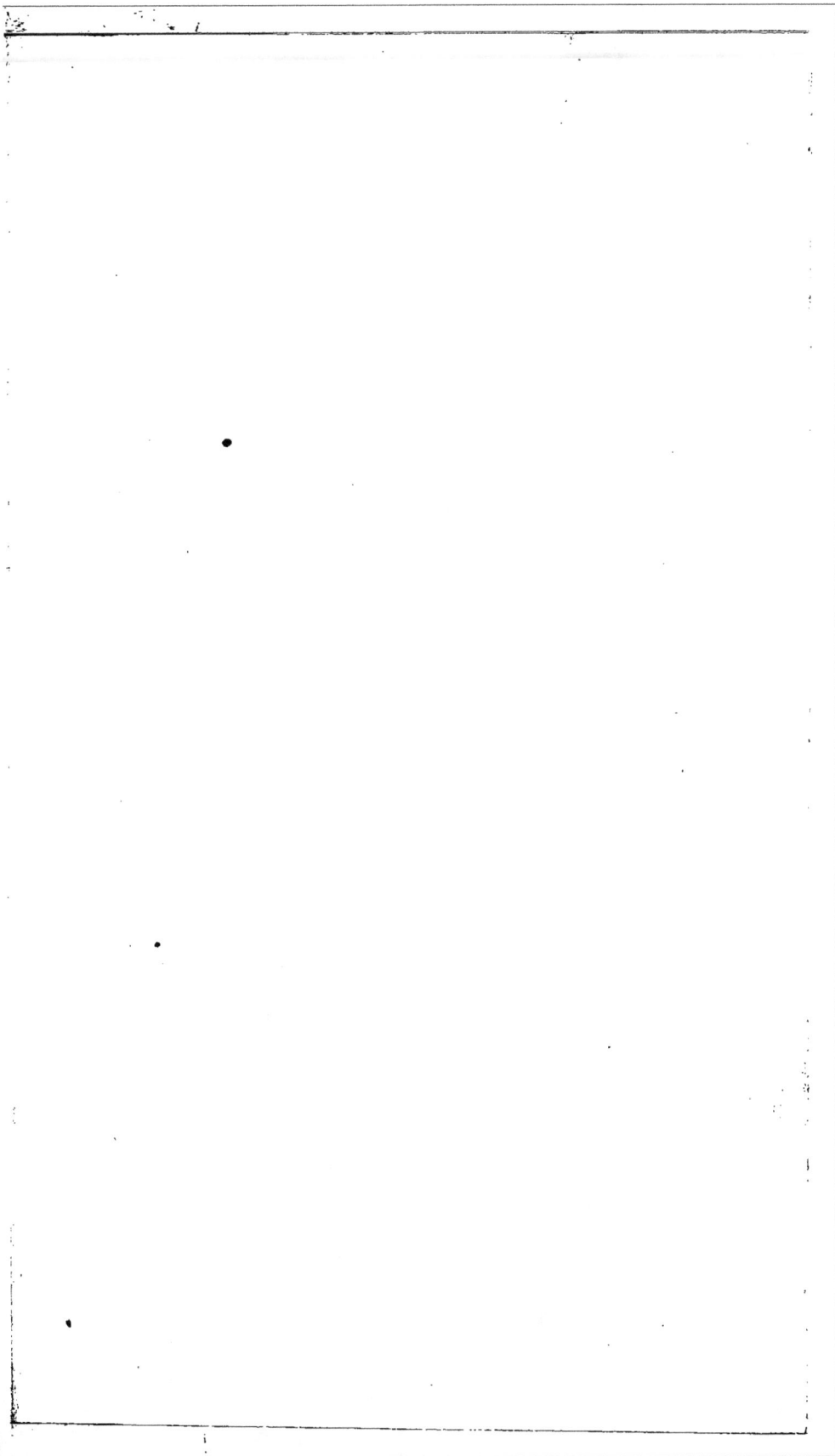

2179
Ca.5

20183

COMPLÉMENT

DES

ÉLÉMENS D'ALGÈBRE.

IMPRIMERIE DE HUZARD-COURCIER,
rue du Jardinet, n° 12.

COMPLÉMENT

DES

ÉLÉMENS D'ALGÈBRE,

A L'USAGE

DE L'ÉCOLE CENTRALE

DES QUATRE-NATIONS;

PAR S. F. LACROIX.

CINQUIÈME ÉDITION,

REVUE ET CORRIGÉE.

PARIS,

BACHELIER, SUCCESSEUR DE Mme Ve COURCIER,

LIBRAIRE POUR LES MATHÉMATIQUES,

QUAI DES GRANDS-AUGUSTINS, No 55.

1825

AVIS DU LIBRAIRE.

Ce Traité est le cinquième Volume du Cours élémentaire de Mathématiques pures, de M. Lacroix; Cours qui comprend l'Arithmétique, l'Algèbre, la Géométrie, la Trigonométrie rectiligne et sphérique, ainsi que l'Application de l'Algèbre à la Géométrie. On trouvera dans les Essais sur l'Enseignement, du même Auteur, l'analyse de chacune de ces parties, auxquelles font suite, le Complément des Élémens de Géométrie [ou Élémens de Géométrie descriptive], le Traité élémentaire de Calcul différentiel et de Calcul intégral et le Traité élémentaire du Calcul des Probabilités.

Tout Exemplaire qui ne porterait pas, comme ci-dessous, les signatures de l'Auteur et du Libraire, sera contrefait. Les mesures nécessaires seront prises pour atteindre, conformément à la loi, les fabricateurs et les débitans de ces Exemplaires.

TABLE.

FIN DE LA TABLE.

COMPLÉMENT

DES

ÉLÉMENS D'ALGÈBRE.

ﾊﾊﾊﾊﾊﾊﾊﾊﾊ

Des fonctions symétriques des racines des équations.

1. $\mathbf{O}$N appelle *fonction* d'une ou de plusieurs quantités, toute expression composée de ces quantités, ou dont la valeur en dépend : x^n, $\frac{1}{x^m}$, sont des fonctions de x ; $ax + b$, $\frac{ax^n + b}{cx^m + d}$, etc., sont encore des fonctions de x, lorsqu'on regarde les quantités a et b, c et d comme déterminées ou connues. L'expression $axy - by^2$, considérée par rapport aux quantités x et y seules, est une fonction de x et y ; les racines d'une équation, dépendant de ses coefficient et de son exposant, sont, par cette raison, des fonctions de ces quantités.

Quoiqu'on ne puisse obtenir en général les racines d'une équation que par approximation ou avec des radicaux, il y a cependant des quantités qui dépendent de ces racines, et qui s'expriment d'une manière rationnelle au moyen des coefficiens de l'équation proposée. Les quantités dont je parle sont celles qui renferment toutes les racines combinées d'une manière semblable, soit entre elles, soit avec d'autres quantités, et que pour cela je nommerai *fonctions symétriques*. La somme des racines, celle de leurs produits deux à deux, trois à trois, etc., données respectivement par les coefficiens du second, du troisième, du quatrième, etc., termes, sont des fonctions symétriques.

On reconnaît, en général, une fonction symétrique à ce qu'elle ne change point de valeur, quelque permutation qu'on y fasse entre les quantités dont elle dépend.

Les fonctions qui n'ont pas ce caractère, dépendent d'équations plus élevées que le premier degré, parce que c'est une loi bien remarquable de l'Analyse, et une suite nécessaire de sa généralité, que l'équation d'où dépend la détermination d'une fonction quelconque, renferme toujours toutes les valeurs dont cette fonction est susceptible, en y échangeant, les unes dans les autres, les quantités sur l'ordre et la valeur desquelles les conventions n'ont rien établi de particulier.

Les questions suivantes, quoique très simples, répandront le plus grand jour sur tout ceci.

2. Proposons-nous d'abord de *trouver deux quantités dont la somme soit* p *et le produit* q.

En représentant par x et par y ces deux quantités, on aura

$$\left.\begin{array}{l} x+y=p, \\ xy=q, \end{array}\right\} \quad \text{d'où l'on tirera} \quad \left\{\begin{array}{l} x^2-px+q=0, \\ y^2-py+q=0; \end{array}\right.$$

les deux inconnues x et y seront les racines d'une même équation, parce qu'elles entrent toutes deux de la même manière dans les conditions du problème.

Je suppose maintenant qu'au lieu de chercher immédiatement les quantités x et y, on se borne à demander la valeur de leur différence $x-y$: on l'obtiendra sans peine ; car , en vertu des équations proposées, on aura

$$x^2 + 2xy + y^2 = p^2, \quad 4xy = 4q;$$

retranchant le second résultat du premier, il viendra

$$x^2 - 2xy + y^2 = (x - y)^2 = p^2 - 4q,$$

d'où

$$x - y = \pm\sqrt{p^2 - 4q}.$$

On pouvait prévoir d'avance que la fonction $x - y$ aurait deux valeurs, et que par conséquent elle dépendrait d'une équation du second degré ; car rien dans l'énoncé de la question et dans la manière de la résoudre n'indiquait qu'on cherchât $x - y$ ou $y - x$.

La fonction $x^2 + y^2$, au contraire, dans laquelle il est indifférent de changer x en y, et réciproquement, n'étant susceptible que d'une seule valeur, ne dépendra que d'une équation du premier degré. En effet, si de l'équation $x^2 + 2xy + y^2 = p^2$ on retranche celle-ci, $2xy = 2q$, il en résultera

$$x^2 + y^2 = p^2 - 2q.$$

Ces remarques seront d'autant mieux senties , qu'on sera plus habitué à la marche de l'Analyse.

3. Il est facile de voir que si α, β, γ, δ et ε désignent les racines d'une équation du cinquième degré, les quantités

$$\alpha + \beta + \gamma + \delta + \varepsilon,$$
$$\alpha^2 + \beta^2 + \gamma^2 + \delta^2 + \varepsilon^2,$$
$$\alpha^3 + \beta^3 + \gamma^3 + \delta^3 + \varepsilon^3,$$
$$\text{etc.,}$$

sont des fonctions symétriques de ces racines. Il en serait de même des puissances semblables des racines d'une équation d'un degré quelconque. Newton a donné

1..

des formules très élégantes pour les calculer sans qu'il soit besoin de résoudre l'équation proposée. Ces formules, qu'il ne démontra point, sont de la plus grande importance dans la théorie des équations; je vais y parvenir d'une manière simple, au moyen de la formule trouvée dans le n° 180 des *Elémens*.

4. Soit $x^m + Px^{m-1} + Qx^{m-2} + Rx^{m-3} \ldots + Tx + U = 0$ l'équation proposée; le résultat de la division de son premier membre par $x - \alpha$, ordonné par rapport à x, sera

$$x^{m-1} + \alpha \left| x^{m-2} + \alpha^2 \right| x^{m-3} + \alpha^3 \left| x^{m-4} \ldots + \alpha^{m-1} \right.$$
$$+ P \left| \quad + \alpha P \right| \quad + \alpha^2 P \quad \left| \quad + \alpha^{m-2} P \right.$$
$$+ Q \left| \quad + \alpha Q \right| \quad + \alpha^{m-3} Q$$
$$+ R \left| \quad + \alpha^{m-4} R \right.$$
$$\ldots\ldots$$
$$+ \quad T;$$

puis changeant α en β, on aura pour le quotient de la division par $x - \beta$,

$$x^{m-1} + \beta \left| x^{m-2} + \beta^2 \right| x^{m-3} + \beta^3 \left| x^{m-4} \ldots + \beta^{m-1} \right.$$
$$+ P \left| \quad + \beta P \right| \quad + \beta^2 P \quad \left| \quad + \beta^{m-2} P \right.$$
$$+ Q \left| \quad + \beta Q \right| \quad + \beta^{m-3} Q$$
$$+ R \left| \quad + \beta^{m-4} R \right.$$
$$\ldots\ldots\ldots$$
$$+ \quad T;$$

de même, pour le quotient de la division par $x - \gamma$, on trouvera

$$x^{m-1} + \gamma \left| x^{m-2} + \gamma^2 \right| x^{m-3} + \gamma^3 \left| x^{m-4} \ldots + \gamma^{m-1} \right.$$
$$+ P \left| \quad + \gamma P \right| \quad + \gamma^2 P \quad \left| \quad + \gamma^{m-2} P \right.$$
$$+ Q \left| \quad + \gamma Q \right| \quad + \gamma^{m-3} Q$$
$$+ R \left| \quad + \gamma^{m-4} R \right.$$
$$\ldots\ldots$$
$$+ \quad T.$$

En continuant ainsi, on obtiendra autant de quotiens qu'il y a de racines; et pour les ajouter ensemble, on représentera par S_1 la somme des premières puissances des racines, par S_2 celle de leurs secondes puissances, par S_3 celle de leurs troisièmes, enfin, par S_m la somme des puissances du degré m : on aura ainsi

$$S_1 = \alpha + \beta + \gamma + \delta + \epsilon,$$
$$S_2 = \alpha^2 + \beta^2 + \gamma^2 + \delta^2 + \epsilon^2,$$
$$S_3 = \alpha^3 + \beta^3 + \gamma^3 + \delta^3 + \epsilon^3,$$
$$\dots\dots\dots\dots\dots\dots\dots\dots$$
$$S_m = \alpha^m + \beta^m + \gamma^m + \delta^m + \epsilon^m.$$

À l'aide de cette notation, on trouvera pour la somme de tous les quotiens donnés ci-dessus, l'expression suivante :

$$
\left.
\begin{array}{llll}
mx^{m-1}+S_1 & x^{m-2}+S_2 & x^{m-3}+S_3 & x^{m-4}\dots+ S_{m-1} \\
\quad +mP & \quad +PS_1 & \quad +PS_2 & \quad +PS_{m-2} \\
& \quad +mQ & \quad +QS_1 & \quad +QS_{m-3} \\
& & \quad +mR & \quad +RS_{m-4} \\
& & & \dots\dots \\
& & & \quad +\ mT
\end{array}
\right\} (A).
$$

J'observe maintenant que chaque quotient particulier est le produit de tous les facteurs de la proposée, excepté celui par lequel on a divisé. Le premier de ces quotiens, par exemple, renferme tous les facteurs, excepté $x - \alpha$: le coefficient de son second terme sera donc la somme de toutes les racines, excepté α, prises avec des signes contraires; celui de son troisième terme, la somme de tous leurs produits deux à deux, excepté ceux qui seraient formés de la lettre α combinée avec chacune des autres : le coefficient du quatrième terme contiendrait de même tous les produits trois à trois, à l'exception de ceux qui résulteraient de la lettre α

combinée avec deux autres quelconques, et ainsi des coefficiens suivans. Ce qui vient d'être dit sur le premier quotient et pour la lettre α, aura lieu également par rapport au second et à la lettre β, au troisième et à la lettre γ, etc.

Il résulte de là que le coefficient du second terme dans la somme des quotiens, ou dans la fonction (A), est égal à $m - 1$ fois la somme des racines prises avec un signe contraire; car si toutes les lettres se trouvaient dans chaque quotient, on aurait m fois cette somme; mais comme chaque lettre manquera une fois, d'après ce qui a été dit ci-dessus, elles ne se trouveront toutes répétées que $m - 1$ fois. On aura donc $(m - 1)P$ pour le coefficient du second terme de (A), et par conséquent,

$$S_1 + mP = (m - 1)P.$$

Le coefficient du troisième terme de la fonction (A) contiendrait aussi m fois les divers produits des racines $\alpha, \beta, \gamma, \delta$, etc., combinées deux à deux, si toutes entraient dans chaque quotient; mais chacun de ces produits manque dans deux quotiens: $\alpha\beta$, par exemple, ne se trouve ni dans le premier ni dans le second; tous ne seront donc répétés que $m - 2$ fois; et comme leur somme est exprimée par Q dans l'équation proposée, on aura $(m - 2)Q$ pour le coefficient du troisième terme de la fonction (A), d'où il résultera

$$S_2 + PS_1 + mQ = (m - 2)Q.$$

De même le coefficient du quatrième terme de la fonction (A) ne contiendra que $m - 3$ fois les divers produits des racines prises avec des signes contraires et combinées trois à trois; car chacun de ces produits manquera dans trois quotiens: $-\alpha\beta\gamma$, par exemple, ne se trouvera ni dans le premier, ni dans le second, ni dans le troi-

sième ; ainsi leur somme étant R dans l'équation proposée, $(m-3)R$ sera le coefficient cherché, et on
aura par conséquent

$$S_3 + PS_2 + QS_1 + mR = (m-3)R.$$

On peut pouser ces raisonnemens aussi loin que l'on
voudra , et on en tirera

$$\left. \begin{array}{l} S_1 + mP = (m-1)P , \\ S_2 + PS_1 + mQ = (m-2)Q, \\ S_3 + PS_2 + QS_1 + mR = (m-3)R, \\ \text{etc.} \end{array} \right\} \text{d'où} \left\{ \begin{array}{l} S_1 + P = 0, \\ S_2 + PS_1 + 2Q = 0 , \\ S_3 + PS_2 + QS_1 + 3R = 0, \\ \text{etc.} \end{array} \right.$$

5. On obtiendra par ces formules la somme des puissances des racines, tant que l'exposant de ces puissances
sera moindre que m; mais rien n'est plus facile que de
la trouver passé ce terme. En effet , il suffit pour cela ,
comme Euler l'a remarqué , de multiplier l'équation
proposée par x^n; il viendra

$$x^{m+n} + Px^{m+n-1} + Qx^{m+n-2} + Rx^{m+n-3} \ldots + Tx^{n+1} + Ux^n = 0 ;$$

mettant successivement α , β , γ , δ, etc., au lieu de x ,
on aura

$$\alpha^{m+n} + P\alpha^{m+n-1} + Q\alpha^{m+n-2} + R\alpha^{m+n-3} \ldots + T\alpha^{n+1} + U\alpha^n = 0,$$
$$\beta^{m+n} + P\beta^{m+n-1} + Q\beta^{m+n-2} + R\beta^{m+n-3} \ldots + T\beta^{n+1} + U\beta^n = 0,$$
etc.;

et en ajoutant ces résultats entre eux , on conclura de
la notation adoptée ,

$$S_{m+n} + PS_{m+n-1} + QS_{m+n-2} + RS_{m+n-3} \ldots + TS_{n+1} + US_n = 0.$$

Cette équation se lie parfaitement avec les précédentes, car en faisant $n = 0$, on a

$$S_n = S_0 = \alpha^0 + \beta^0 + \gamma^0 + \delta^0 + \text{etc.};$$

et comme $\alpha^0 = 1$, $\beta^0 = 1$, $\gamma^0 = 1$, $\delta^0 = 1$, etc. , il
suit de là que S_0 égale l'unité répétée autant de fois

qu'il y a de racines, ou égale m. Par cette observation, l'équation ci-dessus devient

$$S_m + PS_{m-1} + QS_{m-2} + RS_{m-3}\dots + TS_1 + mU = 0,$$

résultat dont la forme répond à celle de la dernière des équations du numéro précédent, qui serait

$$S_{m-1} + PS_{m-2} + QS_{m-3} + RS_{m-4}\dots + (m-1)T = 0.$$

Ces équations, dont la loi est facile à saisir, renferment le théorème que Newton a énoncé dans son *Arithmétique universelle*, et qu'il a appliqué à l'équation

$$x^4 - x^3 - 19x^2 + 49x - 30 = 0.$$

Dans ce cas particulier, où $P = -1$, $Q = -19$, $R = +49$, $S = -30$, il a trouvé

$$S_1 = 1, \quad S_2 = 39, \quad S_3 = 89, \quad S_4 = 723:$$

on obtient de même

$$S_5 = -2849.$$

6. Il est visible que si l'on fait $x = \dfrac{1}{z}$ dans l'équation proposée, qu'on en réduise tous les termes au même dénominateur, on aura une équation dans laquelle $z = x^{-1}$, et dont, par conséquent, les racines seront α^{-1}, β^{-1}, γ^{-1}, etc. ; dégageant donc de son coefficient la plus haute puissance de z, et mettant dans les dernières formules du n° précédent, au lieu des coefficiens P, Q, etc., ceux de l'équation transformée, les quantités S_1, S_2, S_3, etc., deviendront les sommes des puissances négatives des racines de la proposée, et devront en conséquence être remplacées par S_{-1}, S_{-2}, S_{-3}, etc., en désignant par S_{-n} la quantité $\alpha^{-n} + \beta^{-n} +$ etc.

Nous ferons remarquer qu'au moyen de cette notation, on peut changer le signe de n dans l'équation

$$S_{m+n} + PS_{m+n-1}\dots + TS_{n+1} + US_n = 0,$$

et qu'on aura l'équation

$$S_{m-n} + PS_{m-n-1} \ldots + TS_{1-n} + US_{-n} = 0,$$

qui fera connaître les relations des sommes des puissances négatives, soit avec celles des puissances positives, soit entre elles ; mais tant que $n < m$, ces dernières relations sont exprimées plus simplement par ce
qui a été dit ci-dessus.

7. Avec le secours des résultats du numéro précédent,
toute fonction algébrique, rationnelle et symétrique des
racines d'une équation quelconque, pourra s'exprimer
par les coefficiens de cette équation ; l'exemple qui va
suivre, quoique particulier, montrera suffisamment de
quelle manière la chose doit s'exécuter en général.

Soient α, β et γ les racines d'une équation du troisième
degré : si l'on multiplie l'une par l'autre les quantités
$\alpha^n + \beta^n + \gamma^n = S_n$ et $\alpha^p + \beta^p + \gamma^p = S_p$, il en résultera

$$\left.\begin{array}{l} \alpha^{n+p} + \beta^{n+p} + \gamma^{n+p} \\ + \alpha^n\beta^p + \alpha^p\beta^n + \alpha^n\gamma^p + \alpha^p\gamma^n + \beta^n\gamma^p + \beta^p\gamma^n \end{array}\right\} = S_n S_p ;$$

mais la première ligne du premier membre est égale à
S_{n+p}, et la seconde est une fonction symétrique des racines α, β et γ, formée en les combinant deux à deux,
et en les affectant, chacune à son tour, de l'exposant
n et de l'exposant p : on aura donc

$$\alpha^n\beta^p + \alpha^p\beta^n + \alpha^n\gamma^p + \alpha^p\gamma^n + \beta^n\gamma^p + \beta^p\gamma^n = S_n S_p - S_{n+p}.$$

Il est facile de voir qu'en quelque nombre que soient les
racines α, β, γ, etc., la valeur d'une fonction symétrique
de la forme $\alpha^n\beta^p +$ etc., sera toujours $S_n S_p - S_{n+p}$, les
sommes $S_n S_p$ et S_{n+p} étant calculées pour le nombre de
racines que l'on considère.

En multipliant par $\alpha^q + \beta^q + \gamma^q = S_q$ l'équation précédente, on aura

$$
\begin{aligned}
&\alpha^{n+q}\beta^p + \alpha^p\beta^{n+q} + \alpha^{n+q}\gamma^p + \alpha^p\gamma^{n+q} + \beta^{n+q}\gamma^p + \beta^p\gamma^{n+q} \\
+ &\ \alpha^{p+q}\beta^n + \alpha^n\beta^{p+q} + \alpha^{p+q}\gamma^n + \alpha^n\gamma^{p+q} + \beta^{p+q}\gamma^n + \beta^n\gamma^{p+q} \\
+ &\ \alpha^n\beta^p\gamma^q + \alpha^n\beta^q\gamma^p + \alpha^p\beta^n\gamma^q + \alpha^p\beta^q\gamma^n + \alpha^q\beta^n\gamma^p + \alpha^q\beta^p\gamma^n \\
&\qquad = S_n S_p S_q - S_{n+p} S_q.
\end{aligned}
$$

Les deux premières lignes du premier membre de cette équation, étant des fonctions symétriques formées de produits de deux lettres, seront, d'après ce qui précède, exprimées respectivement par

$$ S_{n+q} S_p - S_{n+p+q} \quad \text{et} \quad S_{p+q} S_n - S_{n+p+q} ; $$

et on en conclura que la troisième ligne, qui est une fonction symétrique formée de produits de trois lettres, sera égale à

$$ S_n S_p S_q - S_{n+p} S_q - S_{n+q} S_p - S_{p+q} S_n + 2 S_{n+p+q}. $$

On aurait encore ici, comme dans le cas précédent, un résultat de la même forme, quel que fût le nombre des racines ; en sorte que l'expression ci-dessus est celle de toute fonction symétrique composée de produits de trois racines.

Le procédé dont j'ai fait usage pour découvrir les deux formules précédentes est général ; et en continuant les multiplications, on parviendra à exprimer une fonction symétrique quelconque, qui ne peut jamais offrir qu'une suite de termes tels que $\alpha^n\beta^p\gamma^q\delta^r$ etc., et dans lesquels chacune des lettres α, β, γ, etc., se trouve affectée successivement de tous les exposans.

La formule donnée ci-dessus, pour l'expression de la fonction symétrique $\alpha^n\beta^p\gamma^q$ + etc., doit être modifiée lorsque quelques-uns des exposans n, p, q deviennent égaux.

Pour fixer les idées, je supposerai qu'il n'y ait que les racines α, β, γ, δ. La fonction $\alpha^n\beta^p\gamma^q$ + etc., composée de tous les arrangemens possibles des exposans n, p, q sur les lettres α, β, γ, δ, prises trois à trois, renferme en général vingt-quatre termes distincts ; mais lorsque deux de ces exposans deviennent égaux, comme dans la fonction $\alpha^2\beta\gamma + \alpha^2\beta\delta +$ etc., elle ne contient plus que douze termes différens, répétés chacun deux fois, et la valeur que donne dans ce cas l'expression ci-dessus, est double de celle que doit avoir l'ensemble des douze termes inégaux. Si les trois exposans n, p et q devenaient égaux entre eux, la fonction $\alpha^n\beta^p\gamma^q +$ etc., ne renfermerait plus que quatre termes différens, répétés chacun six fois ; et, dans cette hypothèse, il faudrait prendre pour la valeur de ces quatre termes le sixième de son expression générale.

Toutes les fonctions symétriques sont susceptibles de semblables réductions lorsqu'il y a égalité entre quelques-uns de leurs exposans ; en comparant leur forme réduite avec leur développement général, on verra facilement par quel nombre il faut diviser l'expression que donne pour ce dernier, la méthode ci-dessus.

Les fonctions fractionnaires ne doivent pas faire un article à part ; car lorsqu'elles sont symétriques, il en résulte, après qu'on leur a donné le même dénominateur, une fraction dont les deux termes sont des fonctions symétriques et entières. La fonction..........
$$\frac{\alpha}{\gamma} + \frac{\beta}{\gamma} + \frac{\alpha}{\beta} + \frac{\gamma}{\beta} + \frac{\beta}{\alpha} + \frac{\gamma}{\alpha},$$
par exemple, conduit à
$$\frac{\alpha^2\beta + \alpha\beta^2 + \alpha^2\gamma + \alpha\gamma^2 + \beta^2\gamma + \beta\gamma^2}{\alpha\beta\gamma},$$
résultat dont le numérateur et le dénominateur sont des fonctions symétriques.

Plusieurs géomètres se sont occupés spécialement de ces recherches, et Vandermonde, en particulier, a imaginé une espèce de signe, ou un *algorithme*, au moyen duquel il a construit des formules générales qui donnent immédiatement l'expression d'une fonction symétrique quelconque. Ceux qui seront curieux de connaître ces formules, pourront consulter son Mémoire (*Acad. des Sciences, ann.* 1771).

8. Si l'on avait une fonction dans laquelle il n'entrât que quelques-unes des racines de l'équation proposée, on pourrait encore, à l'aide de ce qui précède, parvenir à former la nouvelle équation dont elle doit dépendre. Qu'il s'agisse, par exemple, de déterminer la somme de deux quelconques des racines de l'équation générale du troisième degré ; comme il n'y aurait pas de raison pour représenter cette somme par $\alpha + \beta$ plutôt que par $\alpha + \gamma$, ou par $\beta + \gamma$, ces trois expressions doivent être regardées comme autant de valeurs dont elle est susceptible ; elle dépendra par conséquent d'une équation du troisième degré, ayant pour racines $\alpha + \beta$, $\alpha + \gamma$ et $\beta + \gamma$, et qu'on formera en égalant à zéro le produit des facteurs

$$z - (\alpha + \beta), \quad z - (\alpha + \gamma), \quad z - (\beta + \gamma).$$

En effectuant le calcul, on obtiendra

$$\left. \begin{array}{l} z^3 - 2(\alpha+\beta+\gamma)z^2 + (\alpha^2+\beta^2+\gamma^2+3\alpha\beta+3\alpha\gamma+3\beta\gamma)z \\ -(\alpha^2\beta+\alpha\beta^2+\alpha^2\gamma+\alpha\gamma^2+\beta^2\gamma+\beta\gamma^2)-2\alpha\beta\gamma \end{array} \right\} = 0.$$

Les coefficiens des différentes puissances de z, dans ce résultat, sont des fonctions symétriques, dont on trouvera facilement l'expression, et les valeurs de l'inconnue z seront aussi celles de la fonction cherchée.

L'équation générale du troisième degré étant représentée par $x^3 + Px^2 + Qx + R = 0$, on aura

$$\alpha + \beta + \gamma = -P,$$
$$\alpha^2 + \beta^2 + \gamma^2 + 3\alpha\beta + 3\alpha\gamma + 3\beta\gamma = P^2 + Q,$$
$$\text{et} \quad \alpha^2\beta + \alpha\beta^2 + \alpha^2\gamma + \alpha\gamma^2 + \beta^2\gamma + \beta\gamma^2 = S_2 S_1 - S_3 ;$$

mais donnent les équations du n° 4

$$S_1 = -P, \quad S_2 = P^2 - 2Q, \quad S_3 = -P^3 + 3PQ - 3R,$$

et de plus,

$$-\alpha\beta\gamma = R :$$

il viendra donc

$$-(\alpha^2\beta + \alpha\beta^2 + \alpha^2\gamma + \alpha\gamma^2 + \beta^2\gamma + \beta\gamma^2) - 2\alpha\beta\gamma = PQ - R,$$

et, en dernier résultat,

$$z^3 + 2Pz^2 + (P^2 + Q)z + PQ - R = 0.$$

Cet exemple fait voir que pour trouver l'équation d'où dépend une fonction quelconque des racines de la proposée, il faut faire dans cette fonction toutes les permutations possibles entre les lettres α, β, γ, δ, etc. ; et désignant par α', β', γ', etc., les différens résultats obtenus ainsi, on égalera à zéro le produit des facteurs $z - \alpha'$, $z - \beta'$, $z - \gamma'$, $z - \delta'$, etc. Les coefficiens des puissances de z dans l'équation à laquelle on parviendra étant des fonctions symétriques des quantités α', β', γ', δ', etc., qui renferment entre elles toutes les combinaisons qu'on peut faire des quantités α, β, γ, δ, etc., dans la fonction cherchée, seront aussi des fonctions symétriques de ces dernières, et pourront par conséquent s'exprimer sous une forme rationnelle par les coefficiens de l'équation donnée. En effet, il est facile de voir qu'aucune fonction symétrique de α', β', γ', δ', etc., ne peut changer de valeur, de quelque manière qu'on permute entre elles les lettres α, β, γ, δ, etc. ; et cette invariabilité est, ainsi qu'on l'a vu plus haut, le caractère essentiel des fonctions symétriques.

9. Les équations qui déterminent S_1, S_2, S_3, etc., dans le n° 4, donnent aussi les expressions suivantes :

$$P = - S_1,$$

$$Q = - \frac{PS_1 + S_2}{2},$$

$$R = - \frac{QS_1 + PS_2 + S_3}{3},$$

etc.,

par le moyen desquelles on peut trouver les coefficiens P, Q, R, etc., d'une équation $x^m + Px^{m-1} +$ etc. $= 0$, lorsqu'on connaîtra les sommes S_1, S_2, S_3, etc., des puissances de ses racines.

Ces formules sont commodes pour former l'équation aux carrés des différences des racines d'une équation donnée (*Elém.*, 208).

Soit, pour exemple, l'équation $x^3 - 7x + 7 = 0$; désignons ses racines par α, β, γ, et ses coefficiens par P, Q, R; l'équation cherchée étant alors

$$\{z - (\alpha - \beta)^2\} \ \{z - (\alpha - \gamma)^2\} \ \{z - (\beta - \gamma)^2\} = 0 \quad (D),$$

il viendra pour la somme de ses racines,

$$(\alpha - \beta)^2 + (\alpha - \gamma)^2 + (\beta - \gamma)^2 =$$
$$2(\alpha^2 + \beta^2 + \gamma^2) - 2(\alpha\beta + \alpha\gamma + \beta\gamma) = 2S_2 - 2Q;$$

pour celle de leurs quarrés,

$$(\alpha - \beta)^4 + (\alpha - \gamma)^4 + (\beta - \gamma)^4 =$$
$$2(\alpha^4 + \beta^4 + \gamma^4) - 4(\alpha^3\beta + \alpha\beta^3 + \alpha^3\gamma + \alpha\gamma^3 + \beta^3\gamma + \beta\gamma^3)$$
$$+ 6(\alpha^2\beta^2 + \alpha^2\gamma^2 + \beta^2\gamma^2) = 3S_4 - 4S_3 S_1 + 3S_2^2;$$

pour celle de leurs cubes,

$$(\alpha - \beta)^6 + (\alpha - \gamma)^6 + (\beta - \gamma)^6 =$$
$$2(\alpha^6 + \beta^6 + \gamma^6) - 6(\alpha^5\beta + \alpha\beta^5 + \alpha^5\gamma + \alpha\gamma^5 + \beta^5\gamma + \beta\gamma^5)$$
$$+ 15(\alpha^4\beta^2 + \alpha^2\beta^4 + \alpha^4\gamma^2 + \alpha^2\gamma^4 + \beta^4\gamma^2 + \beta^2\gamma^4)$$
$$- 20(\alpha^3\beta^3 + \alpha^3\gamma^3 + \beta^3\gamma^3) = 3S_6 - 6S_5 S_1 + 15S_4 S_2 - 10S_3^2;$$

et on trouvera, par le n° 4,

$$S_1 = 0, S_2 = 14, S_3 = -21, S_4 = 98, S_5 = -245, S_6 = 833.$$

Nommant alors f_1, f_2, f_3, les sommes développées ci-dessus, on aura

$$f_1 = 42, \quad f_2 = 882, \quad f_3 = 18669;$$

et comme il existe entre f_1, f_2, f_3 et les coefficiens de l'équation en z, que je représenterai par........ $z^3 + pz^2 + qz + r = 0$, les mêmes relations qu'entre S_1, S_2, S_3, et les coefficiens P, Q, R, les formules rapportées au commencement de cet article, donneront

$$p = -f_1 = -42,$$
$$q = -\frac{pf_1 + f_2}{2} = +441,$$
$$r = -\frac{qf_1 + pf_2 + f_3}{3} = -49;$$

et, par conséquent, l'équation (D) deviendra

$$z^3 - 42z^2 + 441z - 49 = 0,$$

comme dans le n° 208 des *Élémens*.

10. La théorie de l'élimination, dans les équations à deux inconnues, dérive d'une manière bien simple de celle des fonctions symétriques, exposée dans les articles précédens.

Soient les deux équations

$$x^m + Px^{m-1} + Qx^{m-2} + Rx^{m-3} \ldots + Tx + U = 0 \ldots (1),$$
$$x^n + P'x^{n-1} + Q'x^{n-2} + R'x^{n-3} \ldots + Y'x + Z' = 0 \ldots (2);$$

le moyen qui s'offre le premier pour chasser x de ces équations, consiste à prendre dans l'une d'elles la valeur de x, pour la substituer ensuite dans l'autre. Supposant donc que l'équation (1) soit résolue, et qu'on en ait tiré les diverses valeurs $x = \alpha$, $x = \beta$, $x = \gamma$, $x = \delta$, etc., comme elles appartiennent toutes à la question proposée,

elles doivent être substituées indistinctement dans l'é-
quation (2), et produiront ainsi autant de résultats dé-
livrés de x, que l'équation (1) a de racines : on aura
séparément

$$
\left.
\begin{aligned}
&\alpha^n + P'\alpha^{n-1} + Q'\alpha^{n-2} + R'\alpha^{n-3}\ldots + Y'\alpha + Z' = 0, \\
&\beta^n + P'\beta^{n-1} + Q'\beta^{n-2} + R'\beta^{n-3}\ldots + Y'\beta + Z' = 0, \\
&\gamma^n + P'\gamma^{n-1} + Q'\gamma^{n-2} + R'\gamma^{n-3}\ldots + Y'\gamma + Z' = 0, \\
&\delta^n + P'\delta^{n-1} + Q'\delta^{n-2} + R'\delta^{n-3}\ldots + Y'\delta + Z' = 0,
\end{aligned}
\right\}\ldots(3)
$$

etc.

Aucune de ces équations, considérée en particulier,
ne peut être la résultante cherchée ; mais cette dernière
doit les comprendre toutes, et avoir lieu en même temps
que chacune d'elles ; condition qu'on remplira en les
multipliant entre elles, et en égalant le produit à zéro,
puisque ce produit deviendra identiquement nul, quand
l'un quelconque de ses facteurs s'évanouira. On voit de
plus qu'il ne changera point, quelque permutation qu'on
fasse dans l'ordre des quantités α, β, γ, δ, etc., qui con-
courent toutes de la même manière à sa formation ; il
ne renfermera donc que des fonctions symétriques de
ces quantités, et pourra par conséquent s'exprimer rationnellement par les coefficiens de l'équation (1).

Si les équations (1) et (2) ne renferment que deux
inconnues x et y, et sont du même degré par rapport
à l'une que par rapport à l'autre, l'équation finale en y
ne s'élevera point au-delà du degré mn. En effet, la
somme des exposans de x et de y ne pouvant surpasser
m dans chaque terme de l'équation (1), y ne se trouvera
qu'au premier degré dans P, au deuxième dans Q, au
troisième dans $R\ldots$, au $(m-1)^{ième}$ dans T, et enfin
au $m^{ième}$ dans U. En examinant la composition des équations qui donnent S_1, S_2, S_3, etc. (4), on verra que
S_1 ne pourra être que du premier degré en y, S_2 du

deuxième, etc. A l'aide de ces remarques, on concevra facilement que l'exposant de y dans la valeur d'une fonction symétrique quelconque $\alpha^n \beta^p \gamma^q \delta^r$ etc. $+$ etc. (7) ne surpassera point le nombre $n + p + q + r +$ etc., qui marque le degré de cette fonction : on pourra donc regarder les diverses puissances de α, β, γ, δ, etc., comme des fonctions de y du degré marqué par l'exposant dont elles sont affectées. Mais, dans l'équation (2), la somme des exposans de x et de y n'étant jamais plus grande que n, P' sera du premier degré en y, Q' du second, R' du troisième..., Y' du $(n-1)^{ième}$, et enfin Z' du $n^{ième}$; tous les termes des équations (3) pourront donc aussi être regardés comme des fonctions de y du degré n au plus. Maintenant, si l'on fait attention que chaque terme du produit des équations (2) aura pour facteurs un nombre m de termes de ces équations, on sera convaincu que y ne pourra s'y trouver affecté d'un exposant supérieur à mn.

Ceux qui auront quelque peine à saisir les raisonnemens précédens, à cause de leur grande généralité, feront bien de développer le produit des équations (3) dans quelques cas particuliers.

11. Pour éclaircir ce qui précède, je vais en faire l'application aux deux équations

$$x^2 + Px + Q = 0, \quad x^2 + P'x + Q' = 0 \quad (Elém., 188) :$$

α et β étant les racines de la première, on aura, en les substituant dans la seconde,

$$\alpha^2 + P'\alpha + Q' = 0, \quad \beta^2 + P'\beta + Q' = 0.$$

Le produit de ces deux équations sera

$$\alpha^2 \beta^2 + P'(\alpha \beta^2 + \alpha^2 \beta) + P'^2 \alpha \beta + Q'(\alpha^2 + \beta^2) + P'Q'(\alpha + \beta) + Q'^2 = 0,$$

Compl. des Elém. d'Alg.   2

mais $\alpha^2\beta^2 = Q^2$, $\alpha\beta^2 + \alpha^2\beta = \alpha\beta(\alpha+\beta) = -PQ$,
$\alpha^2 + \beta^2 = P^2 - 2Q$, $\alpha + \beta = -P$.

A l'aide de ces valeurs, le résultat ci-dessus devient

$$\left.\begin{aligned} Q^2 - 2QQ' + Q'^2 + P^2Q' - P'PQ \\ + P'^2Q - PP'Q' \end{aligned}\right\} = 0,$$

ou, comme dans le numéro cité des *Elémens*,

$$(Q - Q')^2 + (PQ' - P'Q)(P - P') = 0.$$

Remplaçant les lettres P et P', Q et Q' par les quantités qu'elles représentent, on aura l'équation finale en y.

12. La théorie des fonctions symétriques trouve aussi son application dans les équations à plusieurs inconnues. Soient, par exemple, deux équations contenant les inconnues x et y; si l'on désigne les valeurs de x par

$$\alpha, \beta, \gamma, \delta, \text{ etc.},$$

celles de y par

$$\alpha', \beta', \gamma', \delta', \text{ etc.},$$

en sorte que α' corresponde à α, β' à β, et ainsi de suite, toute fonction de ces quantités qui demeure la même lorsqu'on y change un groupe de valeurs dans un autre, et réciproquement, comme, par exemple, α et α' en β et β', puis β et β' en α et α', est symétrique, et peut s'obtenir rationnellement par les coefficiens des équations proposées : telle est la fonction

$$\alpha^p\alpha'^{p'} + \beta^p\beta'^{p'} + \gamma^p\gamma'^{p'} + \delta^p\delta'^{p'},$$

en ne supposant que quatre valeurs à chacune des inconnues.

Waring avait indiqué il y a long-temps, pour obtenir ces fonctions, un moyen, qui d'ailleurs s'offre presque de lui-même; c'était de faire $x^p y^{p'} = t$, et d'éliminer x et y entre cette équation et les proposées. La résultante en t, ayant pour racines les diverses combinaisons

$$\alpha^p \alpha'^{p'}, \quad \beta^p \beta'^{p'}, \quad \gamma^p \gamma'^{p'}, \text{ etc.},$$

le coefficient de son second terme serait un nombre équivalent à

$$- (\alpha^p \alpha'^{p'} + \beta^p \beta'^{p'} + \gamma^p \gamma'^{p'} + \text{etc.}).$$

Ce procédé exigeant qu'avec les équations proposées on en combine une autre où les inconnues x et y passent le premier degré, jette dans les embarras de l'élimination entre trois équations à trois inconnues, lorsqu'il s'agit d'équations qui n'en contiennent que deux. M. Poisson, dans le onzième cahier du *Journal de l'Ecole Polytechnique* (page 199), a donné un moyen très ingénieux pour sauver cette difficulté.

Il fait $t = x + Ay$, A étant un coefficient indéterminé quelconque. Si l'on tire de cette équation la valeur de x ou de y, celle de x par exemple, qui est $t - Ay$, pour la substituer dans les deux équations proposées, les résultats en t et y seront encore du même degré ; et si l'on élimine y, l'équation finale en t aura pour racines les diverses valeurs que prend la fonction $x + Ay$, lorsqu'on substitue aux inconnues chaque groupe de leurs valeurs correspondantes, savoir :

$$\alpha + A\alpha', \quad \beta + A\beta', \quad \gamma + A\gamma', \quad \delta + A\delta', \text{ etc.}$$

La somme des puissances semblables de ces racines, ou la fonction

$$(\alpha + A\alpha')^r + (\beta + A\beta')^r + (\gamma + A\gamma')^r + \text{etc.},$$

sera exprimée par une fonction rationnelle des coefficiens de l'équation en t, qui ne contiendront que ceux des proposées et la lettre A ; mais la première de ces fonctions, se développant ainsi qu'il suit,

$$\begin{vmatrix} \alpha^r + \alpha^{r-1}\alpha' \\ + \beta^r + \beta^{r-1}\beta' \\ + \gamma^r + \gamma^{r-1}\gamma' \\ + \text{etc.} \end{vmatrix} \begin{array}{l} rA + \alpha^{r-2}\alpha'^2 \\ + \beta^{r-2}\beta'^2 \\ + \gamma^{r-2}\gamma'^2 \end{array} \;\left|\; \frac{r(r-1)}{1.2} A^2 + \text{etc.}, \right.$$

ne renferme qu'un nombre limité de puissances entières et positives de A, multipliées par des coefficiens qui sont indépendans de cette lettre, que d'ailleurs rien ne détermine ; la valeur que l'équation en t fournit de la même fonction, doit donc se développer ainsi,

$$a + bA + cA^2 + \text{etc.},$$

a, b, c, etc., désignant des quantités connues ; et l'on aura par conséquent

$$\alpha^r + \beta^r + \gamma^r + \text{etc.} = a,$$
$$r(\alpha^{r-1}\alpha' + \beta^{r-1}\beta' + \gamma^{r-1}\gamma' + \text{etc.}) = b,$$
$$\frac{r(r-1)}{1.2}(\alpha^{r-2}\alpha'^2 + \beta^{r-2}\beta'^2 + \gamma^{r-2}\gamma'^2 + \text{etc.}) = c,$$

etc.,

équations qui feront connaître les fonctions symétriques de la forme

$$\alpha^p\alpha'^{p'} + \beta^p\beta'^{p'} + \text{etc.},$$

dans lesquelles $p + p' = r$.

Si l'on multiplie la précédente par

$$\alpha^q\alpha'^{q'} + \beta^q\beta'^{q'} + \text{etc.},$$

le produit

$$\alpha^{p+q}\alpha'^{p'+q'} + \beta^{p+q}\beta'^{p'+q'} + \text{etc.}$$
$$+ \alpha^p\alpha'^{p'}\beta^q\beta'^{q'} + \alpha^q\alpha'^{q'}\beta^p\beta'^{p'} + \text{etc.}$$

comprendra deux fonctions symétriques, dont la première se déduira de $\alpha^p\alpha'^{p'} + \text{etc.}$, en changeant p en $p+q$, et p' en $p'+q'$: on déterminera donc la seconde ; et en s'élevant ainsi de proche en proche, comme on l'a indiqué pour les équations à une seule inconnue, dans le n° 7, on obtiendra la valeur des fonctions symétriques les plus générales. On peut voir la loi de leur formation dans les *Meditationes algebraicæ* de Waring (page 225).

13. Il est facile d'étendre ce qu'on vient de lire à un nombre quelconque d'équations contenant un pareil nombre d'inconnues.

Pour trois équations en x, y, z, par exemple, on prendra

$$t = x + Ay + Bz ;$$

et substituant à x la quantité $t - Ay - Bz$, A et B étant des nombres quelconques, on éliminera y et z, entre les résultantes, ce qui conduira encore à une équation en t, dont les racines seront

$$\alpha + A\alpha' + B\alpha'', \quad \beta + A\beta' + B\beta'', \text{ etc.},$$

si l'on désigne par

$$\alpha, \ \beta, \ \gamma, \ \delta, \text{ etc.},$$
$$\alpha', \ \beta', \ \gamma', \ \delta', \text{ etc.},$$
$$\alpha'', \ \beta'', \ \gamma'', \ \delta'', \text{ etc.},$$

les valeurs correspondantes des inconnues x, y et z.

La somme des puissances r de ces racines, que je représenterai par $S_r(\alpha + A\alpha' + B\alpha'')$, s'exprimant d'une manière rationnelle au moyen des coefficiens de l'équation en t, si on la développe ainsi que sa valeur, suivant les puissances et les produits des lettres A et B, qui doivent rester indéterminées, la comparaison des termes semblables, par rapport à ces lettres, donnera les fonctions de la forme

$$\alpha^r + \beta^r + \gamma^r + \text{etc.},$$
$$\alpha^{r-1}\alpha' + \beta^{r-1}\beta' + \gamma^{r-1}\gamma' + \text{etc.},$$
$$\dots\dots\dots\dots\dots\dots\dots\dots$$
$$\alpha^p\alpha'^{p'}\alpha''^{p''} + \beta^p\beta'^{p'}\beta''^{p''} + \gamma^p\gamma'^{p'}\gamma''^{p''} + \text{etc.},$$

dans lesquelles $p + p' + p'' = r$.

Par la multiplication de celles-ci, on composera celles de la forme

$$\alpha^p \alpha'^{p'} \alpha''^{p''} \beta^q \beta'^{q'} \beta''^{q''} + \text{etc.}$$

14. Au moyen de ce qui précède, on parviendrait à l'équation d'où dépend une fonction donnée des inconnues x, y, z, en formant dans cette fonction toutes les combinaisons possibles des valeurs correspondantes des inconnues, comme dans le n° 8 ; mais l'objet principal de ces recherches est d'étendre à l'élimination entre un nombre quelconque d'équations, le procédé du n° 10, et d'en conclure la démonstration de la proposition générale énoncée dans le n° 196 des *Elémens*.

Pour cela, soient quatre équations complètes, de degrés quelconques, renfermant les inconnues x, y, z et u : si entre les trois premières on élimine alternativement y et z, x et z, x et y, on aura trois résultats en

$$x \text{ et } u, \quad y \text{ et } u, \quad z \text{ et } u.$$

Ces dernières équations seront, en général, toutes trois du même degré, puisque les équations proposées étant complètes, chacune des inconnues y entre de la même manière que les autres ; désignant donc par n le degré des nouvelles équations, et concevant qu'elles soient résolues, on tirera de la première, pour x, n valeurs,

$$\alpha, \ \beta, \ \gamma, \ \delta, \text{ etc.,}$$

de la seconde, pour y, n valeurs correspondantes,

$$\alpha', \ \beta', \ \gamma', \ \delta', \text{ etc.,}$$

de la troisième, pour z, n valeurs correspondantes,

$$\alpha'', \ \beta'', \ \gamma'', \ \delta'', \text{ etc.}$$

En substituant ces valeurs dans la quatrième équation proposée, que je représente par

$$(x, \ y, \ z, \ u)^m = \Theta,$$

m étant l'exposant de son degré, on formera les équations particulières

$$(\alpha,\ \alpha',\ \alpha'',\ u)^m = 0,$$
$$(\beta,\ \beta',\ \beta'',\ u)^m = 0,$$
$$(\gamma,\ \gamma',\ \gamma'',\ u)^m = 0,$$
etc.,

dont le nombre sera n, et auxquelles doivent satisfaire les diverses valeurs de u; on conclura de là, comme dans le n° 10, que l'équation finale en u résulte du produit $(\alpha,\ \alpha',\ \alpha'',\ u)^m\ (\beta,\ \beta',\ \beta'',\ u)^m\ (\gamma,\ \gamma',\ \gamma'',\ u)^m$ etc. $= 0$, comprenant n facteurs.

Il ne renferme que des fonctions symétriques des valeurs des inconnues x, y, z, puisqu'en y changeant un groupe quelconque de ces valeurs dans tout autre, on ne fait que changer l'ordre des facteurs. On peut donc exprimer ce produit d'une manière rationnelle au moyen des coefficiens des trois premières équations proposées.

On remarquera d'abord que chacun de ces facteurs a pour premier terme u^m, et que par conséquent le premier terme du produit sera u^{mn}. Dans tous les autres termes, l'exposant de u ne peut pas non plus s'élever au-delà de mn; car la somme des exposans des lettres x, y, z et u, dans l'équation $(x, y, z, u)^m = 0$, ne pouvant passer le degré m, celle des exposans des lettres α, α', etc., β, β', etc., γ, γ', etc.; et u, ne pourra surpasser mn dans le produit, et l'expression des fonctions symétriques qui composent les différens termes, ne s'élevera pas au-delà de leur degré. En effet, l'équation en t du n° précédent ne peut monter plus haut que le degré le plus élevé des équations entre l'une quelconque des lettres x, y, z et la lettre u; et si on la représente par

$$t^n + Pt^{n-1} + Qt^{n-1}\ \ldots\ldots + U = 0,$$

u ne passera point le premier degré dans P,

le second dans Q,

. . . .

le $n^{ième}$ dans U :

les valeurs des fonctions de la forme $S_r(\alpha + A\alpha' + B\alpha'')$ ne comprendront par conséquent aucun terme où l'exposant de u surpasse r, puisque leur expression sera celle de la fonction S_r dans le n° 4. Il suit de là que la valeur de toute fonction de la forme

$$\alpha^p \alpha'^{p'} \alpha''^{p''} + \beta^p \beta'^{p'} \beta''^{p''} + \text{etc.},$$

ne pourra s'élever au-delà du degré $p + p' + p''$, et que dans celles de toutes les autres fonctions symétriques déduites de la multiplication de ces dernières, l'exposant de la lettre u ne passera pas celui qui marque leur degré, ainsi qu'on l'a affirmé plus haut.

Il n'y aura donc enfin dans le produit

$$(\alpha, \ \alpha', \ \alpha'', \ u)^m (\beta, \ \beta', \ \beta'' \ u)^m (\gamma, \ \gamma', \ \gamma'', \ u)^m \text{ etc.}$$

aucun terme où la lettre u passe le degré mn; c'est-à-dire que le degré de l'équation finale résultante des quatre proposées est le produit du degré de l'équation finale résultante des trois premières, multiplié par celui de la quatrième.

Les raisonnemens ci-dessus convenant à tous les cas, et pour deux équations, l'une du degré m, l'autre du degré n, l'équation finale ne montant pas au-delà du degré mn (10), il s'ensuit que pour trois équations, dont les degrés respectifs seraient m, n, p, l'équation finale ne passerait pas le degré $mn \times p$, et ainsi de proche en proche; donc *le degré de l'équation finale, résultante de l'élimination entre un nombre quelconque d'équations complètes, renfermant un pareil nombre d'inconnues et de degrés quelconques, est égal au produit des exposans qui marquent le degré de ces équations.*

A l'égard des équations particulières qui n'ont pas tous les termes compris dans les équations complètes, il pourrait seulement manquer aussi quelque terme dans l'équation finale, qui par là se trouverait abaissée, ce qui ne change rien à l'énoncé du théorème.

De la Résolution générale des Équations.

15. Avant de s'occuper des équations générales, il est utile de connaître quelques propriétés des racines de l'équation à deux termes, $y^n - 1 = 0$, déjà considérée dans les *Élémens*, n° 159.

Soit, pour exemple, le cas particulier $y^5 - 1 = 0$, dont les cinq racines seront désignées par 1, α, β, γ et δ. En le comparant à l'équation

$$y^5 + Py^4 + Qy^3 + Ry^2 + Sy + T = 0,$$

on trouvera

$$P = 0, \quad Q = 0, \quad R = 0, \quad S = 0, \quad T = -1,$$

d'où, par les formules du n° 4,

$$S_1 = 1 + \alpha + \beta + \gamma + \delta = 0,$$
$$S_2 = 1 + \alpha^2 + \beta^2 + \gamma^2 + \delta^2 = 0,$$
$$S_3 = 1 + \alpha^3 + \beta^3 + \gamma^3 + \delta^3 = 0,$$
$$S_4 = 1 + \alpha^4 + \beta^4 + \gamma^4 + \delta^4 = 0,$$
$$S_5 = 1 + \alpha^5 + \beta^5 + \gamma^5 + \delta^5 = 5;$$

puis celle du n° 5, se réduisant à $S_{5+n} - S_n = 0$, donnera $S_6 = 0$, $S_7 = 0$, $S_8 = 0$, $S_9 = 0$, $S_{10} = 5$, $S_{11} = 0$, et ainsi de suite.

Posant ensuite $y = \dfrac{1}{z}$, l'équation $y^5 - 1 = 0$ se change en $\dfrac{1}{z^5} - 1 = 0$, ou $z^5 - 1 = 0$, et les racines de cette dernière sont 1, $\dfrac{1}{\alpha}$, $\dfrac{1}{\beta}$, $\dfrac{1}{\gamma}$, $\dfrac{1}{\delta}$; ces expressions ont par conséquent les mêmes propriétés que 1, α, β, γ et δ, puisqu'elles appartiennent à une équation entièrement semblable à $y^5 - 1 = 0$: on a donc encore

$$1 + \frac{1}{\alpha} + \frac{1}{\beta} + \frac{1}{\gamma} + \frac{1}{\delta} = 0,$$

$$\dots\dots\dots\dots\dots\dots\dots\dots$$

$$1 + \frac{1}{\alpha^5} + \frac{1}{\beta^5} + \frac{1}{\gamma^5} + \frac{1}{\delta^5} = 5,$$

etc.

Il est facile de voir que les racines de toutes les équations de la forme $y^n - 1 = 0$ jouissent de propriétés analogues à celles qu'on vient d'exposer pour l'équation $y^5 - 1 = 0$, et qui se prouveraient de la même manière : ainsi, 1, α, β, γ, δ, ε, etc., étant les racines de l'équation $y^n - 1 = 0$, on aura

$$S_m = 1 + \alpha^m + \beta^m + \gamma^m + \delta^m + \varepsilon^m + \text{etc.} = 0,$$

si m n'est point un multiple de n ; et la même quantité deviendra égale à n, lorsque m sera un multiple de n. La quantité inverse

$$1 + \frac{1}{\alpha^m} + \frac{1}{\beta^m} + \frac{1}{\gamma^m} + \frac{1}{\delta^m} + \frac{1}{\varepsilon^m} + \text{etc.}$$

aura les mêmes valeurs dans les mêmes circonstances.

16. Quand l'exposant n est un nombre premier, les racines α, β, γ, δ, ε, etc., peuvent toutes se déduire de l'une quelconque d'entre elles ; et voici comment : α, par exemple, étant une racine de $y^n - 1 = 0$, on a

$$\alpha^n - 1 = 0, \quad \text{ou} \quad \alpha^n = 1 ;$$

en élevant chaque membre de cette dernière équation à la 2e, à la 3e, à la 4e, etc., puissances, il viendra

$$\alpha^{2n} = 1, \quad \alpha^{3n} = 1, \quad \alpha^{4n} = 1, \quad \alpha^{5n} = 1, \quad \text{etc.},$$

équations qui équivalent aux suivantes :

$(\alpha^2)^n - 1 = 0$, $(\alpha^3)^n - 1 = 0$, $(\alpha^4)^n - 1 = 0$, $(\alpha^5)^n - 1 = 0$, etc.;

d'où l'on voit que α étant une des racines de l'équation $y^n - 1 = 0$, autres que l'unité, α^2, α^3, α^4, α^5, etc., seront aussi des racines de la même équation.

Il ne faut pas croire, d'après ce qui vient d'être dit, que le nombre des racines de l'équation $y^n - 1 = 0$ soit indéfini; on trouverait bien, à la vérité, que

$$\alpha^n, \quad \alpha^{n+1}, \quad \alpha^{n+2}, \quad \alpha^{n+3}, \quad \text{etc.,}$$

satisfont à cette équation ; mais

$$\alpha^n = 1, \quad \alpha^{n+1} = \alpha^n . \alpha = \alpha, \quad \alpha^{n+2} = \alpha^n . \alpha^2 = \alpha^2, \quad \text{etc.}$$

Lors donc que, dans les élévations indiquées plus haut, on aura passé la puissance n, les mêmes résultats reviendront, et dans le même ordre qu'auparavant.

Depuis o jusqu'à n, au contraire, les puissances de α ne donnent que des valeurs différentes, car il ne peut pas arriver que $\alpha^\mu = \alpha^\nu$, tant que μ et ν sont moindres que n, et que ce nombre est premier. En effet, il en résulterait $\alpha^{\mu - \nu} = 1$, $\mu - \nu$ étant $< n$; ainsi les équations $y^{\mu - \nu} - 1 = 0$ et $y^n - 1 = 0$ auraient une racine commune autre que l'unité : or, en cherchant leur plus grand commun diviseur, on trouve seulement $y - 1$.

Il suit de là qu'en prenant pour α l'une quelconque des racines de $y^n - 1 = 0$, autres que l'unité, les racines de cette équation ne pourront être que

$$1, \quad \alpha, \quad \alpha^2, \quad \alpha^3, \ldots \ldots \alpha^{n-1} ;$$

et puisque

$$\alpha^{n-1} = \frac{\alpha^n}{\alpha} = \frac{1}{\alpha}, \quad \alpha^{n-2} = \frac{\alpha^n}{\alpha^2} = \frac{1}{\alpha^2} \ldots \alpha = \frac{\alpha^n}{\alpha^{n-1}} = \frac{1}{\alpha^{n-1}},$$

on en conclura que $\frac{1}{\alpha}$, $\frac{1}{\alpha^2}$, $\frac{1}{\alpha^3}$, $\ldots \frac{1}{\alpha^{n-1}}$, sont, dans un ordre inverse du premier, les expressions des $n - 1$ racines autres que l'unité.

En mettant ces valeurs dans celles de S_m et de son inverse rapportée ci-dessus, on aura

$$1 + \alpha^m + \alpha^{2m} + \alpha^{3m} \ldots + \alpha^{(n-1)m} = 0 \text{ ou } = n,$$

$$1 + \frac{1}{\alpha^m} + \frac{1}{\alpha^{2m}} + \frac{1}{\alpha^{3m}} \ldots + \frac{1}{\alpha^{(n-1)m}} = 0 \text{ ou } = n,$$

selon que m ne sera pas ou sera un multiple de n.

Il suit encore de ce qui précède, que si dans la série

$$\alpha, \alpha^2, \alpha^3, \ldots \alpha^{n-1},$$

on substitue, au lieu de α, l'une quelconque de ses puissances autres que l'unité, on n'obtiendra que les mêmes termes, mais placés dans un ordre différent; car ce n'est que changer la racine α dans une autre qui doit reproduire aussi toutes celles de l'équation proposée, c'est-à-dire les puissances ci-dessus.

La même chose se prouve encore en observant que les exposans de α, dans la série

$$\alpha^r, \alpha^{2r}, \alpha^{3r}, \ldots \alpha^{(n-1)r},$$

étant divisés par n, afin d'en ôter les multiples de ce nombre, laisseront pour restes tous les nombres depuis 1 jusqu'à $n - 1$, sans lacune ni répétition, si $r < n$, proposition qui sera démontrée dans l'un des articles concernant la théorie des nombres.

17. Quand l'exposant de l'équation à deux termes est un nombre composé, ses racines dépendent des équations semblables ayant pour exposans les facteurs premiers de celui de la proposée. Soit $y^m - 1 = 0$ celle-ci, et posons $m = np$, n et p étant deux nombres premiers. Il est d'abord évident que les racines de chacune

des équations

$$y^n - 1 = 0, \quad y^p - 1 = 0,$$

vérifieront la proposée ; car α étant une racine de la première, et α' une de la seconde, on a nécessairement

$$\alpha^m = \alpha^{np} = (\alpha^n)^p = 1,$$

puisque $\alpha^n = 1$, et de même

$$\alpha'^m = \alpha'^{np} = (\alpha'^p)^n = 1 ;$$

mais en prenant séparément les racines de ces équations pour celles de la proposée, on n'en trouvera en tout que $n + p$, parmi lesquelles l'unité se présentera deux fois.

Il faut, pour obtenir le nombre nécessaire m, combiner de toutes les manières possibles, par voie de multiplication, les n racines de $y^n - 1 = 0$, avec les p racines de $y^p - 1 = 0$, ce qui donnera np valeurs, qui satisferont à la proposée, puisque

$$(\alpha\alpha')^m = \alpha^m \alpha'^m = \alpha^{np} \alpha'^{np} = (\alpha^n)^p (\alpha'^p)^n.$$

Toutes ces valeurs seront différentes ; car si l'on prend $r < n$, $s < p$, et que α et α' ne soient pas tous deux égaux à 1, on ne saurait avoir $\alpha^r \alpha'^s = \alpha\alpha'$, puisqu'il en résulterait $\alpha'^{s-1} = \dfrac{1}{\alpha^{r-1}}$, et que $\dfrac{1}{\alpha^{r-1}}$ étant racine de l'équation $y^n - 1 = 0$, cette équation aurait avec $y^p - 1 = 0$ une racine commune autre que l'unité. On verra de même que l'on ne peut avoir $\alpha\alpha' = 1$.

On n'aura pas non plus $(\alpha\alpha')^q = 1$ tant qu'on prendra $q < m$ ou $< np$, et que α et α' différeront tous deux de l'unité, puisque α^q et α'^q ne deviennent pas simultanément 1, lorsque q n'est pas à la fois un multiple de n et de p, et il n'y en a pas au-dessous de np. Donc, sous les conditions précédentes, la racine $\alpha\alpha'$ donnera, par ses puissances, toutes les racines de l'équation $y^m - 1 = 0$.

Enfin, quand $m = n^2$, on tirera de la seule équation

$y^n - 1 = 0$, les racines de $y^m - 1 = 0$, en observant

que $\left(\alpha^{\frac{1}{n}}\right)^{nn} = \alpha^n = 1$, et mettant dans $\alpha\alpha'$, au lieu de α',

les n valeurs de $\sqrt[n]{\alpha}$.

Lagrange étend ces diverses remarques aux cas où le nombre m a plus de deux facteurs premiers; mais ce qui précède suffit pour l'objet de cet ouvrage. (Voyez le *Traité de la Résolution des Équations numériques*, 2ᵉ édit., note XIII, nº 10.)

18. On a vu (*Elém.*, 183, *note*) que la recherche immédiate des racines d'une équation par leurs relation avec ses coefficiens, fait toujours retomber sur la proposée; mais il n'en serait pas de même si l'on cherchait d'autres fonctions des racines ; et si l'on pouvait trouver de ces fonctions qui dépendissent d'équations d'un degré moins élevé que la proposée , il en résulterait un moyen de résoudre celle-ci, comme on va le voir pour les 2ᵉ, 3ᵉ et 4ᵉ degrés.

Soit d'abord l'équation du second degré

$$x^2 + px + q = 0 ;$$

que a et b représentent ses deux racines : on aura

$$a + b = -p, \quad ab = q \quad (\textit{Elém.}, 183).$$

En cherchant à déterminer a et b par ces deux équations, on trouverait en a ou en b une équation semblable à la proposée ; mais si, par quelque moyen que ce fût , on parvenait à obtenir, entre les racines a et b et les coefficiens p et q, une seconde équation du premier degré , on aurait sans peine la valeur des racines. Il faut donc que la fonction des racines qui composera cette équation soit de la forme $la + mb$; en sorte qu'on ait $la + mb = z$, l, m et z étant des quantités indéterminées.

Cette fonction , $la + mb$, est susceptible de deux

valeurs différentes, en y changeant a en b, et réciproquement ; car on forme par ce moyen les deux expressions $la + mb$ et $lb + ma$. Il suit de là, et de ce que
l'on a vu n° 8, que la fonction $la + mb$, ou z, dépend d'une équation du second degré, excepté dans
le cas où $m = l$; car alors elle devient $l(a + b)$,
et ne donne que la somme des racines qui est déjà
connue.

Puis donc que la fonction cherchée dépend nécessairement d'une équation du second dégré, il faut, en dis-
posant convenablement des quantités indéterminées l
et m, faire en sorte que cette équation soit seulement à
deux termes, afin qu'elle puisse se résoudre par une
simple extraction de racine. Or, dans une équation du
second degré à deux termes, et qui ne contient par
conséquent que le quarré de l'inconnue, les deux racines sont nécessairement égales et de signes contraires ; il faut donc qu'entre les quantités $la + mb$ et
$lb + ma$, qui sont les racines de celle qu'on cherche,
on ait la relation

$$la + mb = - lb - ma,$$

d'où l'on tire

$$l(a + b) = - m(a + b),$$

et en divisant tout par $a + b$,

$$l = - m.$$

Cette condition étant la seule à laquelle il faille satisfaire pour remplir l'objet proposé, je prendrai, pour
plus de simplicité, $l = - m = 1$; la fonction cherchée
sera donc $a - b$; et, d'après ce qu'on a vu dans le
numéro cité, elle dépendra de l'équation

$$\{z - (a - b)\}\{z - (b - a)\} = 0,$$

ou, en développant,

$$z^2 - a^2 - b^2 + 2ab = 0.$$

Or, on a

$$a^2 + b^2 - 2ab = (a+b)^2 - 4ab = p^2 - 4q \, ;$$

substituant dans l'équation précédente, il vient

$$z^2 = p^2 - 4q,$$

d'où l'on tire

$$z = \pm \sqrt{p^2 - 4q}.$$

Mettant pour z sa valeur $a - b$, et combinant cette équation avec celle-ci :

$$a + b = -p,$$

on en tirera, pour a et b, les valeurs

$$a = \frac{-p + \sqrt{p^2 - 4q}}{2}, \quad b = \frac{-p - \sqrt{p^2 - 4q}}{2},$$

qui sont les mêmes que celles que donne la méthode ordinaire.

19. Pour simplifier les calculs relatifs à l'équation générale du troisième degré, on la suppose privée de son second terme, ce qui lui donne la forme suivante :

$$x^3 + px + q = 0 \, ;$$

et par des raisonnemens analogues à ceux du n° précédent, on cherche *à priori* une fonction des racines qui les détermine facilement, et qui dépende d'une équation plus aisée à résoudre que la proposée. La forme la plus simple que l'on puisse donner à cette fonction, est $la + mb + nc$; et en y changeant entre elles les racines a, b, c, elle offre six combinaisons différentes, savoir,

$$la + mb + nc , \qquad la + mc + nb ,$$
$$lb + ma + nc , \qquad lb + mc + na ,$$
$$lc + ma + nb , \qquad lc + mb + na :$$

ainsi l'équation dont elle dépend est du sixième degré ; mais cette équation deviendrait résoluble à la manière de celles du second, si elle prenait la forme........ $z^6 + Az^3 + B = 0$. Dans cette hypothèse, on en déduirait

$$z^3 = -\frac{A}{2} \pm \sqrt{\frac{A^2}{4} - B} \; ;$$

et faisant, pour abréger,

$$-\frac{A}{2} + \sqrt{\frac{A^2}{4} - B} = z'^3, \quad -\frac{A}{2} - \sqrt{\frac{A^2}{4} - B} = z''^3,$$

les trois racines cubiques de l'unité étant 1, α, α^2 (16), les six valeurs de z seraient

$$z', \quad \alpha z', \quad \alpha^2 z', \quad z'', \quad \alpha z'', \quad \alpha^2 z''.$$

Prenant donc deux des valeurs de la fonction $la + mb + nc$, pour les quantités z' et z'', faisant, par exemple,

$$la + mb + nc = z', \quad lb + ma + nc = z'',$$

on assujettira les quatre autres aux relations des diverses valeurs de z, au moyen des équations

$$lc + ma + nb = \alpha (la + mb + nc),$$
$$lc + mb + na = \alpha (lb + ma + nc),$$
$$lb + mc + na = \alpha^2 (la + mb + nc),$$
$$la + mc + nb = \alpha^2 (lb + ma + nc),$$

qui se forment en comparant deux combinaisons dans lesquelles aucune des lettres a, b, c n'a le même

Compl. des Elém. d'Alg.   3

coefficient, et d'où l'on tire, en transposant,

$$(l - \alpha n)\, c + (m - \alpha l)\, a + (n - \alpha m)\, b = 0,$$
$$(l - \alpha n)\, c + (m - \alpha l)\, b + (n - \alpha m)\, a = 0,$$
$$(l - \alpha^2 m)\, b + (m - \alpha^2 n)\, c + (n - \alpha^2 l)\, a = 0,$$
$$(l - \alpha^2 m)\, a + (m - \alpha^2 n)\, c + (n - \alpha^2 l)\, b = 0.$$

Comme ces équations doivent se vérifier indépendamment des valeurs particulières de a, b, c, on égalera séparément à zéro les coefficiens de ces diverses quantités, ce qui donnera entre les inconnues l, m, n, les équations suivantes :

$$l - \alpha n = 0, \quad m - \alpha l = 0, \quad n - \alpha m = 0,$$
$$l - \alpha^2 m = 0, \quad m - \alpha^2 n = 0, \quad n - \alpha^2 l = 0.$$

Si l'on détermine l, m, n, au moyen des trois premières, on trouvera

$$l = \alpha n, \quad m = \alpha^2 n, \quad n = \alpha^3 n;$$

et si l'on se rappelle que $\alpha^3 = 1$, on verra que ces valeurs de l et de m satisfont aux trois équations de la seconde ligne; en sorte que le coefficient n reste indéterminé. En le supposant, pour plus de simplicité, égal à 1, on aura les valeurs

$$l = \alpha, \quad m = \alpha^2, \quad n = 1;$$

c'est-à-dire que les coefficiens l, m, n seront les racines cubiques de l'unité : les valeurs de z' et de z'' seront par conséquent

$$z' = \alpha a + \alpha^2 b + c, \quad z'' = \alpha^2 a + \alpha b + c;$$

et représentant par z la fonction $la + mb + nc$, dont le cube ne doit avoir que les deux valeurs z'^3 et z''^3, il viendra (8)

$$\{z^3 - (\alpha a + \alpha^2 b + c)^3\}\, \{z^3 - (\alpha^2 a + \alpha b + c)^3\} = 0.$$

Ce produit est facile à exprimer au moyen des coefficiens de l'équation $x^3 + px + q = 0$; car après en avoir chassé la quantité α, à l'aide des relations rapportées dans le n° 16, il ne contiendra plus que des fonctions symétriques des racines a, b, c. En ne développant pas d'abord les seconds termes de chaque facteur, on trouve

$$z^6 - (\alpha a + \alpha^2 b + c)^3 \left\} z^3 + (\alpha a + \alpha^2 b + c)^3 (\alpha^2 a + \alpha b + c)^3 = 0; \right.$$
$$-(\alpha^2 a + \alpha b + c)^3 \left\}\right.$$

mais

$$(\alpha a + \alpha^2 b + c)^3 (\alpha^2 a + \alpha b + c)^3 = [(\alpha a + \alpha^2 b + c)(\alpha^2 a + \alpha b + c)]^3.$$

Développant le produit $(\alpha a + \alpha^2 b + c)(\alpha^2 a + \alpha b + c)$, avec l'attention de substituer 1 au lieu de α^3, -1 au lieu de $\alpha + \alpha^2$, et de $\alpha^2 + \alpha^4$ (16), il viendra

$$a^2 + b^2 + c^2 - ac - ab - bc,$$

quantité équivalente à

$$\left. \begin{array}{l} a^2 + b^2 + c^2 + 2ab + 2ac + 2bc \\ -3ab - 3ac - 3bc \end{array} \right\} = (a+b+c)^2 - 3(ab + ac + bc)$$
$$= -3p,$$

puisque l'équation proposée étant sans second terme, on doit avoir

$$a + b + c = 0;$$

et de là on tire

$$(\alpha a + \alpha^2 b + c)^3 (\alpha^2 a + \alpha b + c)^3 = -27p^3.$$

Faisant ensuite le cube de $\alpha a + \alpha^2 b + c$, ainsi que celui de $\alpha^2 a + \alpha b + c$, prenant la somme des résultats, et mettant 1 pour α^3 et pour α^6, -1 pour $\alpha + \alpha^2$, $\alpha^2 + \alpha^4$ et $\alpha^4 + \alpha^5$ (16), il viendra

$$2a^3 + 2b^3 + 2c^3 + 12abc$$
$$-3a^2c - 3ac^2 - 3a^2b - 3ab^2 - 3b^2c - 3bc^2,$$

expression qui, ne renfermant que des fonctions symétriques, peut être déterminée par les formules du

3..

n° 7. Avec un peu d'attention, on voit aussi qu'elle est équivalente à

$$2(a + b + c)^3 - 9\,[ac\,(a + b + c) - abc]\} \\ - 9\,[ab\,(a + b + c) - abc]\} \\ - 9\,[bc\,(a + b + c) - abc]\} \\ = -27\,q.$$

On a donc enfin

$$z^6 + 27qz^3 - 27p^3 = 0,$$

équation qu'on appelle la *réduite* ou la *résolvante*, et dont les racines désignées ci-dessus par z' et z'', sont

$$3\cdot\sqrt[3]{-\tfrac{1}{2}q+\sqrt{\tfrac{1}{27}p^3+\tfrac{1}{4}q^2}},\ 3\,\sqrt[3]{-\tfrac{1}{2}q-\sqrt{\tfrac{1}{27}p^3+\tfrac{1}{4}q^2}}.$$

Mais les équations

$$z' = \alpha a + \alpha^2 b + c,\quad z'' = \alpha^2 a + \alpha b + c,$$

jointes à l'équation $a + b + c = 0$, résultante de l'évanouissement du second terme de la proposée, et au moyen des réductions indiquées n° 16, donnent

$$c = \frac{z' + z''}{3},\quad b = \frac{\alpha z' + \alpha^2 z''}{3},\quad a = \frac{\alpha^2 z' + \alpha z'}{3};$$

et si l'on met pour les quantités z', z'', α, α^2, leurs valeurs, on trouvera

$$c=\sqrt[3]{-\tfrac{1}{2}q+\sqrt{\tfrac{1}{27}p^3+\tfrac{1}{4}q^2}}+\sqrt[3]{-\tfrac{1}{2}q-\sqrt{\tfrac{1}{27}p^3+\tfrac{1}{4}q^2}},$$

$$b=-\frac{1-\sqrt{-3}}{2}\sqrt[3]{-\tfrac{1}{2}q+\sqrt{\tfrac{1}{27}p^3+\tfrac{1}{4}q^2}}$$
$$-\frac{1+\sqrt{-3}}{2}\sqrt[3]{-\tfrac{1}{2}q-\sqrt{\tfrac{1}{27}p^3+\tfrac{1}{4}q^2}},$$

$$a=-\frac{1+\sqrt{-3}}{2}\sqrt[3]{-\tfrac{1}{2}q+\sqrt{\tfrac{1}{27}p^3+\tfrac{1}{4}q^2}}$$
$$-\frac{1-\sqrt{-3}}{2}\sqrt[3]{-\tfrac{1}{2}q-\sqrt{\tfrac{1}{27}p^3+\tfrac{1}{4}q^2}}.$$

De ces trois racines, la première seule paraît réelle ; les deux autres sont sous une forme imaginaire.

Je reviendrai dans la suite sur ces formules, pour faire connaître les diverses circonstances que présente la résolution des équations du troisième degré ; pour le moment, je me bornerai à observer que les quantités z' et z'' ayant chacune trois valeurs, puisqu'elles désignent des racines cubiques, il pourrait résulter de l'emploi successif de ces valeurs trois systèmes de racines a, b, c; mais celui que j'ai rapporté plus haut est le seul qui satisfasse à l'équation

$$x^3 + px + q = 0.$$

Les deux autres offriraient respectivement les racines des équations $x^3 + apx + q = 0$, $x^3 + a^2px + q = 0$, liées à la proposée, de manière à former avec elle, par la multiplication, une équation rationnelle du neuvième degré, et qui conduiraient également à l'équation en z, obtenue ci-dessus, parce que cette dernière ne contient que le cube de p, qui est aussi celui de ap et de a^2p.

Pour distinguer le système des racines qu'il faut employer, il suffit d'essayer s'il rend la fonction.... $ab + ac + bc$ égale au coefficient de x dans l'équation proposée : or les valeurs trouvées ci-dessus donnent

$$ab + ac + bc = - \tfrac{1}{3} z'z'',$$

et on a d'ailleurs

$$z'z'' = - 3p.$$

20. Je passe au quatrième degré. En désignant par a, b, c, d les racines de l'équation sans second terme,

$$x^4 + px^2 + qx + r = 0,$$

on cherche encore à trouver une fonction de ces racines qui soit de la forme $ka + lb + mc + nd$, et qui dépende

d'une équation moins élevée ou moins difficile à résoudre
que la proposée. Dans une telle fonction, les lettres a,
b, c, d peuvent être combinées de vingt - quatre manières différentes, et par conséquent elle doit dépendre
d'une équation du vingt-quatrième degré ; mais on peut,
en établissant des relations entre les coefficiens indéterminés k, l, m et n, réduire le nombre des combinaisons.
En supposant d'abord $k = l$, il ne reste plus que douze
changemens possibles dans la distribution des lettres
a, b, c, d, et ces changemens se réduiront à six, si l'on
fait $m = n$; la fonction ci-dessus deviendra alors

$$l(a + b) + m(c + d),$$

susceptible de cinq autres changemens,

$$l(a + c) + m(b + d),$$
$$l(a + d) + m(b + c),$$
$$l(b + c) + m(a + d),$$
$$l(b + d) + m(a + c),$$
$$l(c + d) + m(a + b).$$

On ne peut plus diminuer le nombre de ces combinaisons sans les rendre toutes identiques ; mais en posant $l = - m$, on aura les six quantités

$$l(a + b - c - d), \quad l(c + d - a - b),$$
$$l(a + c - b - d), \quad l(b + d - a - c),$$
$$l(a + d - b - c), \quad l(b + c - a - d),$$

telles que les deux qui sont sur une même ligne ne
diffèrent que par le signe ; en sorte que l'équation du
sixième degré, dont elles dépendent, doit avoir trois
racines positives, et autant de négatives respectivement
égales à chacune des premières. Cette équation sera
donc de la forme

$$z^6 + Az^4 + Bz^2 + C = 0 \qquad (Elém., 208),$$

et réductible au troisième degré, en prenant z^2 pour l'inconnue. Mais si, au lieu des quantités

$$l (a + b - c - d), \quad \text{etc.},$$

on prend leurs quarrés, on n'aura que trois fonctions différentes, puisque

$$l^2 (a + b - c - d)^2 = l^2 (c + d - a - b)^2,$$

et ainsi des autres; et faisant $l = 1$ dans ces dernières fonctions, l'équation qui doit les donner sera le produit des trois facteurs

$$z - (a + b - c - d)^2,$$
$$z - (a + c - b - d)^2,$$
$$z - (a + d - b - c)^2.$$

Or,

$$(a + b - c - d)^2 =$$
$$a^2 + b^2 + c^2 + d^2 + 2ab - 2ac - 2ad - 2bc - 2bd + 2cd =$$
$$(a + b + c + d)^2 - 4ac - 4ad - 4bc - 4bd;$$

et comme l'équation proposée manque de second terme, on a

$$a + b + c + d = 0,$$

d'où

$$(a + b - c - d)^2 = - 4ac - 4ad - 4bc - 4bd;$$

mais puisque, d'après la composition des équations,

$$p = ab + ac + ad + bc + bd + cd,$$

il en résultera

$$- 4ac - 4ad - 4bc - 4bd = - 4p + 4ab + 4cd;$$

donc enfin

$$(a + b - c - d)^2 = - 4p + 4ab + 4cd.$$

On trouvera de même

$$(a + c - b - d)^2 = - 4p + 4ac + 4bd,$$
$$(a + d - b - c)^2 = - 4p + 4ad + 4bc.$$

Si, pour plus de simplicité, on prend l'inconnue z égale au $\frac{1}{4}$ des fonctions $(a + c - b - d)^2$, etc., l'équation en z sera le produit des trois facteurs

$$z + p - (ab + cd),$$
$$z + p - (ac + bd),$$
$$z + p - (ad + bc).$$

Il ne s'agit plus maintenant que de développer ce produit, et d'exprimer en p, q et r, les fonctions symétriques de a, b, c et d, qui s'y trouvent contenues.

Pour effectuer le calcul avec plus de facilité, on posera

$$z + p = u,$$

ce qui donnera les trois facteurs

$$u - (ab + cd), \quad u - (ac + bd), \quad u - (ad + bc).$$

Le coefficient du second terme de l'équation en u sera égal à

$$- (ab + ac + ad + bc + bd + cd),$$

ou, ce qui est la même chose, à $-p$; celui du troisième sera

$$\begin{aligned}
&a^2bc + a^2bd + a^2cd \\
+\; &ab^2c + ab^2d + b^2cd \\
+\; &abc^2 + ac^2d + bc^2d \\
+\; &abd^2 + acd^2 + bcd^2.
\end{aligned}$$

Cette fonction est symétrique, car elle ne change point, quelque permutation qu'on fasse entre les quantités a, b, c, d, et elle n'est qu'un cas particulier de la fonction $a^n b^p c^q +$ etc., dont l'expression est

$$S_n S_p S_q - S_{n+p} S_q - S_{n+q} S_p - S_{p+q} S_n + 2 S_{n+p+q} \quad (7).$$

Pour en avoir la valeur, on fait $n = 2$, $p = 1$, $q = 1$,

dans la formule ci-dessus, dont on ne prend que la moitié, à cause que $p = q$; il vient

$$\tfrac{1}{2}(S_2 S_1^2 - 2S_3 S_1 - S_2^2 + 2S_4):$$

cherchant ensuite les valeurs de S_1, S_2, S_3, S_4, et observant que le second terme manque dans l'équation proposée, on trouve $-4r$ pour résultat.

On arrive immédiatement à ce résultat, en remarquant que la fonction $a^2 bc +$ etc. est équivalente à

$$\left.\begin{aligned}
&a\,(abc + abd + acd + bcd) - abcd \\
+\ &b\,(abc + abd + acd + bcd) - abcd \\
+\ &c\,(abc + abd + acd + bcd) - abcd \\
+\ &d\,(abc + abd + acd + bcd) - abcd
\end{aligned}\right\} =$$

$$(a + b + c + d)\,(abc + abd + acd + bcd) - 4abcd,$$

et se réduit par conséquent à $-4abcd$, puisque

$$a + b + c + d = 0.$$

Le dernier terme de l'équation en u étant égal à

$$- (ab + cd)\,(ac + bd)\,(ad + bc),$$

a pour développement

$$-\left\{\begin{aligned}
&a^3 bcd + ab^3 cd + abc^3 d + abcd^3 \\
+\ &a^2 b^2 c^2 + a^2 b^2 d^2 + a^2 c^2 d^2 + b^2 c^2 d^2
\end{aligned}\right\}.$$

La valeur de la première ligne se déduirait de l'expression générale des fonctions de la forme $a^n b^p c^q d^r +$ etc., en y faisant $n = 3$, $p = q = r = 1$; mais on voit bien aisément qu'elle n'est autre chose que

$$abcd\,(a^2 + b^2 + c^2 + d^2) = rS_2 = -2pr.$$

La seconde ligne aura pour expression, d'après ce qui précède,

$$\tfrac{1}{6}(S_2^3 - 3S_4 S_2 + 2S_6) = -2pr + q^2;$$

réunissant ces deux parties, et changeant leurs signes,

on trouvera $\quad + 4pr - q^2\quad$ pour le dernier terme de l'équation cherchée, qui sera par conséquent

$$u^3 - pu^2 - 4ru + 4pr - q^2 = 0:$$

mettant $z + p$ au lieu de u, il viendra

$$z^3 + 2pz^2 + (p^2 - 4r) z - q^2 = 0.$$

Soient maintenant z', z'', z''' les trois racines de cette équation, qui est la *réduite*, on aura

$$\left.\begin{array}{l}(a+b-c-d)^2=4z',\\(a+c-b-d)^2=4z'',\\(a+d-b-c)^2=4z''',\end{array}\right\} \text{ d'où } \left\{\begin{array}{l}a+b-c-d=\pm 2\sqrt{z'},\\a+c-b-d=\pm 2\sqrt{z''},\\a+d-b-c=\pm 2\sqrt{z'''}.\end{array}\right.$$

Les trois dernières équations étant ajoutées alternativement avec l'équation $a+b+c+d=0$, qui résulte de l'évanouissement du second terme, donneront, en ne prenant d'abord que le signe supérieur dont chaque radical est affecté,

$$a + b = \sqrt{z'}, \quad a + c = \sqrt{z''}, \quad a + d = \sqrt{z'''};$$

mais la somme de celles-ci, étant écrite dans la forme

$$2a + a + b + c + d = \sqrt{z'} + \sqrt{z''} + \sqrt{z'''},$$

se réduit visiblement à

$$2a = \sqrt{z'} + \sqrt{z''} + \sqrt{z'''},$$

d'où, par ce qui précède, l'on conclut sans peine

$$a = \tfrac{1}{2}\left(+\sqrt{z'} + \sqrt{z''} + \sqrt{z'''}\right),$$
$$b = \tfrac{1}{2}\left(+\sqrt{z'} - \sqrt{z''} - \sqrt{z'''}\right),$$
$$c = \tfrac{1}{2}\left(-\sqrt{z'} + \sqrt{z''} - \sqrt{z'''}\right),$$
$$d = \tfrac{1}{2}\left(-\sqrt{z'} - \sqrt{z''} + \sqrt{z'''}\right);$$

et en prenant les signes inférieurs des radicaux, on

aurait eu

$$a = \tfrac{1}{2}\left(-\sqrt{z'} - \sqrt{z''} - \sqrt{z'''}\right),$$
$$b = \tfrac{1}{2}\left(-\sqrt{z'} + \sqrt{z''} + \sqrt{z'''}\right),$$
$$c = \tfrac{1}{2}\left(+\sqrt{z'} - \sqrt{z''} + \sqrt{z'''}\right),$$
$$d = \tfrac{1}{2}\left(+\sqrt{z'} + \sqrt{z''} - \sqrt{z'''}\right).$$

Ces huit valeurs comprennent toutes les combinaisons qu'on peut faire des deux signes dont chaque radical est affecté; cependant on n'en doit employer que quatre. Cette espèce d'ambiguité tient à ce qu'on n'a pas déterminé immédiatement les fonctions............ $a + b - c - d$, etc., mais leur quarré, qui reste le même, quel que soit leur signe et celui du coefficient q, puisque l'équation en z ne contient que le quarré de ce coefficient. Il suit de là que les racines trouvées doivent également satisfaire au cas où q est négatif comme à celui où il est positif; en sorte que ces huit valeurs réunies sont les racines de l'équation résultante du produit des deux suivantes,

$$x^4 + px^2 + qx + r = 0, \quad x^4 + px^2 - qx + r = 0,$$

qui ne diffèrent que par le signe de q; et que par conséquent le système de valeurs, qui répond à la première équation, doit donner la somme des produits des racines prises trois à trois avec un signe contraire, égale à une quantité positive, et l'autre doit donner cette même somme égale à une quantité négative.

Ce caractère servirait à faire reconnaître l'ensemble des valeurs qui conviennent à chaque équation en particulier; mais on y arrive plus simplement en multipliant entre eux les premiers membres des trois équations

$$a + b - c - d = \pm 2\sqrt{z'},$$
$$a + c - b - d = \pm 2\sqrt{z''},$$
$$a + d - b - c = \pm 2\sqrt{z'''};$$

car en réduisant les fonctions symétriques qui composent le produit, on trouve que sa valeur est égale à — $8q$; il faut donc, dans tous les cas, prendre les signes des radicaux, tels que leur produit soit d'un signe contraire à celui du coefficient q; mais comme pour déterminer, d'après cette condition, le système de valeurs qu'il convient d'employer, on doit, suivant la remarque de M. Bret (*Correspondance sur l'École Polytechnique*, t. II, pag. 218), avoir égard à la nature des racines z', z'', z''' de la réduite, je renvoie cet examen aux articles dans lesquels je discuterai la nature des racines des équations du troisième et du quatrième degré.

21. La méthode par laquelle ces équations ont été résolues précédemment est due à Lagrange (*Mém. de l'Académie des Sciences de Berlin*, années 1770 et 1771); mais, pour l'exposer, j'ai suivi la marche tracée par M. Laplace dans le *Journal des Séances de l'École Normale* (Leçons, t. II, page 302, 1re édition, ou *Journal de l'Ecole Polytechnique*, 7e et 8e cahiers, pag. 46). Quelque féconds que soient les principes de cette méthode, elle n'a pu s'étendre aux équations générales des degrés supérieurs au quatrième, parce que la fonction des racines qui sert à les déterminer dépend d'une équation plus élevée que la proposée, ainsi que je vais le montrer en présentant l'extrait de la 13e note de la seconde édition du *Traité de la Résolution des Equations numériques*, par Lagrange.

En désignant par x', x'', x''', ... $x^{(m)}$ (*) les racines de l'équation générale du degré m, il cherche une

_____

(*) Ici, et dans tout ce qui suit, la notation (m) désigne le nombre des accens que doit porter la lettre inférieure.

fonction de ces racines, de la forme

$$x' + \alpha x'' + \alpha^2 x''' \ldots + \alpha^{m-1} x^{(m)},$$

dans laquelle α est l'une quelconque des racines de l'é-
quation $y^m - 1 = 0$, autre que l'unité positive. Il est
aisé de voir que cette expression renferme celles qui ont
été trouvées ci-dessus pour le troisième et le quatrième
degré; car elle devient, dans le premier de ces cas,

$$x' + \alpha x'' + \alpha^2 x''',$$

et il suffit d'y changer x'' en a, x''' en b, et x' en c,
pour en faire la valeur de z' obtenue page 34.

Lorsqu'il s'agit du quatrième degré, il faut remarquer
que l'équation $y^4 - 1 = 0$, outre $+1$ et les racines
imaginaires $+\sqrt{-1}$ et $-\sqrt{-1}$, a encore la racine
-1, qui donnant $\alpha^2 = 1$, change l'expression

$$x' + \alpha x'' + \alpha^2 x''' + \alpha^3 x^{iv}$$

en

$$x' + x''' - x'' - x^{iv},$$

forme qui s'accorde avec ce qu'on a trouvé page 38.
On voit ici que la présence de la seconde racine réelle
de l'équation $y^4 - 1 = 0$ simplifie la forme de la
fonction cherchée; et il arrive quelque chose d'analogue toutes les fois que l'exposant du degré de l'équation proposée n'est pas un nombre premier.

22. Supposons d'abord que le nombre m soit premier, et prenons 5 pour exemple; la fonction cherchée
sera alors

$$x' + \alpha x'' + \alpha^2 x''' + \alpha^3 x^{iv} + \alpha^4 x^v,$$

α étant une des racines imaginaires de l'équation....
$y^5 - 1 = 0$. La formation des diverses valeurs de cette
fonction s'opérera en y effectuant toutes les permuta-
tions possibles entre les cinq racines x', x'', x''', x^{iv}, x^v,

ou bien en laissant ces lettres dans le même ordre, mais en permutant de toutes les manières possibles leurs coefficiens 1, α, α^2, α^3, α^4, ou enfin, comme $1 = \alpha^0$, en permutant seulement les cinq exposans

$$0, 1, 2, 3, 4,$$

dont la lettre α est successivement affectée.

Par chacune de ces opérations on trouvera les mêmes valeurs au nombre de $1.2.3.4.5 = 120$ (*Elém.*, 139); mais ces valeurs peuvent se partager en groupes, ayant des relations qui en facilitent la recherche, ainsi qu'on va le voir.

Posons premièrement l'équation

$$t' = x' + \alpha x'' + \alpha^2 x''' + \alpha^3 x^{\text{iv}} + \alpha^4 x^{\text{v}},$$

et multiplions successivement ses deux membres par α, α^2, α^3, α^4, en observant que $\alpha^{5+n} = \alpha^n$ (16); nous aurons, en y comprenant la première valeur ci-dessus, un groupe composé des cinq permutations suivantes :

$$t' = x' + \alpha x'' + \alpha^2 \bar{x}''' + \alpha^3 x^{\text{iv}} + \alpha^4 x^{\text{v}},$$
$$\alpha t' = \alpha x' + \alpha^2 x'' + \alpha^3 x''' + \alpha^4 x^{\text{iv}} + x^{\text{v}},$$
$$\alpha^2 t' = \alpha^2 x' + \alpha^3 x'' + \alpha^4 x''' + x^{\text{iv}} + \alpha x^{\text{v}},$$
$$\alpha^3 t' = \alpha^3 x' + \alpha^4 x'' + x''' + \alpha x^{\text{iv}} + \alpha^2 x^{\text{v}},$$
$$\alpha^4 t' = \alpha^4 x' + x'' + \alpha x''' + \alpha^2 x^{\text{iv}} + \alpha^3 x^{\text{v}};$$

et par quelque puissance de α qu'on multiplie l'une quelconque de ces équations, on n'en saurait reproduire de nouvelles.

Il est facile d'apercevoir que les exposans 0, 1, 2, 3, 4 de la lettre α, quoiqu'ayant changé de place, ont toujours conservé dans leur succession le même ordre (si l'on regarde la dernière place comme contiguë à la première), et que, d'après ce caractère qui lie toutes ces permutations entre elles, chacun des exposans a occupé successivement toutes les places.

Cela posé, si l'on met à part, dans l'ensemble des 120 permutations, toutes celles où $\alpha^0 = 1$ occupe la première place, et qui, différant par les arrangemens qu'on peut faire des quatre autres exposans, sont au nombre de $1.2.3.4 = 24$, chacune de ces permutations, par la suite de multiplications indiquées ci-dessus, formera un groupe de cinq permutations toutes différentes entre elles, dans chaque groupe, et d'un groupe à l'autre, puisque, dans ce dernier cas, l'ordre général de succession des exposans sera interverti par le dérangement opéré dans celui des quatre derniers.

Si donc on désigne par t', t'', t'''..., $t^{(24)}$ les 24 permutations où α^0 occupe la première place, les valeurs des 120 permutations seront comprises dans 24 groupes, savoir, le précédent et ceux que donneraient t'', t'''...,$t^{(24)}$; de même, l'équation de laquelle dépend la fonction cherchée se partagera en 24 produits composés chacun de cinq facteurs de la forme

$$(t-t')\ (t-\alpha t')\ (t-\alpha^2 t')\ (t-\alpha^3 t')\ (t-\alpha^4 t') = t^5 - t'^5,$$

et ne contiendra par conséquent que des puissances de t, dont l'exposant sera multiple de 5, ce qu'on peut voir aussi en observant qu'elle doit rester la même lorsqu'à la place de t on y substitue $\alpha^n t$, valeur telle que $(\alpha^n t)^5 = t^5$. Faisant donc $t^5 = \theta$, l'équation en θ ne sera plus que du degré $1.2.3.4 = 24$.

Cette dernière équation peut elle - même se décomposer en six facteurs qui dépendent de nouveaux groupes de permutations qu'on formera de la manière suivante, dans les 24 permutations où α^0 occupe la première place. En laissant de côté ce terme, si dans les quatre qui restent on remplace α successivement par chacune des autres racines imaginaires de l'équation $y^5 - 1$, ce qui revient à changer α en α^2, α^3, α^4 (16), en ayant soin de réduire tous les exposans de α lors-qu'ils surpassent 5 , on obtiendra les quatre permuta-tions suivantes :

$$\left.\begin{aligned} \alpha x'' + \alpha^2 x''' + \alpha^3 x^{1V} + \alpha^4 x^V, \\ \alpha^2 x'' + \alpha^4 x''' + \alpha x^{1V} + \alpha^3 x^V, \\ \alpha^3 x'' + \alpha x''' + \alpha^4 x^{1V} + \alpha^2 x^V, \\ \alpha^4 x'' + \alpha^3 x''' + \alpha^2 x^{1V} + \alpha x^V, \end{aligned}\right\} \text{ ou } \left\{\begin{aligned} &1, \ 2, \ 3, \ 4, \\ &2, \ 4, \ 1, \ 3, \\ &3, \ 1, \ 4, \ 2, \\ &4, \ 3, \ 2, \ 1, \end{aligned}\right.$$

si l'on n'écrit que les exposans de α.

Traitant de même toutes les permutations des quatre exposans 1, 2, 3, 4, où 1 est à la première place, et qui, ne différant que par l'arrangement des trois autres, sont au nombre de $1.2.3 = 6$, on formera cinq nouveaux groupes composés chacun de quatre permutations, toutes différentes entre elles, et d'un groupe à l'autre, parce qu'en plaçant ces groupes à côté les uns des autres à la suite du précédent, on aura, sur la première ligne, l'exposant 1 accolé aux 6 arrangemens qu'on peut faire des nombres 2, 3, 4; sur deuxième ligne, 2 accolé aux 6 arrangemens. qu'on peut faire des nombres 4, 1, 3, et ainsi de suite, ce qui n'offre aucune répétition.

Désignant donc par θ'', θ''', θ^{1V} les trois quantités dé-rivées de

$$\theta' = (x' + \alpha x'' + \alpha^2 x''' + \alpha^3 x^{1V} + \alpha^4 x^V),$$

en y changeant successivement α en α^2, α^3, α^4, on aura pour déterminer les quatre valeurs de θ comprises dans le premier groupe indiqué ci - dessus, l'équation du quatrième degré

$$(\theta - \theta') \, (\theta - \theta'') \, (\theta - \theta''') \, (\theta - \theta^{1V}) = 0,$$

dont les coefficiens, fonctions symétriques des quan-tités θ', θ'', θ''', θ^{1V}, étant rapportés aux racines x', x'', etc., de l'équation proposée, n'auront qu'un nom-bre de valeurs égal à celui des groupes.

En effet, parmi les vingt-quatre permutations dont ces racines sont susceptibles dans l'expression de θ, celles qui n'opéreraient que des échanges entre les valeurs de θ appartenantes au même groupe, ne produiraient aucun changement dans les fonctions symétriques de ces quantités. Quant aux autres permutations, elles ne feraient qu'échanger les groupes entre eux; car une valeur de θ appartenante à un groupe quelconque, ne peut devenir celle d'un autre, sans que toutes les valeurs composant le premier ne deviennent celles du second, puisque les valeurs d'un même groupe se déduisent toutes de l'une quelconque d'entre elles par le changement de α en α^2, α^3 et α^4.

Soient donc T', T'',..... T^{vi} les coefficiens de la même puissance de θ, dans les équations du quatrième degré qu'on tirerait des six groupes de valeurs dont il est susceptible; ces coefficiens ne pouvant tout au plus que s'échanger entre eux dans les diverses permutations des racines x', x'', etc., l'équation du sixième degré

$$(T - T') \; (T - T'') \ldots (T - T^{vi}) = o,$$

où T désigne l'inconnue, et qui ne comprend que des fonctions symétriques des T accentués, demeure toujours la même, et peut ainsi se former rationnellement par les coefficiens de l'équation proposée.

Quand l'un quelconque des coefficiens de l'équation du quatrième degré en θ, que je représenterai par

$$\theta^4 - T\theta^3 + U\theta^2 - \text{etc.} = o,$$

est connu, on peut obtenir tous les autres, en observant que cette équation doit être un diviseur de celle qu'on formerait avec les vingt-quatre valeurs de θ, combinées toutes ensemble, et dont les coefficiens, néces-

Compl. des Elém. d'Alg. 4

sairement fonctions symétriques des racines x', x'', etc., s'exprimeraient par ceux de la proposée. Pour cela , il suffit de diviser la dernière équation en θ, par celle du quatrième degré , et d'égaler séparément à zéro les quatre termes du reste de la division (*Élém.*, 210) : on formera entre T, U , etc., des équations au moyen desquelles on pourra déterminer trois de ces coefficiens, en fonctions rationnelles de celui qui reste, de T, par exemple. L'équation finale que l'élimination des autres fournirait , serait nécessairement vérifiée par la valeur de T trouvée immédiatement.

La détermination de la fonction $t' = \sqrt[5]{\theta'}$, dépend donc, en dernière analyse, de la résolution d'une équation du sixième degré en T, suivie de celle d'une équation du quatrième degré en θ. Tel est l'état le plus simple auquel on ait pu jusqu'ici ramener la résolution de l'équation générale du cinquième degré.

23. Il est bien aisé d'étendre an degré dont l'exposant est un nombre premier quelconque m , ce qui vient d'être indiqué pour l'exposant 5. Avec l'expression

$$t' = x' + \alpha x'' + \alpha^2 x''' \ldots + \alpha^{m-1} x^{(m)},$$

on formera, premièrement, le groupe des m valeurs

$$t', \quad \alpha t', \quad \alpha^2 t', \ldots \alpha^{m-1} t' ;$$

et il y aura autant de ces groupes qu'il y a de manières d'arranger les $m-1$ exposans $1, 2, 3, \ldots m-1$, c'est-à-dire $1.2.3 \ldots (m-1)$; ce nombre sera donc l'exposant de l'équation finale en $\theta = t^m$.

Ensuite, dans les premières valeurs de chacun de ces groupes , désignées par t', t'', t''', etc., changeant α en α^2, α^3, $\ldots \alpha^{m-1}$, on partagera les $1.2.3 \ldots (m-1)$ valeurs de θ en autant de groupes composés de $m-1$

valeurs conjuguées, qu'il y a de manières d'arranger les $m-2$ exposaus $2, 3,\dots m-1$, c'est-à-dire $1.2.3\dots(m-2)$: ainsi les coefficiens de l'équation ayant pour racines les $m-1$ valeurs comprises dans un même groupe, n'auront que $1.2.3\dots(m-2)$ valeurs différentes; d'où il suit que la résolution de l'équation proposée du degré m ne dépend que de celle de deux équations, l'une du degré $1.2.3\dots(m-2)$, et l'autre du degré $m-2$.

24. La formation immédiate des coefficiens de ces équations, par le développement des fonctions des racines de l'équation proposée, est à peu près impraticable dès le cinquième degré; et Lagrange n'a pas entrepris de l'achever, malgré qu'il en ait simplifié le travail par quelques artifices, dont je vais donner une idée, parce qu'il se présentera une occasion de les appliquer dans la suite de cet ouvrage.

La première chose à faire, c'est le développement de l'expression

$$\theta' = \left\{ x' + \alpha x'' + \alpha^2 x''' \dots + \alpha^{m-1} x^{(m)} \right\}^m.$$

Il est évident qu'étant ordonné par rapport aux puissances de α, qu'on peut toujours abaisser au-dessous de l'exposant m, il sera de la forme

$$\theta' = \xi + \alpha \xi' + \alpha^2 \xi'' \dots + \alpha^{m-1} \xi^{(m-1)},$$

les lettres ξ, ξ', ξ'', etc., désignant des fonctions des racines de la proposée, susceptibles d'autant de valeurs que θ', et ne changeant que par les permutations qui le font changer.

Si d'abord on pose $\alpha = 1$, et qu'on indique par θ^0 la valeur que prend alors θ', on aura, par l'expression ci-dessus,

$$\theta^0 = \xi + \xi' + \xi'' \dots + \xi^{(m-1)};$$

mais la valeur de θ' ou t'^m, en x', x'', etc., devenant, dans la même circonstance,

$$\{x' + x'' + x''' \ldots + x^{(m)}\}^m,$$

se réduit à la puissance m de la somme des racines de l'équation proposée : désignant donc par A cette somme que le coefficient du second terme fait connaître, on aura

$$A^m = \xi + \xi' + \xi'' \ldots + \xi^{(m-1)} ;$$

d'où

$$\xi = A^m - \xi' - \xi'' \ldots - \xi^{(m-1)},$$

et par conséquent,

$$\theta' = A^m + (\alpha - 1)\xi' + (\alpha^2 - 1)\xi'' \ldots + (\alpha^{m-1} - 1)\,\xi^{(m-1)}.$$

Les valeurs de θ'', θ''', $\ldots\theta^{(m-1)}$, se déduiront de l'expression ci-dessus, par le seul changement de α en α^2, $\alpha^3, \ldots \alpha^{(m-1)}$.

On pourra employer à la formation des coefficiens de l'équation

$$\theta^{m-1} - T\theta^{m-2} + U\theta^{m-3} - \text{etc.} = 0,$$

qui renferme un groupe de valeurs de θ, le procédé du n° 9 ; mais on facilitera le calcul des sommes des puissances semblables de θ', θ'', etc., par le développement de

$$\theta'^n = (\xi + \alpha\xi' + \alpha^2\xi'' \ldots + \alpha^{m-1}\xi^{(m-1)})^n,$$

qui donnera un résultat de la forme

$$\theta'^n = \xi_n + \alpha\xi'_n + \alpha^2\xi''_n \ldots + \alpha^{m-1}\xi_n^{(m-1)},$$

l'indice n, placé au bas des lettres ξ, marquant la puissance de θ', à laquelle ces coefficiens se rapportent ; et comme θ''^n, θ'''^n, etc., se déduisent de la précédente en substituant α^2, $\alpha^3, \ldots \alpha^{m-1}$, au lieu de α, on aura

$$S_n\theta = \theta'^n + \theta''^n + \theta'''^n \ldots + \text{etc.} =$$
$$(m-1)\,\xi_n + (\alpha + \alpha^2 + \alpha^3 \ldots + \alpha^{m-1})\,\xi'_n$$
$$+ (\alpha^2 + \alpha^4 \ldots \ldots \ldots \ldots)\,\xi''_n + \text{etc.},$$

expression où les multiplicateurs de ξ'_n, ξ''_n, etc., ne différeront entre eux que par l'arrangement des termes (16). Or, par le n° cité, on a

$$\alpha + \alpha^2 + \alpha^3 \ldots + \alpha^{m-1} = -1 ;$$

donc

$$S_n \theta = (m-1) \xi_n - \xi'_n - \xi''_n - \xi'''_n - \text{etc.}$$
$$= m\xi_n - (\xi_n + \xi'_n + \xi''_n + \text{etc.}) ;$$

mais la quantité comprise dans la parenthèse étant ce que devient θ'^n lorsque $\alpha = 1$, sera égale à A^{mn} : donc enfin

$$S_n \theta = m\xi_n - A^{mn}.$$

En faisant $n = 1, 2, 3, \ldots m - 1$ dans cette formule, qui ne contient que le premier terme de θ'^n, on formera toutes les quantités nécessaires à la détermination des coefficiens T, U, etc., de l'équation en θ.

25. Il nous reste maintenant à faire voir comment les racines de l'équation proposée se déduisent des valeurs de la fonction θ. Pour plus de simplicité, nous représenterons ici par α, β, γ, δ les racines de l'équation $y^5 - 1 = 0$, différentes de l'unité ; car nous nous bornerons au cas où $m = 5$. En employant successivement chacune de ces racines dans l'expression de θ, nous formerons les quatre équations

$$\sqrt[5]{\theta'} = x' + \alpha x'' + \alpha^2 x''' + \alpha^3 x^{1V} + \alpha^4 x^{V},$$
$$\sqrt[5]{\theta''} = x' + \beta x'' + \beta^2 x''' + \beta^3 x^{1V} + \beta^4 x^{V},$$
$$\sqrt[5]{\theta'''} = x' + \gamma x'' + \gamma^2 x''' + \gamma^3 x^{1V} + \gamma^4 x^{V},$$
$$\sqrt[5]{\theta^{1V}} = x' + \delta x'' + \delta^2 x''' + \delta^3 x^{1V} + \delta^4 x^{V},$$

auxquelles joignant l'équation

$$A = x' + x'' + x''' + x^{1V} + x^{V},$$

nous en aurons le nombre nécessaire pour déterminer toutes les inconnues.

Si l'on ajoute d'abord toutes ces équations, en observant que $\alpha^n + \beta^n + \gamma^n + \delta^n + 1 = 0$, tant que n n'est pas divisible par 5 (15), on aura

$$\sqrt[5]{\theta'} + \sqrt[5]{\theta''} + \sqrt[5]{\theta'''} + \sqrt[5]{\theta^{\mathrm{iv}}} + A = 5x' ;$$

multipliant ensuite les quatre premières respectivement par α^4, β^4, γ^4, δ^4, avant de les ajouter à la dernière, il ne restera dans la somme que l'inconnue x'', et l'on aura

$$\alpha^4 \sqrt[5]{\theta'} + \beta^4 \sqrt[5]{\theta''} + \gamma^4 \sqrt[5]{\theta'''} + \delta^4 \sqrt[5]{\theta^{\mathrm{iv}}} + A = 5x''.$$

On obtiendra des résultats analogues par rapport aux trois autres racines, x''', x^{iv}, x^{v}, en prenant successivement pour facteur de chacune des quatre premières équations, une puissance des racines α, β, γ, δ, telle, que l'inconnue cherchée soit multipliée par la 5e puissance de ces racines ; et il est facile de voir que ce procédé est général (*).

26. Passons maintenant au cas où l'exposant m de l'équation à résoudre est un nombre composé, dont les facteurs premiers sont n et p. En n'employant dans la fonction

$$t' = x' + \alpha x'' + \alpha^2 x''' \ldots + \alpha^{m-1} x^{(m)},$$

que les racines de l'équation $y^n - 1 = 0$ (17), les puissances de α se répètent de n en n ; rassemblant tous les termes qui sont multipliés par la même, on a

---

(*) Lagrange représente A par $\sqrt[5]{\theta^0}$, parce que faire $\alpha = 1$, c'est la même chose que de substituer α^0 au lieu de α, et qu'on peut par conséquent regarder l'expression de A^5 comme dérivée de celle de θ', en y changeant α en α^0, et substituant un ^{0} à l'accent $'$ (24).

$$t' = (x' + x^{(n+1)} + x^{(2n+1)} + \text{etc.}),$$
$$+ \alpha (x'' + x^{(n+2)} + x^{(2n+2)} + \text{etc.}),$$
$$+ \alpha^2 (x''' + x^{(n+3)} + x^{(2n+3)} + \text{etc.}),$$
$$+ \text{etc.},$$

expression de la forme

$$t' = X' + \alpha X'' + \alpha^2 X''' \ldots + \alpha^{n-1} X^{(n)}.$$

Regardant alors les quantités X', X'', X''',...$X^{(n)}$ comme les racines d'une équation du degré n, on pourra appliquer à la nouvelle expression de t' les raisonnemens des n°s 22 et 24 ; on fera $t'^n = \theta'$; on aura en conséquence

$$\theta' = \xi + \alpha \xi' + \alpha^2 \xi'' \ldots + \alpha^{n-1} \xi^{(n-1)},$$

expression dans laquelle les fonctions X', X'', X''', etc., se comporteront comme x', x'', x''', etc., dans celle du n° 22, en sorte que le nombre n étant supposé premier, on partagera encore les valeurs de θ en groupes qui en contiendront $n-1$, données par une équation dont les coefficiens dépendront d'équations des degrés $1.2.3...(n-2)$, ayant pour coefficiens des fonctions rationnelles de X', X'', etc.

Ces dernières dépendront à leur tour d'équations qui se formeront en effectuant entre x', $x'' \ldots x^{(m)}$, toutes les permutations par lesquelles les fonctions X', X'', etc., changent de valeurs, permutations dont le nombre se réduit beaucoup, à cause que les racines x', x'', etc., s'y trouvent sans coefficiens. En effet, d'après sa composition,

$$X' = x' + x^{(n+1)} \ldots + x^{(m-n+1)}$$

ne saurait changer de valeur par toutes les permutations qu'on ferait entre les p racines dont il est formé ; il ne faudra donc avoir égard qu'aux combinaisons différentes que donnent les m racines x', x'', x''',... prises en nombre p ; et comme toutes ces racines doivent se partager entre les n fonctions X', X'',...$X^{(n)}$, il y aura autant de valeurs de toutes ces fonctions qu'il y aura de manières de partager m racines en groupes qui en renferment chacun un nombre p.

Or, 1°. un groupe quelconque pourra se former de

$$\frac{m(m-1)\ldots(m-p+1)}{1.2.3\ldots\ldots p}$$

manières, ce qui revient à

$$\frac{1.2.3\ldots m}{1.2.3\ldots(m-p).1.2.3\ldots p},$$

en ajoutant en même temps au numérateur et au dénominateur les nombres consécutifs depuis 1 jusqu'à $m-p$ inclusivement.

2°. Quand on aura choisi pour X' l'une de ces combinaisons, la deuxième fonction, X'', se formera d'autant de manières que les $m-p$ racines restantes, prises en nombre p, fourniront de combinaisons diverses, c'est-à-dire de

$$\frac{1.2.3\ldots(m-p)}{1.2.3\ldots(m-2p).1.2.3\ldots p}$$

manières; et chacune de ces combinaisons pouvant répondre à chacune des précédentes, le système des fonctions X', X'' pourra se former d'autant de manières que l'indique le produit des deux nombres que je viens de trouver, et qui se réduit à

$$\frac{1.2.3\ldots m}{1.2.3\ldots(m-2p).(1.2.3\ldots p)^2},$$

en supprimant les facteurs $1.2.3\ldots(m-p)$ communs au numérateur et au dénominateur. En opérant ainsi $n-1$ fois, c'est-à-dire jusqu'à ce qu'il ne reste que p racines pour former la dernière fonction, $X^{(n)}$, on trouvera que le nombre de manières dont on peut former simultanément, avec les racines x', x'', ... $x^{(n)}$, l'ensemble des fonctions X', X'', ... $X^{(n)}$, est exprimé par

$$\frac{1.2.3\ldots m}{1.2.3\ldots[m-(n-1)p]\,(1.2.3\ldots p)^{n-1}}$$

$$= \frac{1.2.3\ldots m}{(1.2.3\ldots p)^n},$$

puisque de $m = np$, il suit $m - (n-1)p = p$. Mais si l'on regarde les valeurs des fonctions X', X'', ... $X^{(n)}$, comme les racines d'une seule équation dont l'inconnue serait X, les coefficiens de cette équation étant tous des fonctions symétriques de ses racines, conserveront la même valeur dans toutes les combinaisons de x', x'', ... qui ne feraient qu'échanger entre elles les valeurs de X', X'', etc., c'est-à-dire permuter ces fonctions; et comme leur nombre est n, celui de leurs arrangemens $1.2.3\ldots n$, il faudra donc diviser par ce dernier celui qui a été trouvé plus haut, et on obtiendra

$$\frac{1.2.3\ldots m}{1.2.3\ldots n.(1.2.3\ldots p)^n}$$

pour le nombre de valeurs différentes que prendront les coefficiens de l'équation en X, par les permutations des m racines x', x'', etc., de la proposée.

Or, les coefficiens de l'équation en θ, exprimés par les fonctions X', X'', etc., dépendant immédiatement d'une équation du degré $1.2.3\ldots(n-2)$, dépendront d'une équation du degré.

$$\frac{1.2.3\ldots m}{1.2.3\ldots n.(1.2.3\ldots p)^n} . 1.2.3\ldots(n-2)$$

$$= \frac{1.2.3\ldots m}{(n-1)n(1.2.3\ldots p)^n},$$

lorsqu'on les rapportera aux racines x', x'', etc.

27. Quand les valeurs de θ sont obtenues, on forme celles des fonctions X', X'', ... $X^{(n)}$, comme on a formé celles de x', x'', etc., dans le n° 25, mais en substituant aux racines imaginaires de $y^m - 1 = 0$ celles de $y^n - 1 = 0$.

Pour parvenir ensuite aux valeurs des racines de l'équation proposée, il faut chercher les coefficiens du facteur formé des p racines comprises dans le même groupe, et dont X' donnera la somme. Ce facteur sera par conséquent de la forme

$$x^p - X'x^{p-1} + \lambda x^{p-2} - \mu x^{p-3} + \text{etc.} = 0;$$

et les conditions qu'il doit remplir pour diviser exactement l'équation proposée (*Elém.*, 210) détermineront les coefficiens inconnus λ, μ, etc., en fonctions rationnelles de X'.

Il suit donc de ce qui précède, que la résolution d'une équation générale du degré $m = np$, dépend, en dernière analyse, de deux équations, l'une du degré

$$\frac{1.2.3\ldots m}{(n-1)\,n\,(1.2.3\ldots p)^n},$$

et l'autre du degré p, ce qui est plus simple que lorsque m est un nombre premier.

Quand $m = 6$, on peut prendre $n = 2$, $p = 3$; la première de ces équations devient du degré

$$\frac{1.2.3.4.5.6}{2(1.2.3)^2} = 10^e,$$

et l'autre du 3e. Suivant les formules du n° 23, les équations auxiliaires se seraient élevées, l'une au degré $1.2.3.4 = 24^e$, l'autre au 5e.

Il est bon de remarquer que l'équation du degré p

étant un facteur de la proposée, celle-ci se décompose en n facteurs, au moyen de n valeurs de la fonction X'.

28. Si les fonctions de la forme de t', dépendant d'équations plus difficiles à résoudre que la proposée, dès qu'elle passe le quatrième degré, ne peuvent conduire à la résolution des équations générales d'un degré quelconque, il ne paraît pas qu'on puisse attendre plus de succès d'aucune autre fonction des racines, ni d'aucune autre méthode. Le principe de celle-ci ne pourrait différer qu'en apparence de celui de la méthode précédente; et, suivant la marche de l'Algèbre, la résolution d'une équation générale doit renfermer toutes ses racines dans une seule expression, puisqu'il n'y a pas de raison pour obtenir une certaine racine plutôt que toute autre. Cette loi se vérifie, en effet, sur les expressions obtenues précédemment; toutes les racines de l'équation proposée dérivent d'une seule, par l'échange des diverses racines de l'unité entre elles.

Pour le second degré, par exemple, l'expression des racines étant

$$-\tfrac{1}{2}p \pm \sqrt{\tfrac{1}{4}p^2 - q} = \frac{a + b \pm \sqrt{(a - b)^2}}{2} \quad (18),$$

se change en a ou en b, selon qu'on prend le radical avec le signe $+$ ou le signe $-$.

Il est facile de voir aussi que les expressions des racines de l'équation du cinquième degré, obtenues dans le n° 25, sont comprises dans la formule suivante,

$$\frac{1}{5} \left\{ \begin{array}{l} x' + x'' + x''' + x^{\text{iv}} + x^{\text{v}} \\ + \alpha^n \sqrt[5]{(x' + \alpha x'' + \beta x''' + \gamma x^{\text{iv}} + \delta x^{\text{v}})^5} \\ + \beta^n \sqrt[5]{(x' + \alpha^2 x'' + \beta^2 x''' + \gamma^2 x^{\text{iv}} + \delta^2 x^{\text{v}})^5} \\ + \gamma^n \sqrt[5]{(x' + \alpha^3 x'' + \beta^3 x''' + \gamma^3 x^{\text{iv}} + \delta^3 x^{\text{v}})^5} \\ + \delta^n \sqrt[5]{(x' + \alpha^4 x'' + \beta^4 x''' + \gamma^4 x^{\text{iv}} + \delta^4 x^{\text{v}})^5} \end{array} \right\} ;$$

car les quantités écrites sous les radicaux deviennent identiques avec θ', θ'', θ''', θ^{iv}, lorsqu'on remplace β, γ, δ par leurs valeurs respectives α^2, α^3, α^4 ; et prenant ensuite pour n les nombres depuis 5 jusqu'à 1, on retombe sur les expressions du n° cité. C'est le changement que subit l'exposant n, qui indique ici la multiplicité des valeurs dont les radicaux sont susceptibles, puisque cela revient à mettre pour α ses diverses valeurs.

Vandermonde (*Mém. de l'Acad. de Paris*, 1771), qui a le premier donné à cette remarque toute l'étendue dont elle est susceptible, a conçu que le problème de la résolution des équations générales consistait *à former, avec les diverses racines de l'unité* (qui servent à caractériser la multiplicité des valeurs d'un radical quelconque) *et avec les racines de l'équation proposée*, *une fonction qui pût devenir successivement égale à chacune de ces dernières*. C'est à ce point qu'on doit arriver par toutes les méthodes ; car quelle que soit la composition du résultat, en y remplaçant les coefficiens de l'équation proposée par leurs expressions connues, on le changera toujours en une fonction des racines, fonction qu'il faudra déterminer, soit immédiatement, soit en la faisant dépendre d'autres fonctions. C'est aussi ce que Lagrange prouvait en même temps par l'examen des diverses méthodes proposées antérieurement pour résoudre les équations littérales (*Mém. de l'Acad. de Berlin*, année 1770), et dont nous donnerons une idée générale dans la suite.

D'après ces principes, le point fondamental de la question était la découverte d'une fonction non symétrique, établissant entre les racines de l'équation proposée une relation différente de celles qu'exprime la composition des coefficiens, et qui dépendît d'une équation plus facile à résoudre que la proposée. Lagrange, à la fin de son

beau travail, ne put donner que des vues générales pour
déterminer *à priori* le degré de l'équation d'où doit dépendre une fonction des racines dont la composition est
connue. En poursuivant ces vues, M. Paolo Ruffini a
prouvé qu'avec cinq lettres on ne pouvait déjà plus
former des fonctions non symétriques qui n'eussent
que quatre valeurs (*Mémoires de la Société Italienne*,
tom. XII , et *Theoria generale delle equazioni*) ; et
M. Cauchy (dans le 17ᵉ cahier du *Journal de l'Ecole
Polytechnique*, p. 9) à démontré ce beau théorème : *Le
nombre des valeurs différentes d'une fonction non symétriques de* n *quantités, ne peut s'abaisser au-dessous du
plus grand nombre premier* p *contenu dans* n, *sans devenir égal à* 2. C'est ainsi qu'on a pu former des fonctions
de trois lettres qui n'eussent que deux valeurs (19), et des
fonctions de quatre lettres qui n'en eussent que trois (20);
mais celles de cinq et de six lettres, qui doivent admettre plus de deux valeurs, n'en sauraient avoir moins
de cinq. Telle est la vraie difficulté de la résolution des
équations générales. M. Paolo Ruffini, qui, dès 1798,
avait entrepris de prouver qu'elle était insurmontable, a
reproduit et perfectionné ses raisonnemens dans ses *Ri-
flessioni interno alla soluzione delle equazioni alge-
braiche generale (Modena*, 1813) , et dans le t. XVIII
des *Mém. de la Société italienne*. Mais s'il faut renoncer
à obtenir, par un nombre limité d'opérations algébriques généralement indiquées, les racines d'une équation
quelconque au moyen de ses coefficiens , on doit y avoir
d'autant moins de regret, que la forme de ces expressions
en rend l'application numérique toujours très longue et
quelquefois impossible, ainsi qu'on va le voir (*).

(*) L'emploi des permutations n'est pas seulement utile pour
résoudre les équations des degrés supérieurs au premier; il s'offre
aussi dans la recherche des valeurs des inconnues déterminées par

Observations sur les expressions des racines des équations du troisième et du quatrième degré.

29. Lorsque l'équation du troisième degré est de la forme $x^3 + px + q = 0$, c'est-à-dire que le coefficient p est positif, des trois racines qu'elle comporte, deux sont imaginaires, une seule est réelle (19) ; mais si p est négatif, ou qu'on ait

$$x^3 - px + q = 0,$$

le radical quarré $\sqrt{\frac{1}{27}p^3 + \frac{1}{4}q^2}$, qui entre dans l'expression des trois racines, se changeant en $\sqrt{-\frac{1}{27}p^3 + \frac{1}{4}q^2}$, devient imaginaire, si $\frac{1}{27}p^3$ surpasse $\frac{1}{4}q^2$. Toutes les racines sont alors affectées d'imaginaires, et paraissent par conséquent telles. Cependant on a vu (*Elém.*, 213) que toute équation de degré impair avait nécessairement une racine réelle ; il y a donc, dans ce cas, une contradiction au moins apparente, et qu'il faut lever.

Cette contradiction tient à ce que l'on aurait tort de prononcer qu'une expression composée, renfermant des imaginaires, est imaginaire, à moins qu'on n'ait prouvé qu'elle les conserve lorsqu'elle est développée. La formule

$$x = \sqrt[3]{-\tfrac{1}{2}q + \sqrt{\tfrac{1}{4}q^2 - \tfrac{1}{27}p^3}} + \sqrt[3]{-\tfrac{1}{2}q - \sqrt{\tfrac{1}{4}q^2 - \tfrac{1}{27}p^3}}$$

les équations générales du premier degré. M. Laplace avait montré par ce moyen, dès 1772 (*Mém. de l'Acad. des Sciences*), quelques-unes des propriétés des fonctions qui entrent dans ces valeurs. Vandermonde, en les trouvant de son côté, introduisit dans le calcul une notation bien ingénieuse, et qui pourrait devenir fort utile. Monge donna ensuite (*Journal de l'École Polytechnique*, 15e cahier) une interprétation géométrique très curieuse des fonctions dont il s'agit. Enfin, elles ont fourni, à MM. J. Binet et Cauchy, le sujet de deux beaux Mémoires. (*Journal de l'École Polytechnique*, 16e et 17e cahiers.)

peut s'écrire ainsi,

$$x = \sqrt[3]{a + b\sqrt{-1}} + \sqrt[3]{a - b\sqrt{-1}},$$

si l'on fait, pour abréger,

$$-\tfrac{1}{2}q = a, \qquad \tfrac{1}{27}p^{3} - \tfrac{1}{4}q^{2} = b^{2};$$

et s'il arrivait que les quantités $a + b\sqrt{-1}$ et $a - b\sqrt{-1}$ fussent des cubes parfaits de la forme

$$(A + B\sqrt{-1})^3 \quad \text{et} \quad (A - B\sqrt{-1})^3,$$

A et B étant des quantités réelles, on aurait alors

$$x = A + B\sqrt{-1} + A - B\sqrt{-1} = 2A,$$

valeur réelle.

Si l'on avait, par exemple,

$$\sqrt[3]{2 + 11\sqrt{-1}} + \sqrt[3]{2 - 11\sqrt{-1}},$$

ou s'assurerait, par l'élévation au cube, que

$$\sqrt[3]{2 + 11\sqrt{-1}} = 2 + \sqrt{-1},$$

$$\sqrt[3]{2 - 11\sqrt{-1}} = 2 - \sqrt{-1},$$

et on trouverait 4 pour la somme des deux radicaux.

Les premiers analystes qui s'occupèrent de la résolution des équations des degrés supérieurs, après avoir remarqué l'espèce de paradoxe développé ci-dessus, parvinrent, en effet, à tirer de l'expression même de la première racine un résultat délivré des imaginaires, lorsque les quantités comprises sous les radicaux cubiques étaient des cubes parfaits.

30. « C'est de cette manière, dit Lagrange (*), que

(*) *Séances des Écoles Normales* (leçons, t. III, pag. 295, première édition), *Journal de l'École Polytechnique* (7ᵉ et 8ᵉ cahiers, pag. 226).

» Bombelli s'est convaincu de la réalité de l'expression
» imaginaire de la formule du cas *irréductible* (c'est le
» nom qu'on donne à celui dont il s'agit ici); mais cette
» extraction n'étant possible en général que par les
» séries, l'on ne peut parvenir de cette manière à une
» démonstration générale et directe de la proposition
» dont il s'agit.

» Il n'en est pas de même des radicaux quarrés et de
» tous ceux dont l'exposant est une puissance de 2. En
» effet, si l'on a la quantité

$$\sqrt{a + b\sqrt{-1}} + \sqrt{a - b\sqrt{-1}},$$

» composée de deux radicaux imaginaires, son quarré
» sera

$$2a + 2\sqrt{a^2 + b^2},$$

» quantité nécessairement positive : donc, en extrayant
» la racine quarrée, on aura

$$\sqrt{2a + 2\sqrt{a^2 + b^2}}$$

» pour la valeur réelle de la quantité proposée. Mais si,
» au lieu de la somme, on avait la différence des mêmes
» radicaux, alors son quarré serait $2a - 2\sqrt{a^2 + b^2}$,
» quantité nécessairement négative; et tirant la racine,
» on aurait l'expression imaginaire simple,

$$\sqrt{2a - 2\sqrt{a^2 + b^2}}.$$

» Si l'on avait la quantité

$$\sqrt[4]{a + b\sqrt{-1}} + \sqrt[4]{a - b\sqrt{-1}},$$

» on l'élèverait d'abord au quarré, ce qui donnerait

$$\sqrt{a + b\sqrt{-1}} + \sqrt{a - b\sqrt{-1}} + 2\sqrt[4]{a^2 + b^2} =$$
$$\sqrt{2a + 2\sqrt{a^2 + b^2}} + 2\sqrt[4]{a^2 + b^2};$$

» quantité réelle et positive; on aura donc aussi, en
» extrayant la racine quarrée, une valeur réelle de la
» quantité proposée, et ainsi de suite. Mais si l'on vou-
» lait appliquer cette méthode aux radicaux cubiques,
» on retomberait dans une équation du troisième de-
» gré, dans le cas irréductible (*).

» Soit, en effet,

$$\sqrt[3]{a+b\sqrt{-1}} + \sqrt[3]{a-b\sqrt{-1}} = x;$$

» en élevant d'abord au cube, on aura

$$2a+3\sqrt[3]{a^2+b^2}\left(\sqrt[3]{a+b\sqrt{-1}}+\sqrt[3]{a-b\sqrt{-1}}\right) = x^3;$$

» savoir :

$$2a + 3x\sqrt[3]{a^2+b^2} = x^3;$$

» ou bien,

$$x^3 - 3x\sqrt[3]{a^2+b^2} - 2a = 0,$$

(*) Les formules rapportées ci-dessus ne sont plus exactes quand
a est négatif; cela s'aperçoit tout de suite en y faisant $b=0$, et
changeant le signe de a; car il vient alors

$$\sqrt{-a+b\sqrt{-1}}+\sqrt{-a-b\sqrt{-1}}=\sqrt{-a}+\sqrt{-a}=2\sqrt{-a};$$

et

$$\sqrt{-2a+2\sqrt{a^2+b^2}}=\sqrt{-2a+2\sqrt{a^2}}=0,$$

résultats qui ne s'accordent point.

En général,

$$\sqrt{-a+b\sqrt{-1}}+\sqrt{-a-b\sqrt{-1}}$$
$$=\sqrt{-1}\left(\sqrt{a-b\sqrt{-1}}+\sqrt{a+b\sqrt{-1}}\right)$$
$$=\sqrt{-1}\sqrt{2a+2\sqrt{a^2+b^2}}.$$

Nous n'irons pas plus loin, n'ayant pour but que d'indiquer la
restriction qu'il faut mettre à ces formules.

Comp. des Elém. d'Alg. 5

» formule générale du cas irréductible, puisque

$$\tfrac{1}{4}(2a)^2 + \tfrac{1}{27}(-3\sqrt[3]{a^2+b^2})^3 = -b^2.$$

» Si $b = 0$, on aura

$$x = 2\sqrt[3]{a};$$

» il faudra donc prouver que b ayant une valeur quel-
» conque réelle, x aura aussi une valeur correspon-
» dante réelle. Or l'équation précédente donne

$$\sqrt[3]{a^2+b^2} = \frac{x^3 - 2a}{3x},$$

» et élevant au cube, on trouve

$$a^2 + b^2 = \frac{x^9 - 6ax^6 + 12a^2x^3 - 8a^3}{27x^3},$$

» d'où

$$b^2 = \frac{x^9 - 6ax^6 - 15a^2x^3 - 8a^3}{27x^3},$$

» équation qu'on peut mettre sous cette forme,

$$b^2 = \frac{(x^3 - 8a)(x^3 + a)^2}{27x^3},$$

» ou bien sous celle-ci,

$$b^2 = \tfrac{1}{27}\left(1 - \frac{8a}{x^3}\right)(x^3 + a)^2.$$

» Cette dernière forme fait voir que b est nul, lorsque
» $x^3 = 8a$, qu'ensuite b augmentera toujours sans in-
» terruption, lorsque x augmentera; car le facteur
» $(x^3 + a)^2$ augmentera toujours, et l'autre facteur
» augmentera aussi, parce que le dénominateur x^3 aug-
» mentant, la partie négative $\frac{8a}{x^3}$, qui est d'abord $= 1$,

» deviendra toujours moindre que 1. Ainsi, en faisant
» augmenter par degrés insensibles la valeur de x^3 de-
» puis $8a$ jusqu'à l'infini, la valeur de b^2 augmentera
» aussi par degrés insensibles et correspondans, depuis
» zéro jusqu'à l'infini. Donc, réciproquement, à chaque
» valeur de b^2, depuis zéro jusqu'à l'infini, il répondra
» une valeur de x^3 comprise entre $8a$ et l'infini ; et
» comme cela a lieu, quelle que soit la valeur de a, on
» en peut conclure légitimement que, quelles que soient
» les valeurs de a et de b, la valeur correspondante de
» x^3, et par conséquent aussi de x, sera toujours réelle.
» Mais comment assigner cette valeur ? Il ne paraît pas
» qu'elle puisse être représentée autrement que par
» l'expression imaginaire, ou par une expression en
» série, qui en est le développement (que je ferai con-
» naître par la suite) ; aussi doit-on regarder ces sortes
» d'expressions imaginaires, qui répondent à des quan-
» tités réelles, comme faisant une nouvelle classe d'ex-
» pressions algébriques, qui, quoiqu'elles n'aient pas,
» comme les autres expressions, l'avantage de pouvoir
» être évaluées en nombre dans l'état où elles sont, ont
» néanmoins celui qui est le seul nécessaire dans les
» opérations algébriques, de pouvoir être employées
» dans ces opérations comme si elles ne contenaient
» point d'imaginaires (*). »

C'est l'impossibilité de réduire sous une forme en
même temps réelle et composée d'un nombre limité
de termes algébriques, les racines d'une équation du
troisième degré, quand $\frac{1}{27} p^3$ est négatif, et surpasse

_____

(*) On emploie ces expressions avec succès dans l'application de
l'Algèbre à la Géométrie, par rapport à la division des angles. Cette
théorie se trouve développée dans l'Introduction de mon *Traité du
Calcul différentiel et du Calcul intégral.*

$\frac{1}{4} q^2$, qui a fait donner à cette circonstance le nom de *cas irréductible;* l'expression de la première racine n'est alors qu'un cas particulier de celle-ci :

$$\sqrt[n]{a + b\sqrt{-1}} + \sqrt[n]{a - b\sqrt{-1}},$$

qui appartient aussi, comme nous le verrons dans la suite, à une quantité réelle, mais inassignable algébriquement et d'une manière finie, par tous les moyens connus jusqu'ici, quand n n'est pas une puissance de 2.

31. Non-seulement dans le cas irréductible, la première racine est réelle, mais les deux dernières, qui sont imaginaires dans tous les autres cas, deviennent réelles dans celui-ci. On peut d'abord le voir immédiatement lorsque les quantités $a + b\sqrt{-1}$ et $a - b\sqrt{-1}$ sont des cubes parfaits ; car en substituant leurs racines $A + B\sqrt{-1}$ et $A - B\sqrt{-1}$, à la place des radicaux cubes, dans la deuxième et la troisième racines (19), et effectuant les multiplications, conformément au n° 172 des *Élémens*, on trouve

$$\left(\frac{-1+\sqrt{-3}}{2}\right)(A+B\sqrt{-1})+\left(\frac{-1-\sqrt{-3}}{2}\right)(A-B\sqrt{-1})$$
$$= -A - B\sqrt{3},$$

$$\left(\frac{-1-\sqrt{-3}}{2}\right)(A+B\sqrt{-1})+\left(\frac{-1+\sqrt{-3}}{2}\right)(A-B\sqrt{-1})$$
$$= -A + B\sqrt{3}.$$

32. On peut, sans le secours de l'extraction des racines, démontrer que lorsque les trois racines de l'équation $x^3 + px + q = 0$ sont réelles, p est négatif, qu'on a nécessairement $\frac{1}{27} p^3 > \frac{1}{4} q^2$, et que, réciproquement, lorsque $\frac{1}{27} p^3$ surpasse $\frac{1}{4} q^2$, les trois racines sont réelles.

En effet , soit a une racine réelle de l'équation $x^3 + px + q = 0$, on aura

$$a^3 + pa + q = 0,$$

d'où $\qquad\qquad q = -a^3 - pa ,$

et par conséquent,

$$x^3 - a^3 + p(x - a) = 0 ;$$

divisant alors par $x - a$, on obtiendra l'équation

$$x^2 + ax + a^2 + p = 0 ,$$

dans laquelle sont renfermées les deux autres racines de la proposée, et dont on tire

$$x = -\tfrac{1}{2} a \pm \sqrt{-\tfrac{3}{4} a^2 - p}.$$

On voit d'abord, à l'inspection de ce résultat, que les racines qu'il fournit ne pourront être réelles , à moins que p ne soit négatif, et qu'en même temps , il égale ou surpasse $\tfrac{3}{4} a^2$.

En changeant donc le signe de p , on aura

$$x^3 - px + q = 0, \qquad a^3 - pa + q = 0 ;$$

et faisant $p = \tfrac{3}{4} a^2 + d$, les trois racines seront

$$a, \quad -\tfrac{1}{2} a + \sqrt{d} , \quad -\tfrac{1}{2} a - \sqrt{d} ;$$

puis mettant pour p sa valeur dans l'équation..... $a^3 - pa + q = 0$, on trouvera

$$q = -\tfrac{1}{4} a^3 + ad.$$

Pour comparer cette valeur de q à celle de p, sans connaître celle de a, il faut élever p au cube et q au quarré, afin que la plus haute puissance de a soit la même dans les deux résultats ; il viendra ainsi

$$p^3 = \tfrac{27}{64} a^6 + \tfrac{27}{16} a^4 d + \tfrac{9}{4} a^2 d^2 + d^3 ,$$
$$q^2 = \tfrac{1}{16} a^6 - \tfrac{1}{2} a^4 d + a^2 d^2 ,$$

d'où

$$\frac{1}{27}p^3 = \frac{1}{64}a^6 + \frac{1}{16}a^4d + \frac{1}{12}a^2d^2 + \frac{1}{27}d^3,$$
$$\frac{1}{4}q^2 = \frac{1}{64}a^6 - \frac{1}{8}a^4d + \frac{1}{4}a^2d^2,$$

et par conséquent,

$$\frac{1}{27}p^3 - \frac{1}{4}q^2 = \frac{3}{16}a^4d - \frac{1}{6}a^2d^2 + \frac{1}{27}d^3$$
$$= 3d\left(\frac{1}{16}a^4 - \frac{1}{18}a^2d + \frac{1}{81}d^2\right)$$
$$= 3d\left(\frac{1}{4}a^2 - \frac{1}{9}d^2\right)^2.$$

La dernière valeur $3d\left(\frac{1}{4}a^2 - \frac{1}{9}d\right)^2$, étant toujours positive tant que d sera positif, puisque son second facteur est un quarré, donne évidemment

$$\frac{1}{27}p^3 > \frac{1}{4}q^2;$$

et le contraire ne pourra avoir lieu, à moins que d ne soit négatif, c'est-à-dire à moins que les deux dernières racines de la proposée ne soient imaginaires.

En faisant $d = 0$, on a

$$\frac{1}{27}p^3 = \frac{1}{4}q^2,$$

et les trois racines, qui sont encore réelles, ont entre elles une relation remarquable, indiquée par les valeurs suivantes : a, $-\frac{1}{2}a$, $-\frac{1}{2}a$.

Il est donc prouvé, par ce qui précède, que *si une équation du troisième degré a au moins, dans tous les cas, une de ses racines qui soit réelle, toutes le deviennent lorsque* p *est négatif, et que* $\frac{1}{27}$p³ *surpasse* $\frac{1}{4}$q². Or, on a vu (*Elém.*, 213) que *toute équation d'un degré impair a au moins une racine réelle, quelques valeurs qu'aient ses coefficiens : donc toutes les trois sont réelles dans le cas cité.*

33. En attendant que j'expose les séries qui expriment les valeurs approchées des racines des équations du troisième degré dans le cas irréductible, je rap-

porterai ici un procédé beaucoup plus simple, donné par Clairaut dans ses *Élémens d'Algèbre*.

Ce procédé consiste à ramener l'équation........ $x^3 - px + q = 0$ à la forme $z^3 - z = r$, en faisant $x = mz$, et déterminant la quantité m de manière à rendre le coefficient de z égal à l'unité. Par la substitution indiquée, il vient

$$z^3 - \frac{pz}{m^2} = - \frac{q}{m^3};$$

posant $m^2 = p$, on a

$$z^3 - z = - \frac{q}{m^3},$$

et

$$m = \pm \sqrt{p}, \quad r = - \frac{q}{m^3};$$

mais pour que la dernière de ces valeurs soit toujours positive, on prendra m du signe contraire à celui de q. Cela posé, l'équation $z^3 - z = r$ ne peut tomber dans le cas irréductible, que lorsque $\frac{1}{27} > \frac{1}{4}r^2$, c'est-à-dire lorsque $r < \sqrt{\frac{4}{27}} < \frac{2}{3\sqrt{3}}$, ce qui ne peut avoir lieu qu'autant que la valeur positive de z est entre les limites 1 et $\frac{2}{\sqrt{3}}$. En effet, il est visible que z doit surpasser l'unité pour que la quantité $z^3 - z$ soit positive; mais si l'on faisait $z = \frac{2}{\sqrt{3}} = \sqrt{\frac{4}{3}}$, on aurait pour résultat $\frac{2}{3\sqrt{3}}$, nombre plus grand que r.

Si donc on suppose $z = 1 + \delta$, la lettre δ ne pourra représenter qu'une petite fraction moindre que la différence $0,1547$, qui se trouve entre 1 et $\sqrt{\frac{4}{3}}$; le cube $0,0037$

de cette fraction peut être négligé, et le résultat de la substitution de $1 + \delta$ à la place de z dans l'équation proposée, en omettant δ^3, conduit à

$$2\delta + 3\delta^2 = r,$$

d'où l'on tire

$$\delta = -\tfrac{1}{3} \pm \tfrac{1}{3}\sqrt{1 + 3r},$$

et par conséquent,

$$z = 1 + \delta = \frac{2 + \sqrt{1 + 3r}}{3},$$

puisqu'on ne cherche que la valeur de z qui surpasse l'unité. La limite de l'erreur que l'on peut commettre par cette méthode, ne s'élève, sur la valeur de z, qu'à un millième d'unité. En effet, si l'on suppose $z = \sqrt{\tfrac{4}{3}}$, valeur qui répond à $r = \tfrac{1}{3}\sqrt{\tfrac{4}{3}}$, et pour laquelle δ est le plus grand possible, la formule ci-dessus donnera

$$z = \frac{2 + \sqrt{1 + \sqrt{\tfrac{4}{3}}}}{3}, \text{ au lieu de } \sqrt{\tfrac{1}{3}};$$

ce qui ne diffère du vrai que de $0,00126$.

Soit pour exemple l'équation $x^3 - 13x + 5 = 0$; on fera $x = -z\sqrt{13}$, et l'on aura

$$z^3 - z = \frac{5}{13\sqrt{13}},$$

d'où l'on déduira

$$r = \frac{5}{13\sqrt{13}}, \quad z = \frac{2 + \sqrt{1 + \dfrac{15}{13\sqrt{13}}}}{3},$$

$$x = \frac{-2\sqrt{13} - \sqrt{13 + \dfrac{15}{\sqrt{13}}}}{3} = -3,784.$$

Si l'on veut pousser plus loin l'exactitude, on emploiera la méthode donnée dans le n° 215 des *Élémens*, et l'on trouvera

$$x = -3,78434.$$

34. Je vais m'occuper maintenant des racines de l'équation du quatrième degré,

$$x^4 + px^2 + qx + r = 0.$$

Ces racines dépendent de celles de la réduite

$$z^3 + 2pz^2 + (p^2 - 4r)z - q^2 = 0 \dots \dots (R),$$

et l'on a, par le n° 20, les deux systèmes de valeurs,

$$
\begin{aligned}
x &= \tfrac{1}{2}\left(+\sqrt{z'}+\sqrt{z''}+\sqrt{z'''}\right) \\
x &= \tfrac{1}{2}\left(+\sqrt{z'}-\sqrt{z''}-\sqrt{z'''}\right) \\
x &= \tfrac{1}{2}\left(-\sqrt{z'}+\sqrt{z''}-\sqrt{z'''}\right) \\
x &= \tfrac{1}{2}\left(-\sqrt{z'}-\sqrt{z''}+\sqrt{z'''}\right)
\end{aligned}
\quad \text{ou} \quad
\begin{aligned}
&\left(=\tfrac{1}{2}\left(-\sqrt{z'}-\sqrt{z''}-\sqrt{z'''}\right),\right. \\
&\left(=\tfrac{1}{2}\left(-\sqrt{z'}+\sqrt{z''}+\sqrt{z'''}\right),\right. \\
&\left(=\tfrac{1}{2}\left(+\sqrt{z'}-\sqrt{z''}+\sqrt{z'''}\right),\right. \\
&\left(=\tfrac{1}{2}\left(+\sqrt{z'}+\sqrt{z''}-\sqrt{z'''}\right),\right.
\end{aligned}
$$

dont il faut choisir celui dans lequel le produit des trois termes est du signe contraire au signe du coefficient q ; or, ce signe résulte de celui dont chaque radical est affecté, et de celui que prend le produit

$$\sqrt{z'} \cdot \sqrt{z''} \cdot \sqrt{z'''} = \sqrt{z'z''z'''},$$

suivant la nature des racines z', z'', z''' de la réduite.

On doit d'abord observer que la combinaison des signes des termes de chaque valeur de x donne $+$ dans le premier système, et $-$ dans le second.

Cela posé, 1°. l'équation (R) ayant son dernier terme négatif, doit, lorsque ses trois racines sont réelles, les avoir toutes positives, ou seulement une positive et les deux autres négatives ; car le dernier terme étant le produit de toutes les racines prises avec un signe contraire, ne peut être négatif que lorsque ses trois facteurs sont négatifs, ou qu'il n'y en a qu'un seul.

Dans le premier cas, les racines z', z'', z''' étant positives, le produit $\sqrt{z'}.\sqrt{z''}.\sqrt{z'''}$ ne peut avoir que le signe $+$, et par conséquent c'est le premier système de valeurs qu'il faut prendre, si q est négatif, et le second, si q est positif.

Dans le second cas, si l'on désigne par z' la racine positive de l'équation (R), et qu'on pose $z''=-\alpha$, $z'''=-\beta$, il vient, suivant la remarque du n° 172 des *Élémens*,

$$\sqrt{z'}.\sqrt{z''}.\sqrt{z'''}=\sqrt{z'}.\sqrt{-\alpha}.\sqrt{-\beta}=-\sqrt{\alpha\beta z'},$$

ce qui change l'ordre des signes caractéristiques de chaque système, en sorte qu'il faut prendre le premier lorsque q est positif, et le second lorsque ce coefficient est négatif.

2°. Quand l'équation (R) a une racine réelle et deux imaginaires, sa racine réelle est nécessairement positive, car les deux imaginaires ne pouvant provenir que d'une équation du second degré, dont le dernier terme soit positif, et qui soit par conséquent de la forme $z^2+Az+B=0$, il faut que le facteur du premier degré, qui contient la racine réelle, soit de la forme $z-\gamma$, sans quoi le dernier terme du produit du premier facteur par le second, serait positif.

En résolvant l'équation $z^2+Az+B=0$, on aura

$$z=-\frac{A}{2}\pm\sqrt{\frac{A^2}{4}-B};$$

mais pour que ses racines soient imaginaires, il faut que

$$\frac{A^2}{4}<B;$$

faisant donc, pour abréger,

$$-\frac{A}{2} = \alpha, \qquad B - \frac{A^2}{4} = \beta^2,$$

il viendra

$$z = \alpha \pm \sqrt{-\beta^2} = \alpha \pm \beta\sqrt{-1}.$$

Désignant par z' la racine réelle, on posera

$$z'' = \alpha + \beta\sqrt{-1}, \qquad z''' = \alpha - \beta\sqrt{-1} ;$$

et pour connaître le véritable signe de $\sqrt{z''} . \sqrt{z'''}$, il faudra faire attention à celui de α. Si ce dernier est positif, il viendra

$$\sqrt{z'} . \sqrt{z''} . \sqrt{z'''} = \sqrt{(\alpha^2 + \beta^2)z'} ;$$

ce produit étant positif, le choix du système des valeurs de x se fera comme si les trois racines de l'équation (R) étaient réelles et positives ; mais si α est négatif, il faut observer que

$$\sqrt{-\alpha + \beta\sqrt{-1}} = \sqrt{-1}\,\sqrt{\alpha - \beta\sqrt{-1}} ,$$
$$\sqrt{-\alpha - \beta\sqrt{-1}} = \sqrt{-1}\,\sqrt{\alpha + \beta\sqrt{-1}} ,$$

parce qu'il en résulte

$$\sqrt{z'} . \sqrt{z''} . \sqrt{z'''} = -\sqrt{(\alpha^2 + \beta^2)z'},$$

et qu'alors le choix du système des valeurs de x doit être le même que si la réduite avait deux racines négatives (*).

(*) Telles sont, à peu de chose près, les remarques faites par M. Bret. Depuis on a proposé (*Journal de l'École Polytechnique*, 7e et 8e cahiers, p. 239) d'éviter l'ambiguité des systèmes des valeurs de x, en tirant de l'équation $\sqrt{z'} . \sqrt{z''} . \sqrt{z'''} = -q$ (20), la valeur de l'un des trois radicaux, ce qui réduit les deux

35. Quant à ce qui regarde la nature des racines de l'équation du quatrième degré proposée, on voit 1°. qu'elles seront toutes réelles, lorsque celles de l'équation (R) seront réelles et positives ;

2°. Que si cette dernière a deux racines négatives, la proposée aura ses quatre racines imaginaires, excepté le cas où les deux quantités négatives z', z'' seraient égales entre elles ; car alors elles se détruiraient dans deux racines qui deviendraient réelles et égales, à $-\frac{1}{2}\sqrt{z'}$ dans le premier système, et à $+\frac{1}{2}\sqrt{z'}$ dans le second ;

3°. Si deux des racines z'' et z''' de la réduite sont imaginaires, deux des quatre valeurs de x contiendront l'expression

$$\sqrt{\alpha + \beta\sqrt{-1}} + \sqrt{\alpha - \beta\sqrt{-1}}\,,$$

qui, quoiqu'affectée de symboles imaginaires, est réelle et égale à

$$\sqrt{2\alpha + 2\sqrt{\alpha^2 + \beta^2}} \quad (30);$$

ces deux racines seront par conséquent réelles : les deux autres contenant la quantité

$$\sqrt{\alpha + \beta\sqrt{-1}} \qquad \sqrt{\alpha - \beta\sqrt{-1}}\,,$$

qui revient à

$$\sqrt{2\alpha - 2\sqrt{\alpha^2 + \beta^2}} = \sqrt{-1}\,\sqrt{2\sqrt{\alpha^2 + \beta^2} - 2\alpha}\,,$$

seront par conséquent imaginaires (*).

---

systèmes de valeurs à un seul, auquel on peut donner la forme

$$\frac{1}{2}\left[\sqrt{z'} \pm \left(\sqrt{z''} + \frac{q}{\sqrt{z'z''}}\right)\right], \quad \frac{1}{2}\left[-\sqrt{z'} \pm \sqrt{z''} - \frac{q}{\sqrt{z'z''}}\right)\right];$$

mais ces formules n'ont pas la symétrie qui règne dans les autres.

(*) Ceci suppose que α est positif ; le contraire aurait lieu si α était négatif. *Voyez la note de la page* 65.

Pour reconnaître par les coefficiens mêmes de la proposée, dans lequel cas l'équation (R) a ses trois racines réelles, il n'y a qu'à faire disparaître le second terme de cette dernière, afin de pouvoir la comparer avec la formule $y^3 + Py + Q = 0$; pour cela, on supposera $z = y - \dfrac{2p}{3}$, ce qui donnera

$$y^3 - \left(\frac{p^2}{3} + 4r\right)y - \frac{2p^3}{27} + \frac{8rp}{3} - q^2 = 0,$$

équation dont les trois racines sont réelles quand

$$\frac{1}{27}\left(\frac{p^2}{3} + 4r\right)^3 > \frac{1}{4}\left(\frac{2p^3}{27} - \frac{8rp}{3} + q^2\right)^2.$$

36. Je ne quitterai pas ce sujet sans faire remarquer que les racines imaginaires des équations du quatrième degré sont de la même forme que celles des équations du second et du troisième, c'est-à-dire de la forme $A \pm B\sqrt{-1}$. En effet, lorsque la réduite a deux racines négatives z'', z''', en les représentant par $-\alpha^2$ et $-\beta^2$, les quatre valeurs de x deviendront

$$
\begin{aligned}
x &= \tfrac{1}{2}\left(\sqrt{z'} + (\alpha + \beta)\sqrt{-1}\right) \\
x &= \tfrac{1}{2}\left(\sqrt{z'} - (\alpha + \beta)\sqrt{-1}\right)
\end{aligned}\Bigg\},
$$

$$
\begin{aligned}
x &= -\tfrac{1}{2}\left(\sqrt{z'} + (\alpha - \beta)\sqrt{-1}\right) \\
x &= -\tfrac{1}{2}\left(\sqrt{z'} - (\alpha - \beta)\sqrt{-1}\right)
\end{aligned}\Bigg\}.
$$

Les deux premières, combinées ensemble, donneront un facteur réel du second degré; il en sera de même des deux dernières.

Quand la réduite a deux racines imaginaires de la forme $\alpha + \beta\sqrt{-1}$ et $\alpha - \beta\sqrt{-1}$, les deux racines imaginaires de la proposée deviennent

$$x = -\tfrac{1}{2}\gamma + \sqrt{2\alpha - 2\sqrt{\alpha^2 + \beta^2}} = -\tfrac{1}{2}\gamma + \delta\sqrt{-1},$$

$$x = -\tfrac{1}{2}\gamma - \sqrt{2\alpha - 2\sqrt{\alpha^2 + \beta^2}} = -\tfrac{1}{2}\gamma + \delta\sqrt{-1},$$

en faisant $\sqrt{z'} = \gamma$ et $2\alpha - 2\sqrt{\alpha^2 + \beta^2} = -\delta^2$.

La proposée pourra donc encore, dans ce cas, être formée par la multiplication de deux facteurs réels du second degré.

37. Tels sont les résultats algébriques de la résolution des équations générales des troisième et quatrième degrés ; ils s'accordent bien avec les lois de la composition des équations, mais leur application numérique est souvent très pénible et fort peu satisfaisante. L'expression des racines des équations du troisième degré est composée de deux parties (19), de telle sorte qu'en effectuant séparément les extractions de racines indiquées dans chacune, on ne parvient quelquefois qu'à des valeurs approchées, pour des racines qui sont cependant des nombres entiers. Cet inconvénient augmente encore pour le quatrième degré ; car si l'on voulait exprimer immédiatement par leurs coefficiens les racines des équations de ce degré, il faudrait, sous les radicaux du second degré qui affectent les racines z', z'', z''' de la réduite, mettre des expressions contenant déjà des radicaux du troisième degré, sur des radicaux du deuxième. La difficulté du cas irréductible du troisième degré, s'introduisant alors dans le quatrième, et ayant de même lieu dans les degrés supérieurs, augmente encore beaucoup l'imperfection de la résolution littérale des équations de ces degrés. Ce sont ces défauts que Lagrange avait en vue, lorsqu'il disait : « On peut assurer d'avance, que quand » même on parviendrait à résoudre généralement le

» cinquième degré et les suivans, on n'aurait par là
» que des formules algébriques précieuses en elles-
» mêmes, mais très peu utiles pour la résolution effec-
» tive et numérique des équations des mêmes degrés,
» et qui, par conséquent, ne dispenseraient pas d'avoir
» recours aux méthodes arithmétiques (*). »

D'après des motifs d'un aussi grand poids, j'ai
cru ne devoir donner dans les *Élémens d'Algèbre*
que la résolution numérique des équations, qui « est, à
» proprement parler, une opération arithmétique fon-
» dée, à la vérité, sur les principes généraux de la
» théorie des équations, mais dont les résultats ne sont
» que des nombres où l'on ne reconnaît plus les pre-
» miers nombres qui ont servi d'élémens (c'est-à-dire
» les coefficiens de l'équation à résoudre), et qui ne
» conservent aucune trace des différentes opérations
» particulières qui les ont produits. L'extraction des
» racines quarrées et cubiques est l'opération la plus
» simple de ce genre ; c'est la résolution des équations
» numériques du second et du troisième degré, dans
» lesquelles tous les termes intermédiaires manquent.»

Viète a sûrement été guidé par des considérations de
ce genre, lorsque, dans son Traité *de numerosa potes-
tatum adfectarum resolutione*, il a cherché à résoudre
immédiatement les équations numériques par une suite
d'opérations purement arithmétiques et combinées entre
elles, à peu près comme le sont celles qu'on emploie
pour extraire les racines des nombres. Si sa méthode
était uniforme pour tous les cas qui peuvent se présenter, en sorte que, par une succession régulière des
mêmes procédés, elle conduisît infailliblement à la ra-

(*) *De la Résolution des Equations numériques de tous les
degrés* (2ᵉ édit·, Avertissement, page viij).

cine cherchée, lorsque cette racine est assignable exactement en nombres, et dans tous les autres cas, à une valeur de plus en plus approchée, elle ne laisserait rien à désirer dans la résolution numérique des équations, que l'on pourrait alors regarder comme aussi complète que l'extraction des racines : mais il n'en est pas ainsi. Malgré les efforts que Harriot, Ougtred, Wallis, Pell et d'autres, ont faits pour perfectionner la méthode de Viète, elle est toujours demeurée très défectueuse; et Lagrange, en dernier lieu, a montré « qu'elle ne peut » réussir d'une manière certaine que pour les équations » dont tous les termes ont le même signe, à l'exception » du dernier tout connu ; car alors ce terme devant être » égal à la somme de tous les autres, on peut, par » des tâtonnemens limités et réglés, trouver successi- » vement tous les chiffres de la valeur de l'inconnue » jusqu'au degré de précision qu'on aura fixé. Dans » tous les autres cas, les tâtonnemens deviendront plus » ou moins incertains, à cause des termes soustractifs. »

Lagrange fait voir, de plus, que l'on peut toujours ramener une équation quelconque à cette forme, « pourvu » qu'on ait deux limites d'une racine, l'une en plus, » l'autre en moins, et qui soient telles, que toutes les » autres racines, ainsi que les parties réelles des racines » imaginaires, s'il y en a, tombent hors de ces limites.» Mais ces limites étant au moins aussi difficiles à trouver que les racines mêmes de l'équation ; la méthode donnée dans les *Elém.*, n° 221, est préférable à cette recherche.

Des Racines imaginaires en général.

38. On a vu, dans le n° 36, que les racines imaginaires des équations du quatrième degré pouvaient se distribuer par couples, tels que

$$x = A + B\sqrt{-1}, \quad x = A - B\sqrt{-1},$$

en sorte que chaque couple donnait un facteur du second degré, dont les coefficiens étaient réels.

Les analystes ont aussi reconnu que toute équation
de degré pair est décomposable en facteurs réels du
second degré : voici la démonstration qu'en a donnée
M. Laplace (*Journal des Séances de l'Ecole Normale,
Leçons*, 1re *édit.*, t. II, pag. 315, et *Journal de l'Ecole
Polytechnique*, 7e et 8e cahiers, pag. 56).

Il faut prouver d'abord que *toute équation d'un degré quelconque* p *aura un facteur réel du second degré*,
si toute équation du degré $\dfrac{p(p-1)}{2}$ *a un facteur réel,
soit du premier, soit du second degré.*

Je représente par (P) l'équation du degré p, et ses
racines par α, β, γ, δ, etc. Cela posé, j'observe que
les facteurs du second degré de cette équation, formés
nécessairement par la multiplication des facteurs du
premier degré, combinés deux à deux, seront

$$x^2 - (\alpha + \beta)\, x + \alpha\beta,$$
$$x^2 - (\alpha + \gamma)\, x + \alpha\gamma,$$
$$\cdots\cdots\cdots\cdots\cdots\cdots\cdots$$
$$x^2 - (\beta + \gamma)\, x + \beta\gamma,$$
etc.,

et dépendront par conséquent de la recherche des fonc-
tions de la forme $\alpha + \beta$ et $\alpha\beta$. Ces fonctions seraient
déterminées si l'on en connaissait deux de la forme

$$\alpha + \beta + M\alpha\beta, \quad \alpha + \beta + M'\alpha\beta,$$

les lettres M et M' désignant des nombres donnés ; car
en faisant

$$\alpha + \beta + M\alpha\beta = N, \quad \alpha + \beta + M'\alpha\beta = N',$$

Compl. des Elém. d'Alg.　　　　　6

on trouverait

$$\alpha + \beta = \frac{M'N - N'M}{M' - M}, \quad \alpha\beta = \frac{N' - N}{M' - M}.$$

Mais pour parvenir à l'équation de laquelle dépend la fonction $\alpha + \beta + M\alpha\beta$, il faut former toutes les valeurs qu'elle prend, en y mettant successivement, au lieu de α et de β, toutes les racines α, β, γ, δ, etc., de la proposée, combinées deux à deux (8), ce qui donne $\frac{p(p-1)}{2}$ résultats, et fait voir par conséquent que l'équation cherchée, que je désignerai par (Q), monterait au degré $\frac{p(p-1)}{2}$.

1°. Si l'on admet d'abord que cette équation ait toujours une racine réelle, en donnant à M une infinité de valeurs, on formera une infinité d'équations semblables, dont chacune aura une racine réelle, renfermant une des combinaisons qu'on peut faire des racines de la proposée dans la formule $\alpha + \beta + M\alpha\beta$; or, le nombre de ces combinaisons étant limité, il faudra nécessairement que la même combinaison soit répétée plusieurs fois avec diverses valeurs de M. On peut donc affirmer qu'il existe au moins deux fonctions de la forme

$$\alpha + \beta + M\alpha\beta, \quad \alpha + \beta + M'\alpha\beta,$$

contenant les mêmes racines α et β, et dont les valeurs N et N' sont réelles; d'où il résulte que les valeurs correspondantes de $\alpha + \beta$ et de $\alpha\beta$ le sont aussi.

2°. Si l'équation (Q) n'a point de racines réelles, mais seulement un facteur réel du second degré, dont les racines soient imaginaires, en donnant à M une infinité de valeurs, on obtiendra une infinité de fonctions $\alpha + \beta + M\alpha\beta$, dont l'expression sera de la forme

$A + B\sqrt{-1}$; et on prouvera, comme ci-dessus, qu'il doit s'en trouver plusieurs qui ne diffèrent que par les valeurs de M. On aura donc

$$\alpha + \beta + M\alpha\beta = A + B\sqrt{-1},$$
$$\alpha + \beta + M'\alpha\beta = A' + B'\sqrt{-1},$$

d'où l'on tirera

$$\alpha + \beta = \frac{M'(A + B\sqrt{-1}) - M(A' + B'\sqrt{-1})}{M' - M},$$

$$\alpha\beta = \frac{A' + B'\sqrt{-1} - A - B\sqrt{-1}}{M' - M}.$$

En réunissant les termes réels entre eux et les termes imaginaires entre eux, on pourra représenter ces expressions par

$$2(C + D\sqrt{-1}) \quad \text{et} \quad E + F\sqrt{-1} ;$$

et par là, le facteur $x^2 - (\alpha + \beta) x + \alpha\beta$ deviendra

$$x^2 - 2(C + D\sqrt{-1}) x + E + F\sqrt{-1}.$$

L'existence de ce facteur entraîne celle d'un autre, qui serait

$$x^2 - 2(C - D\sqrt{-1}) x + E - F\sqrt{-1} ;$$

car soit $X - Y\sqrt{-1}$ le quotient que donne l'équation (P), lorsqu'on la divise par le premier facteur : les quantités X et Y doivent être nécessairement telles, que les parties imaginaires contenues dans le produit de ce facteur, par $X - Y\sqrt{-1}$, se détruisent, puisque le dividende est entièrement réel; et si l'on multiplie le second facteur par $X + Y\sqrt{-1}$, on aura un nouveau produit, dans lequel la partie réelle sera encore la même que celle du précédent, et la partie imagi-

6 .

naire n'ayant fait que changer de signe, s'évanouira aussi.

En général, toute expression réelle qui a un facteur de la forme $a + b\sqrt{-1}$, en a nécessairement un de la forme $a - b\sqrt{-1}$.

Maintenant si les polynomes

$$x^2 - 2(C + D\sqrt{-1})x + E + F\sqrt{-1}$$
$$\text{et} \quad x^2 - 2(C - D\sqrt{-1})x + E - F\sqrt{-1}$$

n'ont point de diviseur commun, ils renferment entre eux quatre facteurs simples de l'équation (P), qui, multipliés l'un par l'autre, donnent un facteur du quatrième degré dont les coefficiens sont réels, et l'on a montré, numéro 36, que toute équation du quatrième degré peut se décomposer en facteurs réels du second (*).

(*) On peut aussi former immédiatement deux facteurs réels du second degré, au moyen des facteurs imaginaires rapportés ci-dessus. Il suffit pour cela de décomposer ceux-ci dans leurs facteurs du premier degré, qui seront de la forme

$$x - (C + D\sqrt{-1}) + \sqrt{a + b\sqrt{-1}},$$
$$x - (C + D\sqrt{-1}) - \sqrt{a + b\sqrt{-1}},$$
$$x - (C - D\sqrt{-1}) + \sqrt{a - b\sqrt{-1}},$$
$$x - (C - D\sqrt{-1}) - \sqrt{a - b\sqrt{-1}};$$

groupant ensuite le premier avec le troisième, et le second avec le quatrième, en mettant pour les expressions

$$\sqrt{a + b\sqrt{-1}} + \sqrt{a - b\sqrt{-1}},$$
$$\sqrt{a + b\sqrt{-1}} - \sqrt{a - b\sqrt{-1}},$$

leurs valeurs qui ont été trouvées dans le n° 30, on obtiendra deux produits réels. Par ce changement, on rend les raisonne-

. Si les deux polynomes

$$x^2 - 2(C + D\sqrt{-1})\, x + E + F\sqrt{-1},$$
$$x^2 - 2(C - D\sqrt{-1})\, x + E - F\sqrt{-1},$$

ont un diviseur commun, en les mettant sous la forme

$$x^2 - 2Cx + E - (2Dx - F)\sqrt{-1},$$
$$x^2 - 2Cx + E + (2Dx - F)\sqrt{-1},$$

on verra que ce diviseur doit être commun aussi aux deux quantités $x^2 - 2Cx + E$ et $2Dx - F$, et l'on en conclura qu'il ne peut être que de la forme $x - I$: on aura donc

$$x^2 - 2Cx + E - (2Dx - F)\sqrt{-1}$$
$$= (x - K - L\sqrt{-1})\,(x - I),$$
$$x^2 - 2Cx + E + (2Dx - F)\sqrt{-1}$$
$$= (x - K + L\sqrt{-1})\,(x - I),$$

d'où il suit que $x - K - L\sqrt{-1}$, $x - K + L\sqrt{-1}$ et $x - I$, seront trois facteurs de l'équation (P). Les deux premiers, multipliés entre eux, donnent un facteur réel du second degré ; et en divisant l'équation (P) par le troisième, on obtiendra, si elle est d'un degré pair, un quotient de degré impair, qui aura lui-même un facteur réel du premier degré, formant avec celui par lequel on a divisé, un second facteur réel du deuxième degré. Il est donc bien prouvé qu'une équation (P), de degré pair, aura au moins un facteur réel du deuxième degré, si l'équation (Q) a toujours un facteur réel, soit du premier degré, soit du second.

---

mens du texte tout-à-fait indépendans de la résolution des équations des degrés supérieurs au second, ce qui peut être utile pour quelque cas particulier de l'enseignement.

39. Cela posé, tout nombre pair étant nécessairement le produit d'un nombre impair multiplié par quelqu'un des nombres 2, 4, 8, 16, etc., c'est-à-dire par une puissance de 2, sera compris dans la formule $2^m n$, m représentant un nombre entier quelconque, et n un nombre impair ; le degré de l'équation (Q), exprimé en général par $\dfrac{p(p-1)}{2}$, sera donc égal à

$$\frac{2^m n (2^m n - 1)}{2} = 2^{m-1} n (2^m n - 1),$$

si $p = 2^m n$. Faisant $(2^m n - 1) n = n'$, n' sera encore un nombre impair, puisqu'il est le produit de deux nombres impairs, n et $2^m n - 1$; et, d'après ce qui précède, l'équation du degré $2^m n$ aura un facteur réel du second degré, si l'équation du degré $2^{m-1} n'$ a un facteur réel, soit du premier, soit du deuxième. Par la même raison, l'équation du degré $2^{m-1} n'$ aura un facteur réel, si l'équation du degré $2^{m-2} n' (2^{m-1} n' - 1)$ ou $2^{m-2} n''$ a un facteur réel, soit du premier, soit du deuxième degré. En continuant ainsi, on passera par une suite d'équations dont les plus hauts exposans seront de la forme

$$2^m n, \quad 2^{m-1} n', \quad 2^{m-2} n'', \quad 2^{m-3} n''', \ldots$$

les nombres n, n', n'', n''', …. étant tous impairs, et on arrivera enfin à une dernière équation de degré impair, qui aura nécessairement un facteur réel du premier degré (*Élém.*, 213) ; par conséquent l'avant-dernière en aura un du second degré, ainsi que chacune des autres, jusqu'à la proposée inclusivement. Si l'on conçoit ensuite que celle-ci soit divisée par le facteur du second degré dont on vient de prouver l'existence, le quotient étant encore de degré pair, contiendra au moins un facteur réel du second degré, par lequel on pourra le diviser de nouveau. Sans qu'il soit besoin d'aller au-delà, on voit qu'*une équation quelconque d'un degré pair est toujours décomposable en facteurs réels du second degré;* et puisqu'une équation de degré impair se ramène à une équation de degré pair, en la divisant par le facteur réel qu'elle a nécessairement, il s'ensuit *qu'une équation de degré quelconque ne peut avoir que des racines réelles, ou des racines imaginaires semblables à celles des équations du second degré, c'est-à-dire réductibles à la forme* $A \pm B\sqrt{-1}$.

40. Il semble qu'après avoir vu la forme des racines imaginaires des équations en général et celle des racines quelconques des équations des degrés qu'on sait résoudre, on doit revenir sur la remarque faite dans le n° 181 des *Élémens*, que, si pour une équation algébrique quelconque il y a toujours une expression réelle ou imaginaire qui, soumise aux opérations indiquées dans cette équation, donne un résultat dont tous les termes se détruisent, la même équation sera nécessairement le produit d'autant de facteurs simples que son plus haut exposant renferme d'unités. La résolution des équations des quatre premiers degrés fait voir la vérité de cette proposition même dans les équations du cinquième, qui ont nécessairement une racine réelle (*Élémens*, 213).

Il est visible qu'en général la question se réduit à prouver que toute équation d'un degré pair a au moins une racine, soit réelle, soit imaginaire. La proposition du numéro précédent n'a été démontrée qu'en regardant l'équation proposée comme le produit d'un nombre de facteurs simples égal à l'exposant de son degré; en sorte que la difficulté subsiste encore dans son entier.

Il était nécessaire de l'écarter des *Elémens*, qui ne doivent contenir que les notions les plus évidentes ; mais il convient de la montrer tout entière à ceux qui ont déjà pénétré assez avant dans l'Analyse pour en saisir l'esprit. Si l'on n'a pas encore de démonstration complète à leur offrir de la proposition dont il s'agit, on peut du moins leur donner des raisons assez fortes pour qu'elle ne soit plus douteuse.

« L'esprit du calcul algébrique (Lagrange, *De la*
» *Résolution des équations numériques*, 2e édit., p.105),
» qui est indépendant des valeurs particulières qu'on
» peut donner aux quantités, fait qu'on peut regarder
» tout polynome (x^m + etc.) comme formé du produit
» d'autant de facteurs simples $x-a$, $x-b$, $x-c$, etc.,
» qu'il y a d'unités dans l'exposant m du degré de ce
» polynome, quelles que puissent être d'ailleurs les
» quantités a, b, c, etc. »

Développons un peu cette remarque.

La formule $x = -\frac{1}{2}p \pm \sqrt{\frac{1}{4}p^2 - q}$, qui représente les racines de l'équation $x^2 + px + q = 0$, ne cesse pas de le faire, quoique cette équation devienne absurde ; seulement elle se réduit alors à un symbole purement algébrique, qui ne correspond plus à aucune quantité existante, mais qui, étant soumis aux opérations indiquées dans l'équation, n'en rend pas moins la somme de tous les termes égale à zéro. Par cet exemple, on doit comprendre que s'il existe pour un seul cas une expression de la racine d'une équation de degré pair, cette expression doit encore subsister pour tout autre. Or on a vu (*Elém.*, 214), que toute équation de degré pair a au moins deux racines réelles, lorsque son dernier terme est négatif ; mais la valeur de ces racines dépendant de celle des coefficiens de l'équation proposée, doit nécessairement être composée d'une certaine manière avec ces coefficiens, ou en être une *fonction*. Quoiqu'on ne puisse pas assigner la forme de cette fonction, son existence n'est pas moins évidente ; la méthode des séries et le calcul différentiel fournissent les moyens d'en avoir des développemens. Cela posé, il est visible qu'elle devra encore subsister lorsqu'on y changera le signe du dernier terme de l'équation proposée, et qu'alors elle deviendra la racine de l'équation dont le dernier terme est positif; elle pourra, par ce changement, cesser d'être réelle, mais non pas d'exister comme expression analytique ; il sera donc toujours permis de la représenter par un symbole qui jouira des propriétés communes à toutes les racines des équations.

On pourrait opposer à ce raisonnement les remarques des numéros 67 et 69 des *Elémens;* mais on y répondrait en faisant observer que les exceptions indiquées dans ces remarques ne peuvent se rencontrer dans les équations algébriques à une seule inconnue. En effet, ces équations ne peuvent être identiques sans qu'on le reconnaisse à leur simple inspection; et il est évident (*Elém.*, 212) qu'aucune valeur infinie n'y saurait satisfaire, lorsque leurs coefficiens sont finis.

41. D'Alembert démontra le premier que les expressions imaginaires pouvaient toutes se réduire à la forme $A \pm B \sqrt{-1}$. La vérité de cette proposition à l'égard des expressions résultantes des opérations algébriques, suit naturellement de ce qui précède ; car en les égalant à des inconnues, et faisant disparaître les radicaux qu'elles contiennent, on parviendra à des équations dont les racines imaginaires seront de la forme $A \pm B \sqrt{-1}$.

On peut encore s'assurer directement de cette vérité, en observant :

1°. que $a+b\sqrt{-1}-a'-b'\sqrt{-1}+a''+b''\sqrt{-1}+$ etc.
$$=(a-a'+a''+\text{etc.})+(b-b'+b''+\text{etc.})\sqrt{-1} ;$$

2°. que $(a+b\sqrt{-1})(a'+b'\sqrt{-1})$
$$=aa'-bb'+(a'b+ab')\sqrt{-1} ;$$

3°. que $\dfrac{a+b\sqrt{-1}}{a'+b'\sqrt{-1}}=\dfrac{(a+b\sqrt{-1})(a'-b'\sqrt{-1})}{(a'+b'\sqrt{-1})(a'-b'\sqrt{-1})}$
$$=\dfrac{aa'+bb'}{a'^2+b'^2}+\dfrac{a'b-ab'}{a'^2+b'^2}\sqrt{-1} ;$$

4°. que $(a+b\sqrt{-1})^m=A+B\sqrt{-1}.$

Pour prouver cette dernière proposition, on changera $(a+b\sqrt{-1})^m$ en $a^m(1+\dfrac{b}{a}\sqrt{-1})^m$; et en observant que

$$
\begin{array}{ll|ll}
\sqrt{-1} = +\sqrt{-1} & & (\sqrt{-1})^5 = +\sqrt{-1} \\
(\sqrt{-1})^2 = -1 & & (\sqrt{-1})^6 = -1 \\
(\sqrt{-1})^3 = -\sqrt{-1} & & (\sqrt{-1})^7 = -\sqrt{-1}, \\
(\sqrt{-1})^4 = +1 & & (\sqrt{-1})^8 = +1
\end{array}
$$

on verra que si l'on désigne par i un nombre entier quelconque, on doit avoir en général

$$(\sqrt{-1})^{4i} = 1, \qquad (\sqrt{-1})^{4i+1} = +\sqrt{-1},$$
$$(\sqrt{-1})^{4i+2} = -1, \qquad (\sqrt{-1})^{4i+3} = -\sqrt{-1},$$

ce qui renferme tous les cas ; car il est évident qu'il n'existe aucun nombre entier qui ne soit compris dans l'une des quatre formules

$$4i, \quad 4i+1, \quad 4i+2, \quad 4i+3,$$

c'est-à-dire qui ne soit divisible par 4, ou qui ne le devienne quand on en ôte 1, ou 2, ou 3 unités.

Cela posé, on trouve, par le développement de la puissance m du binome,

$$\left(1 + \frac{b}{a}\sqrt{-1}\right)^m =$$

$$1 + \frac{mb}{1\,a}\sqrt{-1} - \frac{m(m-1)}{1.2}\frac{b^2}{a^2} - \frac{m(m-1)(m-2)}{1.2.3}\frac{b^3}{a^3}\sqrt{-1}$$

$$+ \frac{m(m-1)(m-2)(m-3)}{1.2.3.4}\frac{b^4}{a^4} + \text{etc.};$$

et en réunissant les termes affectés de $\sqrt{-1}$, qui sont ceux de rang pair, il vient

$$\left(1 + \frac{b}{a}\sqrt{-1}\right)^m =$$

$$1 - \frac{m(m-1)}{1.2}\frac{b^2}{a^2} + \frac{m(m-1)(m-2)(m-3)}{1.2.3.4}\frac{b^4}{a^4} - \text{etc.}$$

$$+ \left(\frac{m}{1}\frac{b}{a} - \frac{m(m-1)(m-2)}{1.2.3}\frac{b^3}{a^3} + \text{etc.}\right)\sqrt{-1}.$$

Pour passer de ce développement à celui de....
$\left(1 - \frac{b}{a}\sqrt{-1}\right)^m$, il suffit de changer le signe de la quantité $\frac{b}{a}$ dans tous les termes où elle se trouve élevée à une puissance impaire, et l'on a ainsi

$$\left(1 - \frac{b}{a}\sqrt{-1}\right)^m =$$

$$1 - \frac{m(m-1)}{1.2}\frac{b^2}{a^2} + \frac{m(m-1)(m-2)(m-3)}{1.2.3}\frac{b^4}{a^4} - \text{etc.}$$

$$- \left(\frac{m}{1}\frac{b}{a} - \frac{m(m-1)(m-2)}{1.2.3}\frac{b^3}{a^3} + \text{etc.}\right)\sqrt{-1}.$$

Multipliant ces résultats par a^m, et faisant

$$a^m\left(1 - \frac{m(m-1)}{1.2}\frac{b^2}{a^2} + \frac{m(m-1)(m-2)(m-4)}{1.2.3.4}\frac{b^4}{a^4} - \text{etc.}\right) = A,$$

$$a^m\left(\frac{m}{1}\frac{b}{a} - \frac{m(m-1)(m-2)}{1.2.3}\frac{b^3}{a^3} + \text{etc.}\right) = B,$$

il viendra

$$(a+b\sqrt{-1})^m = A + B\sqrt{-1}, \quad (a-b\sqrt{-1})^m = A - B\sqrt{-1}.$$

Lorsque j'aurai fait voir que le développement de la puissance m du binome convient également au cas où l'exposant m est fractionnaire ou négatif, il sera démontré, par ce qui précède, que, quelle que soit m,

$$(a + b\sqrt{-1})^m = A + B\sqrt{-1}.$$

Au moyen de ces résultats, on ramènera à la forme $A + B\sqrt{-1}$ toute expression résultante de la combinaison de plusieurs quantités de la forme $a \pm b\sqrt{-1}$, par addition, soustraction, multiplication, division et élévation aux puissances, soit entières, soit fractionnaires.

42. Il suit de la proposition démontrée n° 39, que pour obtenir les racines imaginaires d'une équation quelconque, il faut la décomposer en facteurs du second degré ; mais ce moyen exige la résolution d'une équation du degré $\frac{m(m-1)}{2}$ (38), avant même qu'on puisse savoir si la proposée du degré m a ou non des racines imaginaires. Les géomètres ont cherché des méthodes pour reconnaître l'existence de ces racines indépendam-

ment de la résolution d'aucune équation, et je vais exposer ce que Lagrange a trouvé de plus général à cet égard.

Si l'on désigne par α, β, γ, δ, etc., les racines réelles d'une équation de degré quelconque, ses racines imaginaires pouvant être assemblées par couples de la forme $a \pm b\sqrt{-1}$, $a' \pm b'\sqrt{-1}$, etc. (39), les différences des racines combinées deux à deux seront nécessairement de l'une des formes suivantes :

$$\alpha - \beta \text{ entre deux racines réelles,}$$

$$\alpha - a \pm b\sqrt{-1} \text{ entre une racine réelle et une racine imaginaire,}$$

$$(a - a') \pm (b - b')\sqrt{-1} \text{ entre deux racines imaginaires de couples différens,}$$

$$2b\sqrt{-1} \text{ entre deux racines imaginaires du même couple.}$$

En faisant les quarrés de ces expressions, on trouvera pour la première un résultat réel et positif, et pour la quatrième un résultat réel et négatif; les deux autres donneront des résultats imaginaires, à moins qu'on n'ait $a = a$, ou $a = a'$, ou $b = b'$; mais chacun de ces cas introduit des racines égales dans l'équation aux quarrés des différences. Il suit de là qu'en faisant abstraction des racines égales, *l'équation dont les racines sont les quarrés des différences qui se trouvent entre celles de la proposée, aura autant de racines négatives que cette dernière a de couples différens de racines imaginaires.*

43. On voit, par ce qui précède, combien il serait à désirer qu'on eût au moins une règle sûre pour connaître, sans calcul, le nombre des racines positives et celui des racines négatives d'une équation quelconque, puisqu'on serait alors en état d'assigner, au moyen de l'équa-

tion aux quarrés des différences, le nombre des racines réelles et celui des racines imaginaires de la proposée. Malheureusement la règle qu'a donnée Descartes pour remplir cet objet, généralisée autant qu'elle peut l'être, se réduit à ce que :

Toute équation ne saurait avoir un nombre de racines positives plus grand que celui des variations de signe qui se trouvent entre ces termes, ni un nombre de racines négatives plus grand que celui des permanences du même signe; et si elle ne contenait que des racines réelles, elle en aurait précisément autant de positives que de variations de signe, et autant de négatives que de permanences du même.

Les *variations* de signes sont les changemens de + en — ou de — en +, qui ont lieu d'un terme à l'autre; et il y a *permanence* chaque fois que le signe d'un terme est le même que celui du précédent. L'équation

$$x^4 - 8x^3 + 7x^2 + 9x - 4 = 0,$$

par exemple, a trois variations de signe, savoir, de + x^4 à — $8x^3$; de — $8x^3$ à + $7x^2$, et de + $9x$ à — 4; du terme + $7x^2$ au terme + $9x$, il y a une permanence du signe +.

Parmi les diverses démonstrations qu'on a données de cette règle, je choisirai celle qui est due à Segner, parce qu'elle m'a paru la plus simple de toutes.

Soit l'équation

$$x^m \pm P x^{m-1} \pm Q x^{m-2} \ldots \pm T x \pm U = 0,$$

dans laquelle les signes + et — se succèdent d'une manière quelconque; en la multipliant par le facteur $x - \alpha$, qui donne la racine positive $x = \alpha$, on aura

$$x^{m+1} \pm P \atop - \alpha \Big\} \; x^m \pm Q \atop \mp P\alpha \Big\} \; x^{m-1} \ldots \pm U \atop \mp T\alpha \Big\} \; x \atop \mp U\alpha \Big\} = 0.$$

Les coefficiens placés dans la première ligne de ce résultat, sont ceux de la proposée, pris avec le même signe dont ils étaient d'abord affectés; et les coefficiens de la seconde ligne sont formés de ceux de la première, multipliés par a, mais pris avec un signe contraire, et reculés d'un rang vers la droite. Cela posé, tant que les coefficiens supérieurs seront plus grands que les inférieurs, ils détermineront le signe du terme dans lequel ils se trouvent; et comme ils n'ont pas changé de signe, il y aura entre eux les mêmes variations et les mêmes permanences que dans la proposée; mais le dernier terme $\mp Ua$ ayant toujours un signe contraire à celui du coefficient supérieur $\pm U$ de l'avant-dernier, il en résultera une nouvelle variation que la proposée n'avait point.

Lorsqu'on rencontrera un coefficient inférieur de signe contraire à son correspondant supérieur, et plus grand que celui-ci, il y aura une permanence de la proposée qui se changera dans une variation; car le signe du terme où cela arrivera étant déterminé par celui du coefficient inférieur, sera contraire au signe du terme précédent, qu'on suppose le même que celui de son coefficient supérieur.

On sentira la vérité de cette assertion, en observant qu'on ne peut être obligé de recourir au coefficient inférieur pour reconnaître le signe d'un terme, que dans des cas semblables à l'un des deux suivans,

$$+ Rx^{m-3} \left.\begin{array}{c} + S \\ - Ra \end{array}\right\} x^{m-4} \quad , \quad - Rx^{m-3} \left.\begin{array}{c} - S \\ + Ra \end{array}\right\} x^{m-4} \quad ,$$

en supposant qu'on ait $Ra > S$; l'ordre de la succession des signes sera dans le premier $+ -$, et dans le second $- +$. Je n'ai point écrit le coefficient inférieur dans le

premier terme , puisque , par l'hypothèse , il n'influe
point sur le signe de ce terme.

Il est donc évident que chaque fois qu'on descend de
la ligne supérieure dans la ligne inférieure pour déterminer le signe , il y a alors une variation qui ne se trou-
vait point dans l'équation proposée ; et si après ce passage on reste toujours dans la ligne inférieure , on
retrouve les mêmes variations et les mêmes permanences
que dans la proposée , puisque les coefficiens de cette
ligne ont tous un signe contraire à leur signe primitif.
Quand on remontera de la ligne inférieure à la ligne
supérieure , il en pourra résulter ou une variation , ou
une permanence ; car il n'existe aucune connexion entre
le signe d'un coefficient inférieur et celui du coefficient
supérieur du terme suivant. Mais en supposant même
que ce passage produisît dans tous les cas une permanence , comme le dernier terme de la nouvelle équation
fait partie de la seconde ligne , il faudra toujours revenir au moins une fois de plus dans cette ligne que dans
la première, et par conséquent la nouvelle équation aura
au moins une variation de signe de plus que la proposée : il en serait de même à chaque racine positive qu'on
introduirait.

Si l'on multiplie ensuite l'équation proposée par le
facteur $x + \alpha$, qui donne la racine négative $x = -\alpha$,
on aura

$$\left. \begin{array}{l} x^{m+1} \pm P \\ \quad + \alpha \end{array} \right\} \left. \begin{array}{l} x^m \pm Q \\ \pm P\alpha \end{array} \right\} \left. \begin{array}{l} x^{m-1}...\pm U \\ \pm T\alpha \end{array} \right\} \left. \begin{array}{l} x \pm U\alpha \\ \end{array} \right\} = 0.$$

Les coefficiens placés dans la première ligne sont encore ici les mêmes et de même signe que dans l'équation
proposée ; ceux de la seconde ligne sont aussi formés
de ceux de la première, multipliés par α et reculés

d'un rang vers la droite ; mais dans le cas actuel , ils ont conservé leur signe primitif.

En raisonnant comme ci-dessus , on verra que chaque fois qu'on sera obligé de prendre le signe du coefficient inférieur , on obtiendra une nouvelle permanence qui n'existait point dans la proposée. Les exemples ci joints

$$+Rx^{m-3} - S \left.\begin{matrix} \\ \end{matrix}\right\} x^{m-4} \quad -Rx^{m-3} + S \left.\begin{matrix} \\ \end{matrix}\right\} x^{m-4} \\ +Ra \qquad \qquad \qquad -Ra$$

analogues à ceux qu'on a donnés plus haut, rendront cette conséquence bien évidente, puisque Ra étant plus grand que S, on aura dans l'un $+ +$, et dans l'autre $- -$. Lorsqu'on remontera de la ligne inférieure dans la ligne supérieure, il en pourra résulter indifféremment ou une variation, ou une permanence ; mais en accordant que ce soit une variation qui ait toujours lieu ; on pourra, malgré cela , conclure que le nombre des permanences sera au moins augmenté d'une unité , puisque le dernier terme se trouvant dans la seconde ligne, forcera toujours à revenir à cette ligne au moins une fois de plus que dans l'autre. Il suit de là que chaque racine négative donnée à la proposée apportera avec elle au moins une permanence. En rapprochant cette conclusion de la précédente , on verra que *le nombre des racines positives d'une équation quelconque ne saurait surpasser celui des variations de signe qu'elle renferme, et le nombre des racines négatives celui des permanences*.

Si l'équation proposée n'avait que des racines réelles, on prouverait aussi par là qu'elle doit avoir *précisément* autant de racines positives que de variations , et autant de racines négatives que de permanences. En effet, quel que soit le nombre de variations et le nombre de permanences qu'ait apporté chaque racine positive et chaque racine négative, le nombre des unes et des autres , dans

Compl. des Elém. d'Alg. 7

le résultat final, doit être égal à celui des termes diminué de l'unité, ou à l'exposant du degré de l'équation, ou enfin au nombre des racines ; mais les variations ne sont produites que par les racines positives, et les permanences que par les racines négatives : il faut donc qu'il y ait autant de variations que de racines positives, autant de permanences que de racines négatives, *et vice versâ.*

44. Les racines imaginaires modifient cette proposition, parce qu'elles ont lieu, soit avec des variations, soit avec des permanences. Cela se voit sur l'équation même du second degré, $x^2 \pm 2px + q = 0$, dont les racines sont imaginaires, quelque signe qu'ait p, tant que p^2 est moindre que q.

On peut assez souvent reconnaître immédiatement la présence des racines imaginaires par la règle ci-dessus, lorsqu'une équation manque de quelques termes. Dans l'équation $x^3 + px + q = 0$, par exemple, si l'on remplace par $\pm 0 . x^2$ le second terme qui manque, il vient

$$x^3 \pm 0 . x^2 + px + q = 0 ;$$

et quand on n'a égard qu'au signe supérieur, on ne trouve que des permanences, tandis que le signe inférieur donne deux variations. Ces résultats, dont l'un semble indiquer trois racines négatives, et l'autre deux racines positives, ne s'accordant point entre eux, font voir que la proposée a des racines imaginaires.

Si l'on avait

$$x^3 - px + q = 0,$$

en l'écrivant ainsi,

$$x^3 \pm 0 . x^2 - px + q = 0,$$

quelque signe qu'on employât, on trouverait toujours deux variations et une permanence : l'accord de ces résultats prouve que cette équation peut avoir ses trois racines réelles, mais non pas qu'elle les ait en effet ; car on sait d'ailleurs que cela n'arrive que quand $\frac{1}{27} p^3 > \frac{1}{4} q^2$.

45. Cela posé, je désigne par (D) l'équation aux quarrés des différences (42), qu'on peut former d'après le n$^{\circ}$ 9. Il est évident, par la règle du n$^{\circ}$ précédent, que si tous ses signes sont alternativement positifs et négatifs, c'est-à-dire si elle n'a que des variations, elle n'aura que des racines réelles et positives, et toutes celles de la proposée seront réelles. En effet, si celle-ci avait des racines imaginaires, parmi les racines de l'équation (D), il s'en trouverait nécessairement de réelles et négatives (42) ; elle aurait donc des permanences, ce qui est contre la supposition.

Le dernier terme d'une équation étant, comme on sait, le produit de toutes ses racines prises avec un signe contraire, sera négatif, si le nombre des racines réelles positives est impair; car le dernier terme du produit d'un couple de racines imaginaires est toujours positif. En appliquant cette remarque à l'équation (D), on verra que si son dernier terme est négatif, elle aura un nombre de racines négatives pair ou impair, selon qu'elle sera d'un degré impair ou pair. Dans le premier cas, la proposée aura un nombre pair de couples de racines imaginaires, et un nombre impair dans le second. En général, il suit de la nature des racines de l'équation (D) et de ce qu'on a vu n$^{\circ}$ 42, que la proposée ne saurait avoir plus de couples de racines imaginaires qu'il ne se trouve de permanences de signe dans l'équation (D).

Les considérations précédentes ne mènent encore qu'à s'assurer si une équation donnée a des racines imaginaires, et à trouver une limite que leur nombre ne puisse excéder ; mais en suivant l'esprit de la méthode, on formerait de nouvelles équations auxiliaires, les unes qui ne pourraient avoir de racines négatives qu'autant que le nombre des racines imaginaires de la proposée ne serait pas moindre que quatre, les autres qu'autant qu'il ne serait pas moindre que six, et ainsi de suite. Il faudrait former, dans le premier cas, l'équation qui donne les quarrés des différences qui se trouvent entre les sommes des racines ajoutées deux à deux ; dans le second, celle qui donne les quarrés des différences qui se trouvent entre les sommes des racines ajoutées trois à trois, etc.

46. Si l'on parvenait à trouver d'une manière quelconque les racines négatives et inégales de l'équation (D), on en déduirait les racines imaginaires de la proposée. En effet, en substituant dans cette dernière $a + b\sqrt{-1}$ au lieu de x, et en égalant séparément à zéro la partie réelle et la partie imaginaire, on aurait deux équations pour déterminer les inconnues a et b ; mais si l'on connaissait *à priori* la valeur de b, et qu'on la substituât dans l'une et dans l'autre de ces équations, a serait donné par le diviseur commun des deux résultats, égalé à zéro (*Elém.*, 189). Or, en nommant $-z'$ l'une des racines négatives de l'équation (D), cette racine exprimera le quarré de la différence entre les deux racines imaginaires comprises dans la formule $a \pm b\sqrt{-1}$, et l'on aura par conséquent

$$-z' = -4b^2,$$

d'où

$$b = \pm \tfrac{1}{2}\sqrt{z'}.$$

De l'extraction des racines des quantités en partie commensurables et en partie incommensurables.

47. On a vu dans les numéros 29 et 31, combien il pourrait être utile de savoir quand une expression compliquée de radicaux est une puissance parfaite ; aussi les analystes se sont-ils occupés de la recherche des caractères auxquels on reconnaît ces puissances.

Soit $\sqrt{a+\sqrt{b}}$; l'expression $a+\sqrt{b}$ ne peut être que le quarré d'une autre de cette forme, $\sqrt{A}+\sqrt{B}$, dans laquelle se trouve comprise celle-ci, $A'+\sqrt{B}$, en supposant que $A = A'^2$. Cela posé, on aura

$$a+\sqrt{b} = \left(\sqrt{A}+\sqrt{B}\right)^2 = A + B + 2\sqrt{AB};$$

comparant d'un côté la partie commensurable, et de l'autre la partie incommensurable, on formera les deux équations

$$a = A + B, \quad \sqrt{b} = 2\sqrt{AB};$$

quarrant de nouveau, il viendra

$$a^2 = A^2 + 2AB + B^2, \quad b = 4AB;$$

retranchant la seconde équation de la première, on aura

$$a^2 - b = A^2 - 2AB + B^2;$$

et prenant enfin la racine quarrée de chaque membre de cette dernière, on en conclura

$$\sqrt{a^2 - b} = A - B.$$

Si l'on combine cette équation avec $a = A + B$, on en tirera les valeurs

$$A = \tfrac{1}{2}a + \tfrac{1}{2}\sqrt{a^2 - b}, \quad B = \tfrac{1}{2}a - \tfrac{1}{2}\sqrt{a^2 - b},$$

d'après lesquelles les quantités A et B ne peuvent être

rationnelles comme on le suppose, à moins que $a^2 - b$ ne soit un quarré parfait.

Soit, pour exemple, $\sqrt{7 + \sqrt{48}}$; on aura

$$a = 7, \quad b = 48, \quad a^2 - b = 49 - 48 = 1,$$
$$A = \tfrac{7}{2} + \tfrac{1}{2} = 4, \qquad B = \tfrac{7}{2} - \tfrac{1}{2} = 3,$$
$$\sqrt{A} + \sqrt{B} = \sqrt{4} + \sqrt{3} = 2 + \sqrt{3}.$$

Soit encore l'expression littérale

$$\sqrt{4mn + 2(m + n)(m - n)\sqrt{-1}},$$

équivalente à

$$\sqrt{4mn + \sqrt{-4(m + n)^2 (m - n)^2}} \; ;$$

il viendra, pour cet exemple,

$$a = 4mn, \quad b = -4(m + n)^2 (m - n)^2,$$
$$a^2 - b = 4m^4 + 8m^2n^2 + 4n^4 = 4(m^2 + n^2)^2,$$
$$\sqrt{A} = \sqrt{2mn + m^2 + n^2}, \quad \sqrt{B} = \sqrt{2mn - m^2 - n^2},$$
$$\sqrt{A} + \sqrt{B} = \sqrt{(m + n)^2} + \sqrt{(m - n)^2 \times -1}$$
$$= m + n + (m - n)\sqrt{-1}.$$

Enfin si l'on avait

$$\sqrt{m^2 - mn + \tfrac{1}{4}n^2 + 2\sqrt{m^3 n - 2m^2 n^2 + \tfrac{1}{4}mn^3}},$$

on trouverait

$$\sqrt{mn} + \sqrt{m^2 - 2mn + \tfrac{1}{4}n^2}.$$

Quand, au lieu de $\sqrt{a + \sqrt{b}}$, on a $\sqrt{a - \sqrt{b}}$, il faut prendre $\sqrt{A} - \sqrt{B}$, A et B conservant les mêmes valeurs que ci-dessus.

Dans ces deux cas, la racine cherchée est double, comme toutes celles du second degré ; car on a dans le premier cas,

$$+\sqrt{A}+\sqrt{B}, \quad \text{ou} \quad -\sqrt{A}-\sqrt{B},$$

et dans le second,

$$+\sqrt{A}-\sqrt{B}, \quad \text{ou} \quad -\sqrt{A}+\sqrt{B}.$$

48. Je vais chercher actuellement les cas où il est possible d'extraire la racine cubique d'une expression de la forme $a+\sqrt{b}$. Pour y parvenir, il faut découvrir la forme que l'on doit donner à cette racine. On ne peut supposer qu'elle soit $\sqrt{A}+\sqrt{B}$, car le cube de cette quantité étant

$$A\sqrt{A}+3A\sqrt{B}+3B\sqrt{A}+B\sqrt{B}$$
$$=(A+3B)\sqrt{A}+(3A+B)\sqrt{B},$$

contient deux radicaux quarrés essentiellement différens.

Il n'en sera pas de même de la forme $A+\sqrt{B}$; mais pour la généraliser un peu, j'écrirai

$$(A+\sqrt{B})\sqrt[3]{C}:$$

son cube sera alors

$$C(A^3+3A^2\sqrt{B}+3AB+B\sqrt{B}).$$

En comparant la partie rationnelle de cette expression avec a, et la partie irrationnelle avec $\sqrt{b}$, je trouverai les équations

$$a=C(A^3+3AB), \quad \sqrt{b}=C(3A^2+B)\sqrt{B};$$

quarrant l'une et l'autre, j'obtiendrai

$$a^2=C^2(A^6+6A^4B+9A^2B^2),$$
$$b=C^2(9A^4B+6A^2B^2+B^3);$$

d'où je conclurai

$$\frac{a^2 - b}{C^2} = A^6 - 3A^4 B + 3A^2 B^2 - B^3 = (A^2 - B)^3,$$

et par conséquent,

$$A^2 - B = \sqrt[3]{\frac{a^2 - b}{C^2}} = \frac{\sqrt[3]{(a^2 - b)C}}{C}.$$

La lettre C étant indéterminée, on peut en disposer pour que la quantité $(a^2 - b)C$ soit un cube parfait; lorsque cette détermination sera effectuée, on aura, en faisant pour abréger $\dfrac{\sqrt[3]{(a^2 - b)C}}{C} = c$, l'équation

$$A^2 - B = c,$$

d'où
$$B = A^2 - c;$$

substituant dans l'équation $a = C(A^3 + 3AB)$, il viendra

$$4CA^3 - 3cCA - a = 0.$$

Cette dernière aura nécessairement une racine commensurable, si A et B sont rationnels.

En prenant pour exemple la quantité $2 + 11\sqrt{-1}$ du n° 29, il viendra

$$a = 2, \quad 11\sqrt{-1} = \sqrt{b}, \text{ ou } b = -121, \quad a^2 - b = 125,$$
$$A^2 - B = \frac{1}{C}\sqrt[3]{125\,C}.$$

Le nombre 125 étant un cube parfait, on pourra faire $C = 1$, et on aura

$$c = 5, \quad A^2 - B = 5 \quad \text{et} \quad 4A^3 - 15A - 2 = 0.$$

L'équation en A, ayant pour diviseur commensurable

$A - 2$, donne
$$A = 2;$$
puis on trouve
$$B = 4 - 5 = - 1,$$
d'où il résulte
$$\sqrt[3]{2 + 11\sqrt{-1}} = 2 + \sqrt{-1}:$$
on obtiendrait par le même procédé,
$$\sqrt[3]{2 - 11\sqrt{-1}} = 2 - \sqrt{-1}.$$

Soit encore la quantité $52 + 30\sqrt{3}$, qui donne
$$a = 52, \quad \sqrt{b} = 30\sqrt{3}, \quad a^2 - b = 4,$$
$$A^2 - B = \frac{1}{C}\sqrt[3]{4C}.$$

Ici, pour rendre $4C$ un cube parfait, il faut faire $C = 2$; il vient ensuite
$$A^2 - B = 1, \quad 8A^3 - 6A - 52 = 0.$$

Maintenant, si l'on pose $2A = y$, on aura l'équation
$$y^3 - 3y - 52 = 0,$$
dont $y - 4$ est un diviseur, et l'on arrivera enfin à
$$y = 4, \quad A = 2, \quad B = 3,$$
d'où
$$\sqrt[3]{52 + 30\sqrt{3}} = (2 + \sqrt{3})\sqrt[3]{2}.$$

49. Ces exemples suffisent pour montrer comment on peut parvenir à extraire une racine quelconque d'une expression irrationnelle donnée. La difficulté consiste à deviner la forme sous laquelle cette racine doit se présenter; et lorsque cette forme est trouvée, et qu'on en

compare la puissance avec l'expression irrationnelle proposée, on obtient des équations en nombre égal à celui des indéterminées, et qui doivent conduire à une équation finale ayant les diviseurs commensurables.

Ainsi, pour ramener à la forme $(A+\sqrt{B})\sqrt[n]{C}$ l'expression $\sqrt[n]{a+\sqrt{b}}$, on aura

$$a+\sqrt{b}=C(A+\sqrt{B})^n,$$

équation qui se partagera dans les suivantes :

$$a=C\left(A^n+\frac{n(n-1)}{1.2}A^{n-2}B+\frac{n(n-1)(n-2)(n-3)}{1.2.3.4}A^{n-4}B^2+\text{etc.}\right.$$

$$\sqrt{b}=C\left(\frac{n}{1}A^{n-1}\sqrt{B}+\frac{n(n-1)(n-2)}{1.2.3}A^{n-3}B\sqrt{B}+\text{etc.}\right).$$

D'après ces valeurs, il est visible que

$$a=\tfrac{1}{2}C\left\{(A+\sqrt{B})^n+(A-\sqrt{B})^n\right\},$$
$$\sqrt{b}=\tfrac{1}{2}C\left\{(A+\sqrt{B})^n-(A-\sqrt{B})^n\right\};$$

et comme

$$a^2-b=\tfrac{1}{4}C^2\{(A+\sqrt{B})^{2n}+2(A^2-B)^n+(A-\sqrt{B})^{2n}$$
$$-(A+\sqrt{B})^{2n}+2(A^2-B)^n-(A-\sqrt{B})^{2n}\},$$

on aura, après les réductions,

$$a^2-b=C^2(A^2-B)^n,\quad \text{ou}\quad A^2-B=\sqrt[n]{\frac{a^2-b}{C^2}}.$$

Il faudra donc premièrement, par une détermination convenable de C, rendre la quantité $\frac{a^2-b}{C^2}$ une puissance exacte du degré n; lorsque cette condition sera remplie, on aura une valeur rationnelle de B, qui, substituée dans l'expression de A, devra conduire à une équation ayant des diviseurs commensurables, si A peut être rationnel.

De l'abaissement des Equations.

5o. Il y a des circonstances où une équation peut être ramenée à un degré inférieur à celui sous lequel elle se présente ; cela arrive toujours lorsqu'il existe entre ses racines des relations particulières, ou qu'elle devient divisible par un facteur rationnel. La recherche des caractères auxquels on reconnaît qu'une équation est susceptible d'*abaissement*, et celle des moyens d'effectuer ces abaissemens, font partie de la résolution des équations ; c'est pourquoi j'en traiterai succinctement ici.

Je supposerai d'abord qu'on ait l'équation

$$x^4 + px^3 + qx^2 + rx + s = 0,$$

dont les racines soient représentées par a, b, c et d, et qu'on sache qu'entre deux de ces racines il existe une relation indiquée par l'équation $ma + nb = k$, m, n et k étant des quantités connues : on pourra trouver a et b d'une manière fort simple ; car a et b étant les racines de l'équation proposée, on aura

$$a^4 + pa^3 + qa^2 + ra + s = 0,$$
$$b^4 + pb^3 + qb^2 + rb + s = 0;$$

mais si de la dernière de celles-ci on élimine b, au moyen de l'équation $ma + nb = k$, l'équation résultante devra nécessairement s'accorder avec l'équation

$$a^4 + pa^3 + qa^2 + ra + s = 0;$$

et puisque l'une et l'autre seront satisfaites par la même valeur de a, elles auront un facteur commun qu'on obtiendra en cherchant leur plus grand commun diviseur, et qui fera connaître la valeur de a (*Élém.*, 189) : on trouverait b de la même manière. Il convient d'observer que dans le cas où les deux racines a et b entreraient semblablement dans la relation donnée, ce qui arriverait si l'on avait $m = n$, d'où il résulterait

$$m(a + b) = k,$$

le diviseur commun dont je viens de parler monterait au second degré. La raison de ce fait est facile à apercevoir ; car alors, soit qu'on élimine a, soit qu'on élimine b, on tombe sur des équations semblables, et qui par conséquent doivent conduire à une équation donnant en même temps l'une et l'autre de ces inconnues, ou ayant deux racines.

Si la relation proposée était $la + mb + nc = k$, on y joindrait les équations

$$a^4 + pa^3 + qa^2 + ra + s = 0,$$
$$b^4 + pb^3 + qb^2 + rb + s = 0,$$
$$c^4 + pc^3 + qc^2 + rc + s = 0;$$

et éliminant, au moyen des deux dernières, b et c de l'équation $la + mb + nc = k$, on parviendrait à une équation finale qui, ne renfermant plus que a, aurait nécessairement, avec $a^4 + pa^3 + qa^2 + ra + s = 0$, un diviseur commun qui déterminerait a : on trouverait b et c d'une manière semblable. Si l'on avait $l = m$, ce qui changerait la relation donnée en $l(a + b) + nc = k$, comme il serait indifférent d'y écrire a pour b, et b pour a, le diviseur commun qui donnerait n, donnerait aussi b, et serait par conséquent du deuxième degré. Enfin, dans le cas où la relation donnée serait..... $l(a + b + c) = k$, les trois racines a, b, c entreraient dans le même diviseur commun, qui serait par conséquent du troisième degré.

Ce qu'on vient de lire par rapport à l'équation du quatrième degré et à des relations exprimées par des équations du premier, peut s'appliquer à un degré et à des relations quelconques ; et on en conclura qu'il faut traiter chacune des racines qui entrent dans la relation donnée comme une inconnue distincte, former les équations résultantes de leur substitution dans l'équation proposée, et joindre ces nouvelles équations avec celle qui exprime la relation donnée, puis éliminer ensuite toutes les inconnues, hors une, que l'on conservera en même temps dans deux équations, lesquelles admettront par conséquent un diviseur commun, qui, suivant le degré dont il sera, fera connaître une ou plusieurs des racines comprises dans la relation donnée.

51. Je prends pour premier exemple l'équation du troisième degré,

$$x^3 + px^2 - q^2x - q^2p = 0,$$

et je suppose que l'on sache d'avance que parmi ses racines, il y en a deux qui sont égales, mais de signe contraire : en nommant a et b ces deux racines, on tirera d'abord de l'équation proposée,

$$a^3 + pa^2 - q^2a - q^2p = 0,$$
$$b^3 + pb^2 - q^2b - q^2p = 0.$$

La relation donnée entre a et b fournit de plus cette troisième équation, $b = -a$, en vertu de laquelle la seconde devient

$$-a^3 + pa^2 + q^2a - q^2p = 0,$$

ou en changeant tous les signes à la fois, et mettant x pour a,

$$x^3 - px^2 - q^2x + q^2p = 0.$$

Cherchant ensuite le diviseur commun à cette dernière

équation et à la proposée, on trouve

$$x^2 - q^2,$$

ce qui donne

$$x^2 - q^2 = 0,$$

ou

$$x = + q \quad \text{et} \quad x = - q.$$

Le diviseur est du second degré, car la relation $b = -a$, équivalente à $a + b = 0$, demeure la même lorsqu'on y change a en b et b en a (50).

La question précédente aurait pu se résoudre de cette autre manière : le facteur qui renferme les deux racines a et b étant $x^2 - (a + b) x + ab$, devient $x^2 - a^2$, lorsqu'on y suppose, d'après la relation donnée, $b = -a$; il faudrait donc, si a était déterminé convenablement, que l'équation proposée fût divisible par $x^2 - a^2$. Or, après avoir poussé la division par ce facteur aussi loin qu'il est possible, on a pour reste

$$- (q^2 - a^2) x - (q^2 p - a^2 p),$$

quantité qui, devant être nulle indépendamment de x (*Élém.*, 210), donne

$$q^2 - a^2 = 0, \qquad q^2 p - a^2 p = 0 ;$$

la seconde de ces équations est identique avec la première, dont on tire

$$q^2 = a^2,$$

et par conséquent,

$$x^2 - a^2 = x^2 - q^2,$$

comme ci-dessus.

Il sera facile, avec un peu d'attention, de reconnaître que cette dernière méthode, généralisée convenablement, doit résoudre toutes les questions relatives à l'abaissement des équations.

52. Si les deux équations $q^2 - a^2 = 0$ et $q^2 p - a^2 p = 0$ ne s'étaient pas trouvées comprises l'une dans l'autre, l'équation proposée n'aurait pas été divisible par un facteur de la forme $x^2 - a^2$, et il n'y aurait pas eu par conséquent entre deux de ses racines la relation qu'on supposait exister ; mais si les quantités p et q, ou en général les coefficiens de l'équation proposée, eussent été indéterminés, on aurait pu les déterminer de manière à satisfaire à cette condition. Les mêmes circonstances se rencontrent dans le premier procédé, car on pourrait éliminer a et b des trois équations

$$a^3 + pa^2 - q^2 a - q^2 p = 0,$$
$$b^3 + pb^2 - q^2 b - q^2 p = 0,$$
$$a + b = 0,$$

et il existerait encore une équation entre p et q, qui se trouverait identique dans le cas actuel, parce que l'équation proposée satisfait à la condition donnée, mais qui, si cela n'avait pas lieu, exprimerait la relation qu'une pareille condition suppose entre les coefficiens de l'équation proposée. .

53. On a vu dans le n° 205 des *Élémens*, que lorsqu'une équation avait des racines égales, elle était susceptible d'abaissement ; c'est aussi ce qu'on peut prouver par les considérations précédentes.

L'équation $x^4 + px^3 + qx^2 + rx + s = 0$, par exemple, fournissant, entre deux quelconques a et b de ses racines, les équations identiques

$$a^4 + pa^3 + qa^2 + ra + s = 0,$$
$$b^4 + pb^3 + qb^2 + rb + s = 0,$$

conduit à

$$a^4 - b^4 + p(a^3 - b^3) + q(a^2 - b^2) + r(a - b) = 0 ;$$

divisant ce résultat par $a - b$, on aura l'équation

$$a^3 + a^2b + ab^2 + b^3 + p(a^2 + ab + b^2) + q(a+b) + r = 0,$$

qui devient

$$4a^2 + 3pa^2 + 2qa + r = 0,$$

lorsqu'on suppose $a = b$: il faut donc que, dans cette hypothèse, les équations

$$a^4 + pa^3 + qa^2 + ra + s = 0,$$
$$4a^3 + 3pa^2 + 2qa + r = 0$$

aient entre elles un diviseur commun. En suivant cette voie, on parviendrait, avec le secours de la proposition du n° 158 des *Elémens*, au résultat du n° 2c5 du même volume.

On peut encore trouver les racines égales, en considérant qu'une équation qui a deux racines égales est nécessairement divisible par un facteur de la forme

$$x^2 - 2\alpha x + \alpha^2 ;$$

par un facteur de la forme

$$x^3 - 3\alpha x^2 + 3\alpha^2 x - \alpha^3,$$

si elle a trois racines égales, et ainsi de suite.

On parvient à un résultat plus élégant et plus général, en cherchant ce que devient alors la fonction désignée par (A) dans le n° 4.

Si l'équation proposée est de la forme

$$(x-a)^n (x-b)^p (x-c)^q \dots \times (x-g)(x-h) = 0,$$

c'est-à-dire si elle a n racines égales à a, p égales à b, q égales à c, etc., la fonction (A), qui exprime la somme des divers quotiens qu'on obtient en divisant l'équation proposée par chacun de ses facteurs du premier degré, devient visiblement égale à

$$n(x-a)^{n-1}(x-b)^p\ (x-c)^q\ldots\ldots(x-g)(x-h)$$
$$+p(x-a)^n\ (x-b)^{p-1}(x-c)^q\ldots\ldots(x-g)(x-h)$$
$$+q(x-a)^n\ (x-b)^p\ (x-c)^{q-1}\ldots\ldots(x-g)(x-h)$$
$$\ldots\ldots\ldots\ldots\ldots\ldots\ldots\ldots\ldots\ldots$$
$$+\ (x-a)^n\ (x-b)^p\ (x-c)^q\ldots\ldots\ldots(x-h)$$
$$+\ (x-a)^n\ (x-b)^p\ (x-c)^q\ldots\ldots(x-g),$$

en observant que les facteurs égaux donnent le même quotient, répété un nombre de fois égal à leur degré de multiplicité; et l'on reconnaît, à l'inspection de cette quantité, que tous ses termes ont, pour facteur commun, le produit

$$(x-a)^{n-1}\ (x-b)^{p-1}\ (x-c)^{q-1}.$$

Mais si l'on substitue dans l'expression de la fonction (A) les valeurs trouvées pour les coefficiens qui y multiplient les diverses puissances de x, elle deviendra alors

$$mx^{m-1}+(m-1)Px^{m-2}+(m-2)Qx^{m-3}\ldots+T;$$

il suit donc de là que, quand la proposée aura la forme qu'on lui a supposée plus haut, les deux quantités

$$x^m+Px^{m-1}+Qx^{m-2}\ldots+Tx+U,$$
$$mx^{m-1}+(m-1)Px^{m-2}+(m-2)Qx^{m-3}\ldots\ldots+T,$$

auront pour diviseur commun le produit

$$(x-a)^{n-1}\ (x-b)^{p-1}\ (x-c)^{q-1}\ldots$$

qui renferme tous les facteurs égaux, élevés à un degré moindre d'une unité que dans l'équation proposée.

54. L'équation

$$x^6+px^5+qx^4+rx^3+qx^2+px+1=0$$

offre un exemple du cas où la forme même de l'équation proposée fait découvrir une relation entre ses

Compl. des Élém. d'Alg.   8

racines. Elle demeure la même lorsqu'on y met $\frac{1}{x}$ au lieu de x, et se trouve seulement écrite dans un ordre inverse ; il faut donc conclure de là que si a est une de ses racines, $\frac{1}{a}$ en est une autre. En nommant c une racine différente des deux précédentes, elle aura encore une correspondante $\frac{1}{c}$; et enfin e étant une racine distincte des quatre que je viens d'indiquer, donnera une sixième racine $\frac{1}{e}$. On voit par là que si l'on désigne par a, b, c, d, e, f les six racines de la proposée, on aura entre elles les relations suivantes ,

$$b = \frac{1}{a}, \qquad d = \frac{1}{c}, \qquad f = \frac{1}{e},$$

ou $\qquad ab = 1, \qquad cd = 1, \qquad ef = 1.$

Il n'est pas nécessaire d'employer ici le procédé du n° 50 ; car il est évident qu'en combinant chacune des racines a, c, e avec sa correspondante, pour en former un facteur du second degré de la proposée, on aura ces trois facteurs :

$$x^2 - \left(a + \frac{1}{a} \right) x + 1 ,$$

$$x^2 - \left(c + \frac{1}{c} \right) x + 1 ,$$

$$x^2 - \left(e + \frac{1}{e} \right) x + 1 ,$$

dans lesquels il n'y a d'inconnu que le coefficient du second terme. Si donc on le désigne par z, l'inconnue z ne dépendra que d'une équation du troisième degré, dont les racines seront $a + \frac{1}{a}$, $c + \frac{1}{c}$, $e + \frac{1}{e}$. Quoique ces fonctions ne paraissent pas d'abord renfermer toutes les permutations que leur forme permet de faire entre les racines, il est facile de s'assurer que celles qu'on néglige n'en sont que des répétitions. En effet, en ne supposant aucune relation entre a, b, c, d, e, f, on aurait

$$q + \frac{1}{a}, \qquad c + \frac{1}{c}, \qquad e + \frac{1}{e},$$
$$b + \frac{1}{b}, \qquad d + \frac{1}{d}, \qquad f + \frac{1}{f};$$

mais puisque, dans l'hypothèse établie,

$$b = \frac{1}{a}, \qquad d = \frac{1}{c}, \qquad f = \frac{1}{e},$$

les fonctions de la seconde ligne deviennent égales à celles de la première, et par conséquent l'équation du sixième degré, qui donnerait ces six fonctions pour le cas général (8), doit s'abaisser ici au troisième degré (53).

55. On peut former cette dernière très simplement, en divisant par x^3 tous les termes de l'équation proposée

$$x^6 + px^5 + qx^4 + rx^3 + qx^2 + px + 1 = 0,$$

et en réunissant ceux qui sont également éloignés des extrêmes, ainsi qu'on le voit ci-dessous :

$$x^3 + \frac{1}{x^3} + p\left(x^2 + \frac{1}{x^2}\right) + q\left(x + \frac{1}{x}\right) + r = 0.$$

Maintenant, si l'on fait $x + \frac{1}{x} = z$, on aura

$$\left(x + \frac{1}{x}\right)^2 = z^2,$$

ou $$x^2 + 2 + \frac{1}{x^2} = z^2,$$

8..

dont on tirera

$$x^2 + \frac{1}{x^2} = z^2 - 2 \; ;$$

puis

$$\left(x + \frac{1}{x}\right)^3 = z^3,$$

donnera

$$x^3 + 3x + 3\frac{1}{x} + \frac{1}{x^3} = x^3 + \frac{1}{x^3} + 3\left(x + \frac{1}{x}\right) = z^3 \; ;$$

et mettant z au lieu de $x + \frac{1}{x}$, il viendra

$$x^3 + \frac{1}{x^3} = z^3 - 3z.$$

Substituant ces valeurs dans l'équation

$$x^3 + \frac{1}{x^3} + p\left(x^2 + \frac{1}{x^2}\right) + q\left(x + \frac{1}{x}\right) + r = 0 \; ;$$

on trouvera

$$z^3 + pz^2 + (q - 3)z + r - 2p = 0.$$

Lorsqu'on aura déterminé z par cette équation, il ne restera plus, pour obtenir les racines de la proposée, qu'à résoudre les trois équations du second degré

$$x^2 - z'x + 1 = 0, \quad x^2 - z''x + 1 = 0, \quad x^2 - z'''x + 1 = 0,$$

dans lesquelles z', z'', z''' représentent les trois valeurs de z, et qui se déduisent de $x + \frac{1}{x} = z$.

Si l'équation proposée était seulement $x^6 + 1 = 0$, il viendrait

$$z^3 - 3z = 0, \text{ d'où } z = 0, \; z = \pm\sqrt{3},$$
et $x^2 + 1 = 0, \quad x^2 - x\sqrt{3} + 1 = 0, \quad x^2 + x\sqrt{3} + 1 = 0.$

Pour $x^4 + 1 = 0$, on trouverait

$$z^2 - 2 = 0, \; z = \pm\sqrt{2},$$
$$x^2 - x\sqrt{2} + 1 = 0, \quad x^2 + x\sqrt{2} + 1 = 0.$$

Les remarques précédentes, sur l'équation

$$x^6 + px^5 + qx^4 + rx^3 + qx^2 + px + 1 = 0,$$

conviennent à toutes les équations dans lesquelles les termes placés à égale distance du premier et du dernier, ont les mêmes coefficiens, et qu'on appelle *équations réciproques*, parce qu'elles ne changent pas lorsqu'on y substitue $\frac{1}{x}$ au lieu de x.

56. Soit l'équation générale d'un degré pair

$$x^{2m} + px^{2m-1} + qx^{2m-2} \ldots + qx^2 + px + 1 = 0;$$

on la divisera par x^m, et réunissant les termes également éloignés des extrêmes, on aura

$$x^m + \frac{1}{x^m} + p\left(x^{m-1} + \frac{1}{x^{m-1}}\right) + q\left(x^{m-2} + \frac{1}{x^{m-2}}\right) + \ldots = 0.$$

On fera encore $x + \frac{1}{x} = z$, et il ne s'agira plus que d'en tirer successivement les valeurs des fonctions

$$x^2 + \frac{1}{x^2},\quad x^3 + \frac{1}{x^3} \ldots x^m + \frac{1}{x^m};$$

or, c'est à quoi l'on parvient sans peine en observant que

$$\left(x^n + \frac{1}{x^n}\right)\left(x + \frac{1}{x}\right) = x^{n+1} + \frac{1}{x^{n+1}} + x^{n-1} + \frac{1}{x^{n-1}};$$

car on tire de là

$$x^{n+1} + \frac{1}{x^{n+1}} = \left(x^n + \frac{1}{x^n}\right)z - \left(x^{n-1} + \frac{1}{x^{n-1}}\right) \ldots (A),$$

relation au moyen de laquelle l'une quelconque des fonctions ci-dessus se déduira des deux qui la précèdent.

En partant de

$$x + \frac{1}{x} = z,$$

et faisant $n = 1, 2, 3, 4$, etc., on trouve

$$x^2 + \frac{1}{x^2} = z^2 - 2,$$

$$x^3 + \frac{1}{x^3} = z^3 - 3z,$$

$$x^4 + \frac{1}{x^4} = z^4 - 4z^2 + 2,$$

$$x^5 + \frac{1}{x^5} = z^5 - 5z^3 + 5z,$$

etc.

Il est évident, par la marche de ces expressions, que l'équation proposée du degré $2m$ sera ramenée au degré m.

Si elle était d'un degré impair, par exemple,

$$x^5 + px^4 + qx^3 + qx^2 + px + 1 = 0,$$

on l'écrirait comme il suit :

$$x^5 + 1 + px(x^3 + 1) + qx^2(x + 1) = 0,$$

ce qui ferait voir qu'elle serait divisible par $x + 1$; et la division faite, on aurait pour quotient,

$$x^4 + (p-1)x^3 - (p-q-1)x^2 + (p-1)x + 1 = 0,$$

équation réciproque du quatrième degré.

Il sera facile d'opérer sur toute équation réciproque de degré impair, comme sur celle du cinquième degré.

Un examen approfondi de la série des valeurs de $x^n + \frac{1}{x^n}$ rapportées précédemment, en a fait conclure par induction que

$$x^n + \frac{1}{x^n} = z^n - \frac{n}{1}z^{n-2} + \frac{n(n-3)}{1.2}z^{n-4} - \frac{n(n-4)(n-5)}{1.2.3}z^{n-6}$$

$$+ \frac{n(n-5)(n-6)(n-7)}{1.2.3.4}z^{n-8} - \text{etc.} ;$$

et rien n'est plus aisé que de le vérifier au moyen de l'équation (A); car en y substituant ce développement et celui qui en dérive, lorsqu'on change n en $n-1$, puis réduisant ensemble tous les termes affectés de la même puissance de z, il viendra

$$x^{n+1} + \frac{1}{x^{n+1}} = z^{n+1} - \frac{(n+1)}{1} z^{n-1} + \frac{(n+1)(n-2)}{1.2} z^{n-3} - \text{etc.},$$

résultat qui n'est autre que ce que devient l'expression de $x^n + \frac{1}{x^n}$, quand on y change n en $n+1$, et d'où il suit que la loi indiquée, ayant lieu pour les valeurs $n = 4$ et $n = 5$, par exemple, aura lieu lorsque $n = 6$, et ainsi de proche en proche, pour un nombre quelconque entier et positif. Bien entendu aussi qu'on ne poussera pas la série jusqu'à ce que l'exposant de z y devienne négatif.

57. Ce qui précède s'applique à l'équation

$$y^{m-1} + y^{m-2} + y^{m-3} \dots + y^2 + y + 1 = 0,$$

déduite de l'équation $y^m - 1 = 0$, divisée par $y - 1$, et qui renferme les $m - 1$ racines de l'unité, différentes de 1 (*Elém.*, 159). Il se présente d'abord deux cas à examiner, savoir, celui où l'exposant m est pair, et celui où il est impair.

Dans le premier, le nombre $m - 1$ étant impair, l'équation $y^{m-1} + y^{m-2} + \text{etc.} = 0$ est divisible par $y + 1$, et donne pour quotient une équation réciproque du degré $m - 2$, laquelle se ramène à une équation en z du degré $\frac{m-2}{2}$. On peut aussi parvenir immédiatement à l'équation du degré $m - 2$ en y, en observant que, puisque la puissance m est paire, on satisfait à l'équation $y^m - 1 = 0$, en faisant $y = \pm 1$, et que par conséquent cette équation est divisible par

$$(y - 1)(y + 1) = y^2 - 1.$$

Lorsque m est impair, l'équation. . . . . $y^{m-1} + y^{m-2} +$ etc. $= 0$ est réciproque et de degré pair, et l'on en tire une équation en z du degré $\dfrac{m-1}{2}$.

De ces deux cas, le dernier est le seul auquel il soit nécessaire de s'arrêter, puisqu'il suffit de connaître les racines de l'équation $y^m - 1 = 0$, lorsque m est premier, et par conséquent impair, pour obtenir celles des autres équations de ce genre (17); mais comme ce n'est qu'en s'appuyant sur certaines propriétés des nombres premiers que l'on peut résoudre l'équation du degré $m - 1$, qui contient toutes les racines imaginaires de la précédente, j'en renverrai la recherche à la fin de cet Ouvrage, où je ferai connaître la découverte remarquable de M. Gauss, sous la forme simplifiée que lui a donnée Lagrange (*).

58. Les équations $ab = 1$, $cd = 1$, $ef = 1$, du n° 54, peuvent être regardées comme n'exprimant qu'une seule relation commune aux trois couples a et b, c et d, e et f des racines de la proposée. En généralisant ce point de vue, on peut se proposer d'abaisser une équation d'un degré pair, dont les racines, distribuées par couples, auraient dans chacun de ces couples une relation donnée; et l'on y procéderait comme nous allons l'indiquer.

Soit l'équation

$$x^{2n} + P x^{2n-1} + Q x^{2n-2} \ldots + U = 0,$$

(*) La considération des propriétés du cercle donne, pour tous les degrés, des expressions des racines de l'unité, qu'on trouvera dans l'*Introduction* de mon *Traité du Calcul différentiel et du Calcul intégral*, et dans le *Traité élémentaire* sur le même sujet.

telle qu'on ait entre deux de ses racines a et b une équation quelconque commune aux couples c et d, e et f, etc.; on fera $a + b = z$, puis substituant à la place de b sa valeur $z - a$, dans l'équation donnée entre a et b, et éliminant a entre cette dernière et l'équation

$$a^{2n} + Pa^{2n-1} + Qa^{2n-2}\ldots\ldots + U = 0,$$

on formera celle qui doit déterminer z. Mais il est visible qu'en opérant de même sur chaque couple de racines désigné ci-dessus, on trouvera toujours la même équation en z; qu'ainsi cette équation doit comprendre au nombre de ses racines les n sommes fournies par les couples qui satisfont à la relation donnée; or, ces sommes font également partie des racines de l'équation formée en prenant pour l'inconnue z la somme de deux quelconques des quantités a, b, c, d, etc. : cette dernière, qui s'obtiendrait par le procédé du n° 8, aura donc avec la précédente un diviseur commun du degré n, qui fera connaître les valeurs de z relatives aux couples désignés ci-dessus (*).

(*) La première équation en z peut aussi se former par ses racines, qui s'obtiennent en faisant passer successivement toutes celles de la proposée dans l'équation entre z et a, déduite de la relation donnée. Si, par exemple, entre les quatre racines a, b, c, d, on avait les relations $b = a^2$, $d = c^2$, on trouverait les quatre valeurs

$$z = a + a^2, \quad z = b + b^2, \quad z = c + c^2, \quad z = d + d^2,$$

dont la première et la troisième seules expriment la somme d'un couple des racines de la proposée.

Si la relation donnée était symétrique entre les racines qu'elle contient, plusieurs des valeurs de z deviendraient égales entre elles.

La seconde équation en z pourrait à son tour s'obtenir par l'élimination de a et de b entre les équations

$$z = a + b,$$
$$a^{2n} + Pa^{2n-1}\ldots + U = 0,$$
$$b^{2n} + Pb^{2n-1}\ldots + U = 0.$$

Lorsqu'on connaîtra z, on aura le deuxième terme du facteur du second degré, formé avec les racines a et b de la proposée, et qui est

$$x^2 - (a+b)x + ab, \quad \text{ou} \quad x^2 - zx + ab ;$$

puis, pour obtenir ab, que je représenterai par q, on divisera l'équation proposée par $x^2 - zx + q$, et quand on sera parvenu au reste, on égalera séparément à zéro les deux termes de ce reste (*Elémens*, 210) : les deux équations qu'on se procurera ainsi, ne renfermant que la seule inconnue q, doivent nécessairement avoir un diviseur commun, dont on tirera la valeur de cette inconnue.

59. De même, si l'équation proposée était du degré $3n$, et que ses racines fussent assujetties, trois par trois, à une relation donnée, c'est-à-dire que cette relation ayant lieu entre les trois racines a, b et c, subsistât aussi entre d, e et f, et ainsi de suite, on ferait $a+b+c=z$; et mettant pour c sa valeur $z-a-b$ dans l'équation qui exprime la relation donnée, on éliminerait ensuite a et b au moyen des équations

$$a^{3n} + Pa^{3n-1} + Qa^{3n-2}\ldots\ldots + U = 0,$$
$$b^{3n} + Pb^{3n-1} + Qb^{3n-2}\ldots\ldots + U = 0,$$

résultantes de la substitution de a et de b au lieu de x dans la proposée. L'équation finale en z contiendrait toutes les valeurs des sommes $a+b+c$, $d+e+f$, etc., dont le nombre est n, et qui feraient également partie des racines de l'équation formée en prenant pour inconnue la somme de trois quelconques des quantités a, b, c, d, etc. Cette dernière et la précédente auraient donc un diviseur commun du degré n, comprenant seulement les sommes des racines de chacun des groupes désignés ci-dessus.

Considérant ensuite le facteur

$$x^3 - (a + b + c) x^2 + (ab + ac + bc) x - abc,$$

formé par les trois racines a, b, c, et mettant z au lieu de $a + b + c$, q au lieu de $ab + ac + bc$, et r pour abc, il viendrait

$$x^3 - zx^2 + q.x - r;$$

facteur qui devrait diviser exactement la proposée si q et r étaient connus. En égalant donc à zéro le reste, qui serait composé de trois termes, on aurait entre les deux inconnues q et r trois équations; et par l'élimination, on parviendrait à deux équations finales entre la même inconnue r: le diviseur commun de ces équations donnerait r.

Il y aurait beaucoup de remarques importantes à faire sur cette partie de la théorie des équations; mais je ne puis m'y arrêter. J'observerai seulement que l'abaissement a lieu, en général, lorsqu'on obtient entre les inconnues d'un problème possible, plus d'équations qu'il ne renferme d'inconnues, ce à quoi l'on parvient souvent en considérant le problème proposé sous plusieurs faces; on trouve alors entre une même inconnue deux équations finales qui, devant s'accorder entre elles, ont un diviseur commun duquel on tire la solution la plus simple dont le problème proposé soit susceptible.

60. Toute équation qui peut se décomposer en deux facteurs, s'abaisse nécessairement par ce moyen; il est donc utile de savoir reconnaître quand cette décomposition peut s'effectuer. Le procédé indiqué dans le numéro 210 des *Élémens*, et déjà rappelé plus haut, suffit pour obtenir l'équation finale de laquelle doit dépendre la décomposition d'une autre en deux facteurs de degrés donnés; mais je vais revenir sur cette

recherche, par une méthode plus simple, fondée sur les considérations du n° 183 des *Elémens*.

Soient α, β, γ les trois racines de l'équation

$$x^3 + Px^2 + Qx + R = 0 ;$$

elle sera nécessairement le produit des facteurs $x - \alpha$, $x - \beta$ et $x - \gamma$. Si on la décompose en deux facteurs $x^2 + Ax + B$ et $x + A'$, il est évident que le premier doit comprendre deux quelconques des facteurs rapportés ci-dessus, et que $x + A'$ est identique avec celui qui reste. Mais on peut combiner les facteurs $x - \alpha$, $x - \beta$, $x - \gamma$, deux à deux de trois manières différentes; ainsi l'équation proposée pourra subir trois décompositions distinctes : et comme rien n'indique celle qu'on cherche en particulier, elles doivent se trouver comprises toutes dans le résultat qu'on obtiendra.

Si l'on multiplie l'un par l'autre les facteurs $x^2 + Ax + B$ et $x + A'$, et que l'on compare le produit à la proposée, on trouvera, pour déterminer les coefficiens A, B et A', les équations

$$A + A' = P, \quad B + AA' = Q \quad \text{et} \quad A'B = R.$$

Quelles que soient, parmi les inconnues A, A' et B, les deux qu'on élimine, on arrivera à une équation finale du troisième degré.

Cette dernière peut aussi s'obtenir *à priori ;* car si c'est A' qu'on cherche, la question revient à trouver l'une des racines de la proposée, puisque $x + A' = 0$ donne $x = -A'$; on doit donc rencontrer pour équation finale celle qu'on obtiendrait en changeant x en $-A'$ dans la proposée : si c'est A qu'on cherche, ce coefficient, dépendant de la somme de deux quelconques des racines de la proposée, a nécessairement trois valeurs, qui sont $-(\alpha+\beta)$, $-(\alpha+\gamma)$, $-(\beta+\gamma)$, et, par conséquent, il est égal à $-z$ dans l'équation du numéro 8. Pour parvenir à l'équation en B, il faut observer que B est le produit de deux quelconques des racines de la proposée, et qu'ainsi B a trois valeurs, savoir : $\alpha\beta$, $\alpha\gamma$, $\beta\gamma$; multipliant donc entre eux les trois facteurs $B-\alpha\beta$, $B-\alpha\gamma$, $B-\beta\gamma$, et chassant les lettres α, β, γ, on aura l'équation demandée. De quelque manière qu'on opère, on n'obtient dans ce cas qu'une équation du troisième degré, aussi difficile à résoudre que la proposée.

61. Soit maintenant l'équation du quatrième degré

$$x^4 + Px^3 + Qx^2 + Rx + S = o,$$

ayant pour racines α, β, γ et δ; la décomposer en deux facteurs $x^2 + Ax + B$ et $x^2 + A'x + B'$, c'est combiner deux quelconques des quatre facteurs $x-\alpha$, $x-\beta$, $x-\gamma$, $x-\delta$, ce qui peut se faire de six manières différentes. Aussi, en cherchant à déterminer par la comparaison du produit des facteurs $x^2 + Ax + B$ et $x^2 + A'x + B'$, avec la proposée, les coefficiens A, B, A' et B', trouve-t-on, après l'élimination de trois quelconques d'entre eux, que l'équation finale d'où dépend le quatrième est du sixième degré.

En effet, le produit

$$x^4 + (A+A')x^3 + (B+AA'+B')x^2$$
$$+ (A'B+AB')x + BB',$$

comparé terme à terme avec

$$x^4 + Px^3 + Qx^2 + Rx + S,$$

donne les équations

$$A + A' = P,$$
$$B + AA' + B' = Q,$$
$$A'B + AB' = R,$$
$$BB' = S.$$

On tire de la seconde et de la troisième,

$$B = \frac{A(Q - AA') - R}{A - A'},$$

$$B' = \frac{R - A'(Q - AA')}{A - A'}.$$

Mais la première donnant $A' = P - A$, on aura

$$B = \frac{A[Q - A(P - A)] - R}{2A - P},$$

$$B' = \frac{R - (P - A)[Q - A(P - A)]}{2A - P};$$

et substituant ces valeurs dans la quatrième, on obtiendra, après les réductions,

$$\left. \begin{array}{c} A^6 - 3P A^5 + (3P^2 + 2Q)A^4 - P(P^2 + 4Q)A^3 \\ + (2P^2 Q + PR + Q^2 - 4S)A^2 - P(PR + Q^2 - 4S)A \\ + PQR - P^2 S - R^2 = 0. \end{array} \right\} (R).$$

Cette équation pourrait aussi se déduire immédiatement de la formation des coefficiens A, A', B, B', au moyen des racines de la proposée.

A, par exemple, étant la somme de deux quelconques des racines α, β, γ, δ, a les six valeurs suivantes :

$$- (\alpha + \beta), \quad - (\alpha + \gamma), \quad - (\alpha + \delta),$$
$$- (\beta + \gamma), \quad - (\beta + \delta), \quad - (\gamma + \delta).$$

B en a pareillement six, qui sont

$$\alpha\beta, \quad\quad \alpha\gamma, \quad\quad \alpha\delta,$$
$$\beta\gamma, \quad\quad \beta\delta, \quad\quad \gamma\delta;$$

et les équations qui doivent donner A et B se formeront comme il a été indiqué dans le n° 8. Il est facile de voir que les équations en A' et B' seraient semblables aux équations en A et B.

Au reste, quand A et B sont connus, on a

$$\left.\begin{array}{l} A' = P - A, \\ B' = \dfrac{S}{B}. \end{array}\right\}$$

Il est remarquable que la supposition de $P = 0$ fait disparaître tous les termes affectés des puissances impaires de A, dans l'équation (R), qui par là devient résoluble à la manière de celles du troisième degré. Les commençans verront sans doute avec plaisir la cause de cette simplification.

L'équation proposée se réduisant alors à

$$x^4 + Qx^2 + Rx + S = 0,$$

ou étant sans second terme, il faut que la somme de ses racines, tant positives que négatives, soit nulle ; c'est-à-dire que la somme des unes soit égale à celle des autres, abstraction faite du signe ; on aura donc

$$\alpha + \beta + \gamma + \delta = 0,$$

d'où l'on voit que

$$\alpha + \beta = - (\gamma + \delta),$$
$$\alpha + \gamma = - (\beta + \delta),$$
$$\alpha + \delta = - (\beta + \gamma),$$

et que par conséquent, dans cette hypothèse, trois des valeurs de A sont respectivement égales aux trois autres prises avec un signe contraire. Il faut donc que l'équation en A soit de la forme

$$A^6 + bA^4 + dA^2 + f = 0 \quad (\textit{Elém.}, 208).$$

62. Sans supposer $P = 0$ dans l'équation (R), il suffit d'en faire disparaître le second terme ; tous ceux de degré impair disparaîtront en même temps, ce qui la rendra encore résoluble à la manière du troisième degré.

En effet, le coefficient du second terme de cette équation, étant la somme des valeurs de A prises avec un signe contraire, sera, d'après ce qui précède, égal à

$$(3\alpha + 3\beta + 3\gamma + 3\delta), \quad \text{ou à } -3P,$$

et pour faire disparaître le second terme, on fera

$$A = A'' + \frac{P}{2} \quad (Elém., 209),$$

d'où
$$A'' = A - \frac{P}{2};$$

mettant pour P sa valeur, et substituant successivement chacune de celles que doit avoir A, on trouvera ces résultats,

$$- (\alpha + \beta) + \frac{\alpha + \beta + \gamma + \delta}{2} = \frac{\gamma + \delta - \alpha - \beta}{2}, (1)$$

$$- (\alpha + \gamma) + \frac{\alpha + \beta + \gamma + \delta}{2} = \frac{\beta + \delta - \alpha - \gamma}{2}, (2)$$

$$- (\alpha + \delta) + \frac{\alpha + \beta + \gamma + \delta}{2} = \frac{\beta + \gamma - \alpha - \delta}{2}, (3)$$

$$- (\beta + \gamma) + \frac{\alpha + \beta + \gamma + \delta}{2} = \frac{\alpha + \delta - \beta - \gamma}{2}, (3)$$

$$- (\beta + \delta) + \frac{\alpha + \beta + \gamma + \delta}{2} = \frac{\alpha + \gamma - \beta - \delta}{2}, (2)$$

$$- (\gamma + \delta) + \frac{\alpha + \beta + \gamma + \delta}{2} = \frac{\alpha + \beta - \gamma - \delta}{2}, (1)$$

parmi lesquels ceux qui sont suivis des mêmes chiffres ne diffèrent que par le signe. Les six valeurs de A'' seront donc deux à deux égales et de signes contraires, et par conséquent l'équation en A'' ne renfermera aucune puissance impaire de cette inconnue.

L'équation qui donnerait B serait, dans toutes les hypothèses, du sixième degré et complète.

On voit, par ce qui précède, que l'équation du quatrième degré peut toujours s'abaisser à une du second, au moyen de la résolution d'une du troisième. Les coefficiens des facteurs $x^2 + Ax + B$ et $x^2 + A'x + B'$ étant déterminés, la résolution de ces facteurs, considérés comme équations du second degré, donnera les racines de la proposée : voilà donc une méthode propre à résoudre les équations du quatrième degré, et c'est en effet celle que Descartes a donnée ; mais elle est particulière à ce degré. Son succès tient aux circonstances que nous venons de faire connaître d'après Lagrange.

En général, la décomposition d'une équation du degré m en facteurs du degré p, pouvant se faire d'autant de manières qu'on peut combiner les m racines en nombre p, doit dépendre d'une équation du degré

$$\frac{m(m-1)(m-2)\ldots\ldots\ldots(m-p+1)}{1.2.3\ldots\ldots p},$$

si toutefois m est un nombre premier ; car, dans le cas contraire, cette décomposition peut s'obtenir plus simplement d'après la remarque qui termine le n° 27. Pour le sixième degré, par exemple, la formule ci-dessus en y faisant $p=3$, donnerait $\frac{6.5.4}{1.2.3} = 20$, tandis que la même décomposition peut être ramenée à une équation du 10ᵉ degré.

63. Ce qui précède ramène encore à la possibilité de décomposer toute équation du quatrième degré dont les coefficiens sont réels, en deux facteurs réels du second, mais par un chemin qui présente quelques circonstances remarquables. Je suppose, pour simplifier les calculs, qu'on ait fait disparaître le second terme de cette équation ; l'équation (R) devenant

$$A^6 + 2QA^4 + (Q^2 - 4S)A^2 - R^2 = 0 \quad (R'),$$

Compl. des Elém. d'Alg. 9

son dernier terme sera essentiellement négatif ; elle aura donc deux racines réelles, l'une positive et l'autre négative (*Elém.*, 214). L'expression de B, trouvée dans le n° précédent, réduite à

$$B = \frac{A(Q + A^2) - R}{2A},$$

donnera nécessairement une valeur réelle pour B, et les équations

$$A' = P - A, \text{ ou } A' = -A, \text{ et } B' = \frac{S}{B}$$

en donneront aussi de réelles pour A' et B' ; ainsi les facteurs supposés seront réels.

Il y a cependant un cas particulier où on ne pourrait les déterminer par les formules ci-dessus. Ce cas répond à $R = 0$; on a alors

$$A = 0 \text{ et } B = \tfrac{0}{0},$$

expression indéterminée (*Elém.*, 69). L'expression générale de B se trouve en défaut dans ce cas, parce qu'à une même valeur de A il en correspond deux de B (*Elém.*, 191). En effet, si l'on reprend les quatre équations primitives entre les inconnues A, A', B et B', on les réduit à

$$A' = 0, \quad B + B' = Q, \quad BB' = S,$$

à cause de $A = 0$, de $P = 0$ et de $R = 0$; en sorte que B et B' sont les racines de l'équation du second degré

$$B^2 - QB + S = 0,$$

et que les facteurs sont par conséquent

$$x^2 + B, \quad x^2 + B',$$

ou

$$x^2 + \tfrac{1}{2}Q + \sqrt{\tfrac{1}{4}Q^2 - S}, \quad x^2 + \tfrac{1}{2}Q - \sqrt{\tfrac{1}{4}Q^2 - S};$$

on les déduirait de même de la proposée, qui devient

$$x^4 + Qx^2 + S = 0.$$

Ces facteurs seront imaginaires si S, étant positive, surpasse $\frac{1}{4}Q^2$; mais ils conduiront à d'autres facteurs réels. En faisant, pour abréger,

$$\tfrac{1}{2}Q = a, \quad \tfrac{1}{4}Q^2 - S = -b^2,$$

et résolvant ensuite les équations

$$x^2 + a + b\sqrt{-1} = 0, \quad x^2 + a - b\sqrt{-1} = 0,$$

on aura les quatre facteurs du premier degré

$$x + \sqrt{-a - b\sqrt{-1}} \ (1), \quad x + \sqrt{-a + b\sqrt{-1}} \ (3),$$
$$x - \sqrt{-a - b\sqrt{-1}} \ (2), \quad x - \sqrt{-a + b\sqrt{-1}} \ (4),$$

dont le produit forme la proposée. Si maintenant on multiplie entre eux les facteurs (1) et (4), puis (2) et (3), en observant que

$$\sqrt{-a \mp b\sqrt{-1}} = \sqrt{-1}\cdot\sqrt{a \pm b\sqrt{-1}},$$

on aura deux nouveaux facteurs du second degré,

$$x^2 + \sqrt{-1}\{\sqrt{a + b\sqrt{-1}} - \sqrt{a - b\sqrt{-1}}\}x + \sqrt{a^2 + b^2},$$
$$x^2 - \sqrt{-1}\{\sqrt{a + b\sqrt{-1}} - \sqrt{a - b\sqrt{-1}}\}x + \sqrt{a^2 + b^2},$$

qui, d'après le n° 35, reviennent à

$$x^2 + x\sqrt{2\sqrt{a^2 + b^2} - 2a} + \sqrt{a^2 + b^2},$$
$$x^2 - x\sqrt{2\sqrt{a^2 + b^2} - 2a} + \sqrt{a^2 + b^2},$$

et sont par conséquent réels.

On voit par là que les facteurs du second degré trou-

9..

vés en premier lieu, n'étaient imaginaires que par l'effet d'une combinaison particulière des facteurs du premier.

De l'évanouissement des radicaux, et de la manière de former une équation, lorsqu'on a l'expression de sa racine.

64. Outre les moyens analogues à celui dont on s'est servi dans le n° 186 des *Élémens*, pour faire évanouir les radicaux, il en existe un autre qu'il est bon de connaître, et qui consiste à former en même temps toutes les racines de l'équation d'où doit dépendre la quantité proposée.

Pour prendre d'abord l'exemple le plus simple, soit $x = \sqrt{A}$; il est évident que puisqu'un radical quarré peut être affecté indifféremment du signe $+$ ou du signe $-$, on doit regarder $x = -\sqrt{A}$ comme la seconde racine de l'équation d'où dépend la première. Multipliant les deux facteurs $x - \sqrt{A}$, $x + \sqrt{A}$, l'un par l'autre, et égalant le produit à zéro, on trouvera

$$x^2 - A = 0,$$

pour l'équation rationnelle à laquelle appartient $x = \sqrt{A}$.

Si l'on avait $x = \sqrt[3]{A}$, on mettrait successivement dans cette équation les trois racines cubiques de la quantité A (*Élém.*, 159), et faisant, pour abréger,

$$\frac{-1 + \sqrt{-3}}{2} = \alpha, \quad \frac{-1 - \sqrt{-3}}{2} = \beta,$$

il viendrait

$$x = \sqrt[3]{A}, \quad x = \alpha\sqrt[3]{A}, \quad x = \beta\sqrt[3]{A},$$

ce qui donnerait les facteurs

$$x - \sqrt[3]{A}, \quad x - \alpha\sqrt[3]{A}, \quad x - \beta\sqrt[3]{A},$$

dont le produit serait

$$
\left.\begin{array}{l}
x^3 - \sqrt[3]{A} \\
\ \ \ - \alpha\sqrt[3]{A} \\
\ \ \ - \beta\sqrt[3]{A}
\end{array}\right\}
\left.\begin{array}{l}
x^2 + \alpha\sqrt[3]{A^2} \\
\ \ \ + \beta\sqrt[3]{A^2} \\
\ \ \ + \alpha\beta\sqrt[3]{A^2}
\end{array}\right\}
\left.\begin{array}{l}
x - \alpha\beta A
\end{array}\right\} = 0.
$$

Mais puisque 1, α et β sont les trois racines de l'équation $y^3 - 1 = 0$, qui n'a ni second ni troisième terme, il s'ensuit que

$$1 + \alpha + \beta = 0, \quad \alpha + \beta + \alpha\beta = 0, \quad 1 \times \alpha \times \beta = \alpha\beta = 1, $$

et que par conséquent le produit ci-dessus se réduit à

$$x^3 - A = 0,$$

comme on devait s'y attendre.

65. Je passe maintenant à l'expression

$$x = \sqrt[3]{A} + \sqrt[3]{B}.$$

Pour obtenir toutes les racines de l'équation de laquelle doit dépendre la quantité $\sqrt[3]{A} + \sqrt[3]{B}$, il faut combiner de toutes les manières possibles les diverses expressions dont sont susceptibles les racines cubiques de A et de B. On formera ainsi neuf valeurs de x, dont on tirera les facteurs suivans,

$$x - \sqrt[3]{A} - \sqrt[3]{B}, \quad x - \alpha\sqrt[3]{A} - \sqrt[3]{B}, \quad x - \sqrt[3]{A} - \alpha\sqrt[3]{B},$$
$$x - \alpha\sqrt[3]{A} - \alpha\sqrt[3]{B}, \quad x - \alpha\sqrt[3]{A} - \beta\sqrt[3]{B}, \quad x - \beta\sqrt[3]{A} - \alpha\sqrt[3]{B},$$
$$x - \beta\sqrt[3]{A} - \beta\sqrt[3]{B}, \quad x - \beta\sqrt[3]{A} - \sqrt[3]{B}, \quad x - \sqrt[3]{A} - \beta\sqrt[3]{B};$$

et si on les multiplie entre eux, on parviendra à un produit qui ne renfermera que des fonctions symétriques des quantités α et β. Ces fonctions s'obtiendront en cherchant, par les formules du n° 15, les sommes

$1 + \alpha^2 + \beta^2$, $1 + \alpha^3 + \beta^3$ des puissances des racines de l'équation $y^3 - 1 = 0$; mais ce calcul peut s'effectuer d'une manière plus simple, en faisant à chaque multiplication partielle les réductions qui se présentent en vertu des équations $1 + \alpha + \beta = 0$, $\alpha + \beta + \alpha\beta = 0$, $\alpha\beta = 1$, rapportées plus haut, et en observant que $\alpha^2 = \beta$ et $\beta^2 = \alpha$: l'opération étant finie, il ne restera aucun terme irrationnel.

66. Il est facile de voir que le procédé indiqué ci-dessus n'est autre chose que l'élimination effectuée par un moyen analogue à celui du n.º 10. En effet, ayant posé les équations à deux termes $t^3 - A = 0$, $u^3 - B = 0$, d'où il résulte $x - t - u = 0$, si l'on substitue dans cette dernière, au lieu de u et de t, toutes les valeurs que peuvent avoir ces inconnues, et qu'on multiplie entre eux les résultats, ils seront des fonctions symétriques des racines des équations $t^3 - A = 0$, $u^3 - B = 0$, et pourront par conséquent s'exprimer d'une manière rationnelle.

En commençant par éliminer t, ce qui se fera en multipliant entre elles les trois quantités

$$x - u - \sqrt[3]{A}, \quad x - u - \alpha\sqrt[3]{A}, \quad x - u - \beta\sqrt[3]{A},$$

qui résultent de la substitution des trois racines de l'équation $t^3 - A = 0$, dans $x - t - u = 0$, il viendra

$$\left(\begin{matrix}(x-u)^3 - \\ -\alpha \\ -\beta\end{matrix}\sqrt[3]{A}\right)\left((x-u)^2 + \begin{matrix}\alpha \\ +\beta \\ +\alpha\beta\end{matrix}\sqrt[3]{A^2}\right)(x-u) - \alpha\beta A = 0,$$

ce qui se réduit à

$$(x - u)^3 - A = 0.$$

Mettant ensuite, au lieu de u, ses trois valeurs

$$\sqrt[3]{B}, \quad \alpha\sqrt[3]{B}, \quad \beta\sqrt[3]{B},$$

il viendra

$$(x - \sqrt[3]{B})^3 - A, \quad (x - \alpha\sqrt[3]{B})^3 - A, \quad (x - \beta\sqrt[3]{B})^3 - A ;$$

développant ces quantités, et faisant leur produit avec l'attention de réduire toujours les fonctions de α et de β, d'après les relations établies dans le n° précédent, on retombera encore sur le même résultat.

Je ne rapporte point ici le calcul, qui serait assez long, et je n'ai un peu insisté sur la méthode, que parce qu'elle a l'avantage de faire voir *à priori* à quel degré doit monter l'équation rationnelle dont on a la racine.

J'observerai que l'exemple ci-dessus peut encore être traité d'une manière beaucoup plus simple, ainsi qu'on l'a fait n° 3o; car si l'on élève au cube les deux membres de l'équation $x = \sqrt[3]{A} + \sqrt[3]{B}$, on aura

$$x^3 = A + 3\sqrt[3]{A^2 B} + 3\sqrt[3]{A B^2} + B ;$$

transposant dans le premier membre les termes A et B, il viendra

$$x^3 - A - B = 3\sqrt[3]{A^2 B} + 3\sqrt[3]{A B^2} ;$$

mais

$$\sqrt[3]{A^2 B} + \sqrt[3]{A B^2} = \sqrt[3]{A B}(\sqrt[3]{A} + \sqrt[3]{B}) = x\sqrt[3]{A B} ;$$

donc

$$x^3 - A - B = 3x\sqrt[3]{A B} ;$$

cubant les deux membres de cette équation, on aura

$$(x^3 - A - B)^3 = 27 A B x^3,$$

résultat rationnel facile à développer.

67. On peut, par ce qui précède, trouver le facteur par lequel une fonction irrationnelle proposée étant multipliée, il en résulte un produit délivré de radicaux. En effet, si l'on forme toutes les racines de l'équation d'où dépend l'expression irrationnelle proposée, leur produit, abstraction faite de son signe, étant égal au dernier terme de cette équation, sera rationnel; et par conséquent le produit de toutes celles qui sont différentes de la proposée, donnera le facteur demandé.

Ayant, par exemple, $x = \sqrt[3]{A} + \sqrt[3]{B}$, si on fait le produit des huit autres valeurs de x, ce produit sera tel, qu'étant multiplié par $\sqrt[3]{A} + \sqrt[3]{B}$, il en résultera une quantité rationnelle égale au dernier terme de l'équation finale en x, pris avec un signe contraire.

68. Euler ayant remarqué que dans les équations du deuxième et du troisième degré, sans second terme, les racines étaient de la forme $x = \sqrt[2]{A}$, $x = \sqrt[3]{A} + \sqrt[3]{B}$, conjectura que celles des équations du quatrième et du cinquième degré pourraient être représentées par

$$x = \sqrt[4]{A} + \sqrt[4]{B} + \sqrt[4]{C}, \quad x = \sqrt[5]{A} + \sqrt[5]{B} + \sqrt[5]{C} + \sqrt[5]{D},$$

et qu'en général la racine de l'équation du degré n serait de la forme

$$x = \sqrt[n]{A} + \sqrt[n]{B} + \sqrt[n]{C} + \sqrt[n]{D} + \sqrt[n]{E} + \text{etc.},$$

le nombre des radicaux étant $n - 1$.

Après avoir mis ainsi en évidence dans chaque degré les radicaux de ce degré, il pensa que les quantités A, B, C, D, etc., ne pouvaient renfermer que des radicaux d'un degré inférieur, et ne dépendraient par conséquent que d'équations d'un degré inférieur à la proposée; mais une observation plus attentive de la forme des racines des équations du troisième et du quatrième degré, et la difficulté qu'il éprouva à former l'équation du cinquième, d'après la racine qu'il lui supposait, le déterminèrent à modifier la forme de cette racine. Il prit la loi suivante :

2ᵉ degré $x = A\sqrt[2]{u}$,

3ᵉ $\quad x = A\sqrt[3]{u} + B\sqrt[3]{u^2}$,

4ᵉ $\quad x = A\sqrt[4]{u} + B\sqrt[4]{u^2} + C\sqrt[4]{u^3}$,

5ᵉ $\quad x = A\sqrt[5]{u} + B\sqrt[5]{u^2} + C\sqrt[5]{u^3} + D\sqrt[5]{u^4}$,

et en général,

$$x = A\sqrt[n]{u} + B\sqrt[n]{u^2} + C\sqrt[n]{u^3} + D\sqrt[n]{u^4} + \ldots + M\sqrt[n]{u^{n-1}},$$

les quantités A, B, C, D.... M et u étant indéterminées.

Les formules ci-dessus contiennent implicitement toutes les racines de l'équation dont elles dépendent. Pour le troisième degré, par exemple, la racine cubique de u ayant trois expressions, savoir,

$$\sqrt[3]{u}, \quad \alpha\sqrt[3]{u}, \quad \beta\sqrt[3]{u},$$

son quarré en aura pareillement trois, qui seront

$$\sqrt[3]{u^2}, \quad \alpha^2\sqrt[3]{u^2}, \quad \beta^2\sqrt[3]{u^2},$$

et en combinant chacune de ces valeurs avec sa correspondante, on formera les trois racines

$$x = A\sqrt[3]{u} + B\sqrt[3]{u^2}, \quad x = A\alpha\sqrt[3]{u} + B\alpha^2\sqrt[3]{u^2}, \quad x = A\beta\sqrt[3]{u} + B\beta^2\sqrt[3]{u^2}.$$

Rien n'est plus facile maintenant (8 et 15) que de

remonter à l'équation d'où dérivent les racines ci-dessus, et on trouvera

$$x^3 - 3ABux - A^3u - B^3u^2 = 0.$$

En comparant cette résultante avec

$$x^3 + px + q = 0,$$

il vient

$$p = -3ABu, \quad q = -A^3u - B^3u^2.$$

Comme il y a dans ces deux équations trois indéterminées, A, B et u, on peut s'en donner une à volonté.
Euler a fait $A = 1$, ce qui donne $B = -\dfrac{p}{3u}$. Substituant dans l'expression de q, on obtient

$$q = -u + \frac{p^3}{27u},$$

et par conséquent,

$$u^2 + qu = \frac{p^3}{27},$$

d'où $\qquad u = -\tfrac{1}{2}q \pm \sqrt{\tfrac{1}{27}p^3 + \tfrac{1}{4}q^2}.$

De $q = -A^3u - B^3u^2$, on tire

$$B^3u^2 = -q - A^3u = -\tfrac{1}{2}q \mp \sqrt{\tfrac{1}{27}p^3 + \tfrac{1}{4}q^2};$$

donc enfin

$$A\sqrt[3]{u} = \sqrt[3]{-\tfrac{1}{2}q \pm \sqrt{\tfrac{1}{27}p^3 + \tfrac{1}{4}q^2}},$$

$$B\sqrt[3]{u^2} = \sqrt[3]{-\tfrac{1}{2}q \mp \sqrt{\tfrac{1}{27}p^3 + \tfrac{1}{4}q^2}}.$$

Ces expressions donnent pour x, la valeur du n° 19.

Au lieu de former l'équation

$$x^3 - 3ABux - A^3u - B^3u^2 = 0$$

à priori, comme je l'ai indiqué ci-dessus, Euler se

sert d'un moyen qui peut être commode dans beaucoup d'occasions, pour reconnaître si une expression proposée est la racine d'une équation donnée. Il
substitue dans l'équation $x^3 + px + q = o$, au lieu de
x et de x^3, les valeurs

$$A\sqrt[3]{u} + B\sqrt[3]{u^2}, \quad (A\sqrt[3]{u} + B\sqrt[3]{u^2})^3,$$

ce qui donne

$$\left.\begin{array}{l} A^3u + 3A^2Bu\sqrt[3]{u} + 3AB^2u\sqrt[3]{u^2} + B^3u^2 \\ + pA\sqrt[3]{u} + pB\sqrt[3]{u^2} + q \end{array}\right\} = o.$$

Pour que la valeur $A\sqrt[3]{u} + B\sqrt[3]{u^2}$ convienne à tous
les cas de l'équation $x^3 + px + q = o$, il faut que
l'équation ci-dessus puisse avoir lieu, quand même $\sqrt[3]{u}$
et $\sqrt[3]{u^2}$ seraient des quantités irrationnelles différentes.
Il suit de là que les termes rationnels doivent se détruire
à part, ainsi que les termes irrationnels : on doit donc
avoir séparément

$$A^3u + B^3u^2 + q = o, \quad 3A^2Bu + pA = o, \quad 3AB^2u + pB = o;$$

les deux dernières équations ne sont autres que ....
$3ABu + p = o$, multipliée d'abord par A et ensuite
par B. Ce procédé conduit, comme on voit, au même
résultat que le précédent.

69. Je ne suivrai point Euler dans les détails de
l'application de sa méthode au quatrième et au cinquième degré ; je me bornerai à donner l'expression
des racines, et pour cela, je ferai d'abord observer
que celles de l'équation $y^4 - 1 = o$ sont

$$y = 1, \quad y = -1, \quad y = +\sqrt{-1}, \quad y = -\sqrt{-1}.$$

En multipliant par ces valeurs la quantité $\sqrt[4]{u}$, on aura les quatre expressions dont elle est susceptible ; formant ensuite leur quarré et leur cube, on trouvera les diverses expressions de $\sqrt[4]{u^2}$ et de $\sqrt[4]{u^3}$; et combinant ensemble les résultats fournis par une même valeur de y, on aura

$$x = \quad A\sqrt[4]{u} + B\sqrt[4]{u^2} + C\sqrt[4]{u^3},$$

$$x = -\ A\sqrt[4]{u} + B\sqrt[4]{u^2} - C\sqrt[4]{u^3},$$

$$x = \quad A\sqrt{-1}\ .\ \sqrt[4]{u} - B\sqrt[4]{u^2} - C\sqrt{-1}\ .\ \sqrt[4]{u^3},$$

$$x = -\ A\sqrt{-1}\ .\ \sqrt[4]{u} - B\sqrt[4]{u^2} + C\sqrt{-1}\ .\ \sqrt[4]{u^3}.$$

L'équation dont on vient de former les racines étant obtenue, on la comparera à $x^4 + px^2 + qx + r = 0$; et comme on n'aura encore que trois équations, on pourra prendre arbitrairement l'une des quatre indéterminées A, B, C, u. Euler fait ici $B = 1$, et parvient, par ce moyen, à une équation du troisième degré en u ; mais s'il eût fait $u = 1$, et qu'il eût voulu déterminer B, il serait tombé sur une du sixième, et sur une du vingt-quatrième, s'il avait cherché A ou C.

En désignant par α, β, γ et δ les quatre racines de l'équation $y^5 - 1 = 0$, autres que l'unité, les cinq expressions de $\sqrt[5]{u}$ seront

$$\sqrt[5]{u}, \quad \alpha\sqrt[5]{u}, \quad \beta\sqrt[5]{u}, \quad \gamma\sqrt[5]{u}, \quad \delta\sqrt[5]{u};$$

et en formant leurs puissances, on trouvera que les racines de l'équation du cinquième degré seront

$$x = A\ \sqrt[5]{u} + \quad B\sqrt[5]{u^2} + \quad C\sqrt[5]{u^3} + \quad D\sqrt[5]{u^4},$$

$$x = A\alpha\sqrt[5]{u} + B\alpha^2\sqrt[5]{u^2} + C\alpha^3\sqrt[5]{u^3} + D\alpha^4\sqrt[5]{u^4},$$

$$x = A\beta\sqrt[5]{u} + B\beta^2\sqrt[5]{u^2} + C\beta^3\sqrt[5]{u^3} + D\beta^4\sqrt[5]{u^4},$$

$$x = A\gamma\sqrt[5]{u} + B\gamma^2\sqrt[5]{u^2} + C\gamma^3\sqrt[5]{u^3} + D\gamma^4\sqrt[5]{u^4},$$

$$x = A\delta\sqrt[5]{u} + B\delta^2\sqrt[5]{u^2} + C\delta^3\sqrt[5]{u^3} + D\delta^4\sqrt[5]{u^4}.$$

Pour former l'équation à laquelle appartiennent ces racines, Euler emploie le procédé du n° 9 ; mais, quoique bien simplifié par ce moyen, le calcul est trop long pour trouver place ici. (Voy. les *Novi Comment. Acad. Petrop*, tom. IX, pag. 88.)

70. On peut aussi se servir du procédé indiqué dans le n° 66, pour former l'équation dont la racine est

$$x = A\sqrt[n]{u} + B\sqrt[n]{u^2} + C\sqrt[n]{u^3} + D\sqrt[n]{u^4}\dots + M\sqrt[n]{u^{n-1}},$$

on fera $\sqrt[n]{u} = y$, et on aura à éliminer y entre les deux équations

$$y^n - u = 0,$$
$$x = Ay + By^2 + Cy^3 + Dy^4\dots + My^{n-1}.$$

L'équation finale ne montera qu'au degré n (10), et n'aura point de second terme ; en la comparant terme à terme avec la formule générale

$$x^n + Px^{n-2} + Qx^{n-3}\dots + U = 0,$$

on obtiendra un nombre $n-1$ d'équations ; et comme il y entrera n indéterminées, A, B, C, $\dots$ u, on pourra se donner une de ces indéterminées à volonté. Si l'on fait, par exemple, $u = 1$, on tombe sur les deux équations auxiliaires

$$y^n - 1 = 0,$$
$$x = Ay + By^2 + Cy^3 + Dy^4\dots + My^{n-1},$$

employées par Bézout dans la méthode qu'il a proposée pour résoudre les équations (*Mém. de l'Acad. de Paris*, année 1765, p. 533), et qui revient, ainsi qu'on le voit, à celle d'Euler.

Pour former, par l'une ou par l'autre des méthodes exposées ci-dessus, l'équation dont on a la racine, on ne rencontre d'autre difficulté que la longueur des calculs; mais lorsqu'on cherche à déterminer les quantités A, B, C,... u, par la comparaison du résultat avec l'équation générale du degré n, on tombe dans des calculs presque impraticables qui conduiraient à une équation finale, ou une réduite, dont le degré surpasserait de beaucoup celui de la première.

71. Il est visible que lorsqu'on prend une expression radicale qui ne contient pas autant d'indéterminées que l'équation générale du degré auquel elle se rapporte renferme de coefficiens, l'évanouissement des radicaux ne conduit qu'à une équation particulière; je vais en donner un exemple.

Soit seulement l'expression

$$x = \sqrt[n]{A} + \sqrt[n]{B};$$

l'équation qui la détermine s'obtiendrait bien par le dernier procédé du n° 66; mais on parvient plus aisément à la loi que suivent les termes de cette équation, en formant les valeurs des expressions

$$\sqrt[n]{A^2} + \sqrt[n]{B^2}, \quad \sqrt[n]{A^3} + \sqrt[n]{B^3}, \text{ etc.,}$$

au moyen de cette relation générale,

$$\sqrt[n]{A^{m+1}} + \sqrt[n]{B^{m+1}} = (\sqrt[n]{A^m} + \sqrt[n]{B^m})(\sqrt[n]{A} + \sqrt[n]{B})$$
$$- (\sqrt[n]{A^{m-1}} + \sqrt[n]{B^{m-1}})\sqrt[n]{AB},$$

analogue à celle qui est désignée par (A) dans le n° 56.

Si l'on remplace $\sqrt[n]{A} + \sqrt[n]{B}$ par x, et qu'on fasse

$AB = b$, on aura la formule

$$\sqrt[n]{A^{m+1}} + \sqrt[n]{B^{m+1}} = (\sqrt[n]{A^m} + \sqrt[n]{B^m})x$$
$$- (\sqrt[n]{A^{m-1}} + \sqrt[n]{B^{m-1}})\sqrt[n]{b},$$

dont on tirera le tableau ci-dessous,

$$\sqrt[n]{A^2} + \sqrt[n]{B^2} = x^2 - 2\sqrt[n]{b},$$
$$\sqrt[n]{A^3} + \sqrt[n]{B^3} = x^3 - 3x\sqrt[n]{b},$$
$$\sqrt[n]{A^4} + \sqrt[n]{B^4} = x^4 - 4x^2\sqrt[n]{b} + 2\sqrt[n]{b^2},$$
$$\sqrt[n]{A^5} + \sqrt[n]{B^5} = x^5 - 5x^3\sqrt[n]{b} + 5x\sqrt[n]{b^2},$$

etc.

Les coefficiens numériques compris dans ce tableau sont et doivent être les mêmes que ceux du tableau de la page 118, et par conséquent une induction semblable à celle qu'on a indiquée dans le n° 56, fera voir que

$$\sqrt[n]{A^m} + \sqrt[n]{B^m} = x^m - \frac{m}{1}x^{m-2}\sqrt[n]{b} + \frac{m(m-3)}{1.2}x^{m-4}\sqrt[n]{b^2}$$

$$- \frac{m(m-4)(m-5)}{1.2.3}x^{m-6}\sqrt[n]{b^3} + \text{etc.}$$

Posant maintenant $m = n$ et $A + B = a$, on aura, à cause de $\sqrt[n]{A^n} + \sqrt[n]{B^n} = A + B$, l'équation,

$$x^n - \frac{n}{1}x^{n-2}\sqrt[n]{b} + \frac{n(n-3)}{1.2}x^{n-4}\sqrt[n]{b^2} - \frac{n(n-4)(n-5)}{1.2.3}x^{n-6}\sqrt[n]{b^3}$$

$$+ \frac{n(n-5)(n-6)(n-7)}{1.2.3.4}x^{n-8}\sqrt[n]{b^4} - \text{etc.} = a,$$

dont une racine est

$$x = \sqrt[n]{A} + \sqrt[n]{B}.$$

En la comparant avec les équations générales des 3e, 4e, 5e, etc. degrés, on reconnaîtra quelles sont les équations de ces divers degrés ayant une racine de la forme

$$\sqrt[n]{A} + \sqrt[n]{B}.$$

1°. Quand $n = 3$, on a

$$x^3 + px + q = 0, \qquad x^3 - 3x\sqrt[3]{b} - a = 0 ;$$

il vient $\qquad p = -3\sqrt[3]{b}, \qquad\qquad q = -a,$

d'où $\qquad\qquad\qquad b = -\tfrac{1}{27} p^3 ;$

et comme on a fait

$$A + B = a, \qquad\qquad AB = b,$$

A et B seront les racines de l'équation

$$A^2 + qA - \tfrac{1}{27} p^3 = 0,$$

ce qui rentre dans les solutions du troisième degré, données n°s 19 et 68.

2°. Quand $n = 4$, on a

$$x^4 + px^2 + qx + r = 0,$$

$$x^4 - 4x^2\sqrt[4]{b} + 2\sqrt[4]{b^2} - a = 0,$$

La comparaison de ces deux formules donne

$$p = -4\sqrt[4]{b}, \quad q = 0, \quad r = 2\sqrt[4]{b^2} - a.$$

L'équation $q = 0$ est la condition qui restreint l'équation proposée ; et lorsqu'elle a lieu, on trouve

$$b = \tfrac{1}{256} p^4, \quad a = \tfrac{1}{8} p^2 - r,$$
$$A^2 - (\tfrac{1}{8} p^2 - r) A + \tfrac{1}{256} p^4 = 0 ;$$

l'équation du quatrième degré qu'on résout par ces formules, est

$$x^4 + px^2 + r = 0.$$

3°. Quand $n = 5$, on a

$$x^5 + px^3 + qx^2 + rx + s = 0,$$
$$x^5 - 5x^3 \sqrt[5]{b} + 5x \sqrt[5]{b^2} - a = 0,$$

d'où l'on déduit

$$p = -5\sqrt[5]{b}, \quad q = 0, \quad r = 5\sqrt[5]{b^2}, \quad s = -a.$$

On retrouve dans ce degré la condition $q = 0$, déjà exigée pour le précédent; et les équations

$$p = -5\sqrt[5]{b}, \qquad r = 5\sqrt[5]{b^2}$$

donnent de plus, par l'élimination de b, cette relation entre p et r : $\qquad p^2 = 5r.$

Lorsqu'elle a lieu, il en résulte

$$b = -\frac{1}{5^5} p^5, \qquad a = -s,$$

$$A^2 + sA - \frac{1}{5^5} p^5 = 0,$$

et l'équation résolue est

$$x^5 + px^3 + \tfrac{1}{5}p^2 x + s = 0.$$

Je ne pousserai pas plus loin cet examen; mais je ferai remarquer, 1°. que les quantités A et B étant données par une équation de la forme

$$A^2 - aA + b = 0,$$

la racine de l'équation proposée sera

$$x = \sqrt[n]{\tfrac{1}{2}a + \sqrt{\tfrac{1}{4}a^2 - b}} + \sqrt[n]{\tfrac{1}{2}a - \sqrt{\tfrac{1}{4}a^2 - b}},$$

résultat auquel on peut appliquer les réflexions du n° 29, et qui fait voir par conséquent que le cas irréductible a lieu dans les équations des degrés supérieurs au troisième.

Compl. des Elém. d'Alg. 10

2°. Que l'expression $\sqrt[n]{A} + \sqrt[n]{B}$ donne en même temps toutes les racines de l'équation correspondante, lorsque l'on combine deux à deux les n valeurs dont est susceptible chacune des quantités $\sqrt[n]{A}$ et $\sqrt[n]{B}$, de manière que leur produit se réduise à $\sqrt[n]{AB}$; c'est-à-dire que si l'on prend $\alpha\sqrt[n]{A}$ et $\beta\sqrt[n]{B}$, on ait $\alpha\beta = 1$. Avec cette attention, on trouve (15) que les n valeurs de x sont

$$x = \alpha \sqrt[n]{A} + \alpha^{n-1} \sqrt[n]{B},$$
$$x = \alpha^2 \sqrt[n]{A} + \alpha^{n-2} \sqrt[n]{B},$$
$$x = \alpha^3 \sqrt[n]{A} + \alpha^{n-3} \sqrt[n]{B},$$
$$\dots\dots\dots\dots\dots\dots\dots$$
$$x = \alpha^{n-1} \sqrt[n]{A} + \alpha \sqrt[n]{B} \ (*).$$

De quelques transformations qui conduisent à la résolution des équations des quatre premiers degrés.

72. Le nombre des moyens que les algébristes ont tentés pour résoudre les équations littérales, est trop grand pour entreprendre de les faire tous connaître; il en est cependant encore deux que je vais exposer, parce qu'ils sont remarquables, soit par la source dont

---

(*) Lorsque les équations particulières que je considère ici tombent dans le cas irréductible, elles ont toutes leurs racines réelles et se rapportent à la division d'un arc de cercle en n parties égales, ce qui fourni un moyen très simple de les résoudre avec le secours des tables trigonométriques. Voyez mon *Traité du Calcul différentiel et du Calcul intégral*, t. I, Introduction.

ils dérivent, soit par leur simplicité : le premier est la méthode de Tschirnaüs.

Cette méthode semble promettre la résolution des équations d'un degré quelconque, et elle offre le moyen le plus naturel qu'on puisse désirer pour résoudre les équations du deuxième, du troisième et du quatrième degrés ; mais malgré son succès dans ces degrés, elle est inférieure à toutes les autres méthodes connues, par la longueur des calculs qu'elle entraîne : cependant, j'en vais tracer une esquisse, en faveur de ceux qui veulent connaître toutes les richesses de l'Analyse.

En faisant disparaître, par la supposition de. .'.... $y = x + a$, le second terme de l'équation $y^2 + Py + Q = 0$, on la réduit à la forme $x^2 + B = 0$, laquelle se résout sur-le-champ par l'extraction de la racine quarrée, et donne $x = \pm \sqrt{-B}$. En effet, en substituant $x + a$ à la place de y dans l'équation proposée, elle devient

$$\left.\begin{array}{l} x^2 + 2ax + a^2 \\ + Px + Pa \\ + Q \end{array}\right\} = 0,$$

et, si l'on égale à zéro la quantité $2a + P$, coefficient de x, elle se réduit à

$$x^2 + a^2 + Pa + Q = 0,$$

ce qui donne

$$B = a^2 + Pa + Q \ ;$$

mais de $2a + P = 0$, il résulte

$$a = -\tfrac{1}{2}P, \quad B = -\tfrac{1}{4}P^2 + Q,$$

et par conséquent,

$$x = \pm \sqrt{\tfrac{1}{4}P^2 - Q},$$

et $\quad y = a + x = -\tfrac{1}{2}P \pm \sqrt{\tfrac{1}{4}P^2 - Q}.$

10..

73. De même, si l'on pouvait faire disparaître le 2e et le 3e terme de l'équation

$$y^3 + Py^2 + Qy + R = 0,$$

la transformée, réduite à son premier et à son dernier terme, se résoudrait par la seule extraction de la racine cubique.

La substitution de $x + a$ à la place de y, dans une équation en y, n'est propre qu'à faire disparaître un seul terme, puisqu'elle n'introduit qu'une seule quantité indéterminée a (*); mais si, au lieu de l'équation hypothétique $y = x + a$, on prend $y^2 = x + a + by$, on peut faire disparaître deux termes de l'équation en x, en déterminant convenablement les quantités a et b, sur lesquelles il n'y a rien de statué par l'énoncé de la question.

Dans ce cas, l'équation en x n'est pas aussi aisée à former que lorsqu'on change seulement y en $x + a$; mais cependant elle est encore du même degré que la proposée, comme on peut s'en assurer par le procédé d'élimination indiqué dans le n° 10; car si l'on désigne par α, β et γ les trois racines de l'équation

$$y^3 + Py^2 + Qy + R = 0,$$

d'après ce procédé, l'équation finale en x résultera du produit des trois quantités

$$\alpha^2 - b\alpha - (a + x),$$
$$\beta^2 - b\beta - (a + x),$$
$$\gamma^2 - b\gamma - (a + x),$$

(*) Ceux qui n'ont pas encore l'habitude de l'Analyse croiraient peut-être gagner quelque chose, en supposant $y = x + a + b$; mais s'ils font le calcul, ils se convaincront bientôt que la quantité $a + b$ se comporte comme si elle était monome, et qu'on ne peut pas déterminer séparément a et b, ni par conséquent faire évanouir plus d'un terme.

qui, nécessairement, ne passera pas le troisième degré; et après qu'on aura chassé les lettres α, β et γ, comme il convient, on aura un résultat que l'on peut représenter par

$$x^3 + Ax^2 + Bx + C = 0 :$$

posant alors

$$A = 0, \quad B = 0,$$

il restera seulement

$$x^3 + C = 0.$$

Si l'on effectue le produit indiqué plus haut, et qu'on exprime, par les coefficiens P, Q et R de l'équation proposée, les fonctions symétriques de α, β et γ, que ce produit renferme, on trouvera sans peine la composition des coefficiens A, B, C de l'équation en x; mais ces résultats, que le lecteur fera bien de chercher pour s'exercer au calcul, sont trop compliqués pour trouver place ici : on en obtiendra de plus simples en supposant qu'on ait déjà fait disparaître le second terme de l'équation proposée. On n'aura plus qu'à éliminer y entre les deux équations

$$y^3 + Qy + R = 0, \quad y^2 = x + a + by,$$

ce qu'on fera ainsi qu'il suit, en posant, pour abréger, $x + a = m$ (*).

L'équation $y^2 = m + by$ étant multipliée par y, donne

$$y^3 = my + by^2, \quad \text{ou} \quad y^3 = my + bm + b^2y,$$

en mettant pour y^2 sa valeur. Substituant ensuite dans la proposée; il viendra

$$my + bm + b^2y + Qy + R = 0;$$

(*) On laisse toujours les deux quantités indéterminées a et b, malgré la disparition du second terme de la proposée, parce que l'équation en x n'en a pas moins un second terme qu'il faut encore faire évanouir.

d'où
$$y = -\frac{bm + R}{m + b^2 + Q};$$

et mettant cette valeur dans l'équation
$$y^2 = m + by,$$

on obtiendra, après les réductions,
$$m^3 + 2Qm^2 + Q^2 \left.\begin{array}{c} \\ + Qb^2 \\ - 3Rb \end{array}\right\} \begin{array}{c} m - R^2 \\ - RQb \\ - Rb^3 \end{array} \right\} = 0.$$

Remplaçant les diverses puissances de m par celles de $x + a$, ordonnant le résultat par rapport aux puissances de x et de a, comparant avec $x^3 + Ax^2 + Bx + C = 0$, il viendra

$A = 3a + 2Q$,
$B = 3a^2 + 4Qa + Qb^2 - 3Rb + Q^2$,
$C = a^3 + 2Qa^2 + Q^2a + Qb^2a - 3Rba - Rb^3 - RQb - R^2$.

Si l'on fait $A = 0$ et $B = 0$, ce qui produit les équations
$$3a + 2Q = 0\dots\dots\dots\dots (1),$$
$$3a^2 + 4Qa + Qb^2 - 3Rb + Q^2 = 0\dots (2),$$

l'équation
$$x^3 + Ax^2 + Bx + C = 0$$

se réduit à
$$x^3 + C = 0,$$

d'où
$$x = -\sqrt[3]{C}.$$

La quantité C sera connue lorsqu'on aura déterminé a et b, ce qui est facile, puisque, d'après l'équation (1), on a
$$a = -\frac{2Q}{3},$$

valeur qui, mise dans l'équation (2), la change en
$$Qb^2 - 3Rb - \tfrac{1}{3}Q^2 = 0,$$

équation du second degré, dont la solution donnera la valeur de b. Je ne m'arrêterai pas à développer l'expression de C, ni à tirer les diverses conséquences qui résultent de cette théorie; mais on suppléera facilement aux détails que j'omets.

Lorsqu'on a déterminé a, b et x, il ne faut pas prendre indistinctement pour y l'une quelconque des racines de l'équation $y^2 = x + a + by$; mais on doit, d'après ce qui a été dit n° 192 des *Élémens*, chercher le diviseur commun qui existe alors entre cette équation et la proposée, ou, ce qui revient au même, substituer les valeurs de a, de b et de x dans l'expression

$$y = -\frac{bm + R}{m + b^2 + Q} = -\frac{b(x + a) + R}{x + a + b^2 + Q},$$

qui a servi à l'élimination de y.

74. En passant au quatrième degré, le même procédé s'applique de deux manières différentes; savoir, en changeant l'équation

$$y^4 + Py^3 + Qy^2 + Ry + S = 0$$

en une autre où les termes affectés de la troisième et de la première puissance de l'inconnue aient disparu, et qui par là soit résoluble à la manière de celles du second degré (*Elém.*, 160), ou bien, comme pour les degrés précédens, en transformant l'équation proposée de manière que la résultante puisse être réduite à son premier et à son dernier terme.

Dans le premier cas, on n'a que deux termes à faire disparaître; il suffit donc de combiner l'équation

$$y^4 + Py^3 + Qy^2 + Ry + S = 0$$

avec l'équation

$$y^2 = x + a + by.$$

En effectuant les calculs nécessaires pour obtenir l'équation.

$$x^4 + Ax^3 + Bx^2 + Cx + D = 0,$$

et posant ensuite

$$A = 0, \qquad C = 0,$$

on aurait

$$x^4 + Bx^2 + D = 0.$$

L'équation $A = 0$ serait encore du premier degré, par rapport aux indéterminées a et b; mais l'équation $C = 0$ monterait au troisième : ainsi la résolution de l'équation proposée se trouverait ramenée à celle d'une équation du troisième degré, et d'une autre du second. Connaissant a, b et x, on trouverait y, comme dans le numéro précédent.

Pour changer l'équation

$$y^4 + Py^3 + Qy^2 + Ry + S = 0$$

en une autre qui n'ait que deux termes, il faut en faire évanouir trois, et l'analogie conduit à poser l'équation

$$y^3 = x + a + by + cy^2,$$

renfermant trois indéterminées a, b et c. Le résultat de l'élimination de y entre cette équation et la proposée étant toujours désigné par

$$x^4 + Ax^3 + Bx^2 + Cx + D = 0,$$

on fera

$$A = 0, \quad B = 0, \quad C = 0,$$

ce qui donnera

$$x^4 + D = 0,$$

mais les indéterminées a, b et c se trouvant au premier degré dans A, au deuxième dans B, au troisième dans C, l'équation d'où dépend la valeur de l'une d'elles montera au sixième degré (14), et sera donc en général plus difficile à résoudre que la proposée elle-même : cependant Lagrange a prouvé qu'elle pourrait encore se ramener à une autre du troisième degré.

75. Quand la proposée sera du cinquième degré, il faudra nécessairement la changer en une autre qui n'ait que deux termes, et pour cela en faire disparaître quatre dans la transformée ; mais la recherche des indéterminées conduira alors à une équation finale d'un degré beaucoup plus élevé que la proposée, et la méthode de Tschirnaüs, de même que toutes les autres méthodes connues, échoue au-delà du quatrième degré.

Tout ce qu'on en peut conclure, c'est la manière de faire disparaître autant de termes qu'on voudra d'une équation quelconque ; car il est facile de généraliser cette marche, et de reconnaître qu'en prenant l'équation subsidiaire

$$y^m = x + a + by + cy^2 \ldots + qy^{m-1},$$

on changera l'équation générale

$$y^n + Py^{n-1} + Qy^{n-2} \ldots + Uy + T = 0$$

en une autre

$$x^n + Ax^{n-1} + Bx^{n-2} \ldots + L = 0,$$

dans laquelle on pourra faire disparaître un nombre de termes égal à m, au moyen des m quantités indéterminées $a, b, c, \ldots q$.

76. Le second moyen, par lequel je terminerai ce que j'ai à dire sur les équations, dérive de celui qu'on attribue à Cardan, ou du moins qu'on employa d'abord pour retrouver l'expression qu'il avait donnée de la première racine de l'équation du troisième degré sans se-

cond terme, moyen que Lagrange a étendu aux équations du quatrième degré (*).

Si l'on fait $x = y + z$, il vient

$$x^3 = y^3 + 3y^2z + 3yz^2 + z^3,$$

résultat qu'on peut mettre sous la forme

$$x^3 - 3yz(y + z) - (y^3 + z^3) = 0,$$

et qui se change en

$$x^3 - 3yz.x - (y^3 + z^3) = 0,$$

quand on y remplace $y + z$ par sa valeur x; comparant alors cette équation avec

$$x^3 + px + q = 0,$$

on en conclut

$$p = - 3yz, \qquad q = - y^3 - z^3.$$

La première de celles-ci donnant

$$yz = - \frac{p}{3} \quad \text{et} \quad y^3 z^3 = - \frac{p^3}{27},$$

on a

$$y^3 + z^3 = - q, \quad y^3 z^3 = - \frac{p^3}{27};$$

et il suit de la théorie de la composition des équations, que y^3 et z^3 seront les racines d'une équation du second degré, ayant q pour coefficient de son second terme, et $- \frac{p^3}{27}$ pour son dernier. Si $t^2 + qt - \frac{1}{27}p^3 = 0$ représente cette équation, et que A et B soient les valeurs

(*) Voy. les *Séances de l'Ecole Normale* (t. III, p. 306), 1re édit.), et le *Journal de l'Ecole Polytechnique* (7e et 8e cahiers, p. 237). Les calculs de ces transformations ont été depuis un peu simplifiés dans l'enseignement de la dernière école, et forment le procédé le plus simple et le plus court pour arriver à la solution des équations du troisième et du quatrième degré.

de t, on aura $y = \sqrt[3]{A}$ et $z = \sqrt[3]{B}$. Les diverses expressions de ces racines satisferaient dans un ordre quelconque aux équations

$$y^3 + z^3 = -q \quad \text{et} \quad y^3 z^3 = -\frac{p^3}{27};$$

mais la dernière de ces équations est plus générale que $yz = -\frac{p}{3}$, d'où elle a été tirée : c'est donc dans celle-ci qu'il faut substituer les valeurs de y pour obtenir celles de z, ou, ce qui revient au même, il faut combiner chacune des expressions

$$\sqrt[3]{A}, \quad \alpha\sqrt[3]{A}, \quad \alpha^2\sqrt[3]{A},$$

avec les suivantes,

$$\sqrt[3]{B}, \quad \alpha\sqrt[3]{B}, \quad \alpha^2\sqrt[3]{B},$$

de manière que le produit se réduise à $\sqrt[3]{AB}$, ce qui ne fournit que ces trois résultats :

$$\sqrt[3]{A} + \sqrt[3]{B},$$
$$\alpha\sqrt[3]{A} + \alpha^2\sqrt[3]{B},$$
$$\alpha^2\sqrt[3]{A} + \alpha\sqrt[3]{B}.$$

Il est facile de voir qu'en mettant pour α et α^2 les valeurs données dans le n°159 des *Élémens*, et pour A et B celles qui résultent de l'équation $t^2 + qt - \frac{1}{27}p^3 = 0$, on retombera sur les expressions obtenues dans le n°19.

Je rappellerai, à cette occasion, que lorsqu'on élève une équation à une puissance, ou qu'on la multiplie par un facteur où se trouve l'inconnue, on introduit de nouvelles racines étrangères à la question proposée.

77. On a résolu l'équation du troisième degré . . . . . $x^3 + px + q = 0$, en supposant $x = y + z$; on résout celle du quatrième degré $x^4 + px^2 + qx + r = 0$ d'une manière analogue, en faisant $x = u + y + z$; car il faut ici trois indéterminées, à cause que l'équation à résoudre a un terme de plus.

De la supposition de $x = u + y + z$, il résulte

$$x^2 = (u + y + z)^2 = u^2 + y^2 + z^2 + 2uy + 2uz + 2yz,$$

ce qu'on peut mettre sous la forme

$$x^2 - (u^2 + y^2 + z^2) = 2(uy + uz + yz);$$

élevant encore une fois au quarré, il viendra

$$x^4 - 2x^2(u^2 + y^2 + z^2) + (u^2 + y^2 + z^2)^2 = 4(uy + uz + yz)^2;$$

développant ici le second membre seul, on trouvera

$$4(uy + uz + yz)^2 = 4(u^2y^2 + u^2z^2 + y^2z^2) + 8(u^2yz + uy^2z + uyz^2)$$
$$= 4(u^2y^2 + u^2z^2 + y^2z^2) + 8uyz(u + y + z);$$

et remplaçant $u + y + z$ par sa valeur x, on aura l'équation

$$x^4 - 2(u^2 + y^2 + z^2) x^2 - 8uyz x$$
$$+ (u^2 + y^2 + z^2)^2 - 4(u^2y^2 + u^2z^2 + y^2z^2) = 0,$$

dont la comparaison avec la proposée donnera les équations

$$p = -2(u^2 + y^2 + z^2), \quad q = -8uyz,$$
$$r = (u^2 + y^2 + z^2)^2 - 4(u^2y^2 + u^2z^2 + y^2z^2).$$

Si l'on met dans la dernière, au lieu de $u^2 + y^2 + z^2$, sa valeur $-\dfrac{p}{2}$ tirée de la première, on aura

$$r = \frac{p^2}{4} - 4(u^2y^2 + u^2z^2 + y^2z^2);$$

d'où l'on conclura, en prenant le quarré de uyz dans la

deuxième, les trois nouvelles équations

$$u^2 + y^2 + z^2 = -\frac{p}{2},$$

$$u^2 y^2 + u^2 z^2 + y^2 z^2 = \frac{p^2}{16} - \frac{r}{4},$$

$$u^2 y^2 z^2 = \frac{q^2}{64},$$

dont la première donne la somme des quarrés des inconnues u, y, z, la seconde celle des produits de ces quarrés combinés deux à deux, et la dernière le produit de tous les trois. En se rappelant la composition des équations (*Elém.* , 183), on voit bientôt que si l'on regarde les quantités u^2, y^2 et z^2 comme les trois valeurs d'une même inconnue t, cette inconnue dépendra de l'équation

$$t^3 + \frac{p}{2} t^2 + \left(\frac{p^2}{16} - \frac{r}{4} \right) t - \frac{q^2}{64} = 0.$$

Désignant par l, m et n les trois racines de cette équation, on aura

$$u^2 = l, \quad y^2 = m, \quad z^2 = n,$$

d'où

$$u = \pm \sqrt{l}, \quad y = \pm \sqrt{m}, \quad z = \pm \sqrt{n},$$

et par conséquent,

$$x = \pm \sqrt{l} \pm \sqrt{m} \pm \sqrt{n}.$$

Cette formule, dans laquelle on peut combiner comme on voudra les signes, équivaut par là aux suivantes :

$$x = + \sqrt{l} + \sqrt{m} + \sqrt{n}, \quad x = -\sqrt{l} - \sqrt{m} - \sqrt{n},$$
$$x = + \sqrt{l} - \sqrt{m} - \sqrt{n}, \quad x = -\sqrt{l} + \sqrt{m} + \sqrt{n},$$
$$x = -\sqrt{l} - \sqrt{m} + \sqrt{n}, \quad x = +\sqrt{l} - \sqrt{m} + \sqrt{n},$$
$$x = -\sqrt{l} + \sqrt{m} - \sqrt{n}, \quad x = +\sqrt{l} + \sqrt{m} - \sqrt{n},$$

et semblerait donner huit valeurs pour l'inconnue x,

qui n'en peut avoir que quatre ; mais en remontant plus haut, on verra que les valeurs de u, y et z doivent satisfaire à l'équation $q = -8uyz$, dont on n'a employé que le quarré. Il faudra donc combiner les signes des valeurs $u = \pm \sqrt{l}$, $y = \pm \sqrt{m}$, $z = \pm \sqrt{n}$, de manière que leur produit soit d'un signe contraire à celui de q, ce qui doit se faire comme dans le n° 34.

Si, dans l'équation

$$t^3 + \frac{p}{2} t^2 + \left(\frac{p^2}{16} - \frac{r}{4} \right) t - \frac{q^2}{64} = 0,$$

l'on fait $t = \frac{s}{4}$, les fractions disparaîtront par la réduction de tous les termes au même dénominateur, et il viendra

$$s^3 + 2ps^2 + (p^2 - 4r)s - q^2 = 0,$$

réduite semblable à celle que l'on a trouvée en z, dans le n° 20. On se convaincra facilement aussi, que les valeurs de x rapportées ci-dessus s'accordent avec celles qu'on déduirait des résultats du même numéro.

Du développement des puissances fractionnaires et négatives en séries.

78. On a vu, dans le n° 235 des *Elémens*, la division, prolongée indéfiniment, donner naissance à une suite infinie qui exprimait, en termes monomes, le développement d'une fraction ; et dans le n° 237, j'ai annoncé que l'extraction des racines conduirait aussi à des séries. Pour offrir un exemple de ce dernier cas, je vais extraire la racine quarrée de $a^2 + b^2$.

$$a^2 + b^2 \qquad\qquad\qquad a + \dfrac{b^2}{2a} - \dfrac{b^4}{8a^3} + \dfrac{b^6}{16a^5} - \text{etc.}$$
$$-a^2$$
$$\overline{+b^2}\qquad\qquad\qquad 2a + \dfrac{b^2}{2a}$$
$$-b^2 - \dfrac{b^4}{4a^2}\qquad\qquad\quad 2a + \dfrac{b^2}{a} - \dfrac{b^4}{8a^3}$$
$$+\dfrac{b^4}{4a^2} + \dfrac{b^6}{8a^4} - \dfrac{b^8}{64a^6}\quad \text{etc.}$$

etc.

La racine quarrée du premier terme étant a, il reste b^2, qu'il faut diviser par $2a$, et écrivant le quotient $\dfrac{b^2}{2a}$ à côté de a, à la racine, on aura $a + \dfrac{b^2}{2a}$ pour les deux premiers termes de cette racine, et $-\dfrac{b^4}{4a^2}$ pour le reste; doublant la racine trouvée, on a $2a + \dfrac{b^2}{a}$, et divisant le reste $-\dfrac{b^4}{4a^2}$ par $2a$, on aura un quotient $-\dfrac{b^4}{8a^3}$, qui sera le troisième terme de la racine. On vérifiera ce terme suivant la règle ordinaire, et on aura un reste $\dfrac{b^6}{8a^4} - \dfrac{b^8}{64a^6}$, sur lequel on opérera comme sur les précédens.

Il serait aisé d'imiter cette opération pour extraire la racine d'un degré plus élevé; mais en considérant les racines comme des puissances fractionnaires, on les déduit plus simplement de la formule du binome, telle qu'elle est présentée dans le n° 144 des *Élémens*.

En effet, si l'on change $\sqrt{a^2 + b^2}$ en $(a^2 + b^2)^{\frac{1}{2}}$, et que l'on fasse $m = \frac{1}{2}$ dans la formule citée, puis qu'on y écrive a^2 pour x, b^2 pour a, il viendra, comme ci-dessus ,

$$\sqrt{a^2 + b^2} = a + \frac{b^2}{2a} - \frac{b^4}{8a^3} + \frac{b^6}{16a^5} - \text{etc.}$$

Cet exemple suffit pour montrer le parti qu'on pourrait tirer de la formule du binome, si l'on était assuré qu'elle eût lieu, quel que fût l'exposant m, ce qu'on ne saurait conclure de la manière dont on y est parvenu dans les *Elémens*, puisqu'elle suppose que m est nécessairement un nombre entier positif. Il faut, en conséquence, soumettre cette formule à de nouvelles vérifications, propres aux différens cas que l'on veut y comprendre.

79. Celle de ces vérifications qui paraît en même temps la plus élémentaire et la plus complète, a été tirée par Euler (*Novi Comment. Acad. Petrop.*, t. XIX, p. 103) de la condition

$$(1 + z)^m (1 + z)^n = (1 + z)^{m+n},$$

qui, exprimant la propriété caractéristique des puissances, doit être remplie, quels que soient les exposans m et n, et sous quelque forme que soient présentés les facteurs du produit.

Or, quand l'exposant est entier, il a été démontré que

$$(1+z)^m = 1 + \frac{m}{1}z + \frac{m(m-1)}{1.2}z^2 + \frac{m(m-1)(m-2)}{1.2.3}z^3 + \text{etc.};$$

on a, dans la même circonstance,

$$(1+z)^n = 1 + \frac{n}{1}z + \frac{n(n-1)}{1.2}z^2 + \frac{n(n-1)(n-2)}{1.2.3}z^3 + \text{etc.},$$

puis

$$(1+z)^{m+n}=1+\frac{m+n}{1}z+\frac{(m+n)(m+n-1)}{1.2}z^2$$
$$+\frac{(m+n)(m+n-1)(m+n-2)}{1.2.3}z^3+\text{etc.};$$

d'où il suit que la troisième série est le produit des deux premières, et que, par conséquent, ce produit se forme en mettant $m+n$ à la place de m dans la première série, ou de n dans la seconde.

Mais puisqu'il n'est pas encore prouvé que le développement de $(1+z)^m$ soit la série $1+\frac{m}{1}z+$ etc., quand l'exposant m n'est pas entier et positif, on ne doit considérer cette série, dont la valeur est liée à celle de m, que comme le développement d'une fonction inconnue de m. En représentant cette fonction par $f(m)$, on aura en général

$$f(m)=1+\frac{m}{1}z+\frac{m(m-1)}{1.2}z^2+\frac{m(m-1)(m-2)}{1.2.3}z^3+\text{etc.};$$

changeant m en n, ce qui est permis, il viendra

$$f(n)=1+\frac{n}{1}z+\frac{n(n-1)}{1.2}z^2+\frac{n(n-1)(n-2)}{1.2.3}z^3+\text{etc.},$$

et par conséquent,

$$f(m)\times f(n)=$$
$$\left\{1+\frac{m}{1}z+\frac{m(m-1)}{1.2}z^2+\frac{m(m-1)(m-2)}{1.2.3}z^3+\text{etc.}\right\}$$
$$\times\left\{1+\frac{n}{1}z+\frac{n(n-1)}{1.2}z^2+\frac{n(n-1)(n-2)}{1.2.5}z^3+\text{etc.}\right\};$$

Si ce produit avait la forme trouvée plus haut, il serait le développement de $f(m+n)$, et la fonction cherchée satisferait, dans tous les cas, à la relation

Compl. des Elém. d'Alg.   11

$$f(m) \times f(n) = f(m+n) \quad (A).$$

Mais, dit Euler, « la composition des termes de ce pro-
» duit doit demeurer la même, soit que les lettres m
» et n représentent des nombres entiers, soit des nom-
» bres quelconques (*). » Ainsi l'on peut appliquer à des
valeurs quelconques des lettres m et n, l'équation (A)
trouvée lorsque ces lettres représentent des nombres
entiers positifs.

Plusieurs géomètres, que ce raisonnement n'a pas sa-
tisfaits, ont donné les moyens de reconnaître, *à poste-
riori*, la vérité de l'équation (A). La longueur des
formules, qu'il faut écrire, rend le calcul un peu em-
barrassant, mais néanmoins j'en présenterai les premières opérations, d'après le procédé indiqué par *Sé-
gner* (*Mémoires de l'Académie de Berlin*, année 1777,
p. 37 de l'Histoire) (**).

$$\left\{ 1 + \frac{m}{1}z + \frac{m(m-1)}{1.2}z^2 + \frac{m(m-1)(m-2)}{1.2.3}z^3 + \text{etc.} \right\}$$

$$\times \left\{ 1 + \frac{n}{1}z + \frac{n(n-1)}{1.2}z^2 + \frac{n(n-1)(n-2)}{1.2.3}z^3 + \text{etc.} \right\}$$

$$= 1 + \left.\frac{m}{1}\right|z + \left.\frac{m(m-1)}{1.2}\right|z^2 + \left.\frac{m(m-1)(m-2)}{1.2.3}\right|z^3 + \text{etc.}$$

$$+ \frac{n}{1} \quad + \frac{m}{1}\frac{n}{1} \quad + \frac{m(m-1)}{1.2}\frac{n}{1}$$

$$+ \frac{n(n-1)}{1.2} \quad + \frac{m}{1}\frac{n(n-1)}{1.2}$$

$$+ \frac{n(n-1)(n-2)}{1.2.3}$$

(*) ... *Hanc compositionis rationem non ab indole literarum
m et n pendere, sed perinde se esse habituram, sive hae literae m
et n denotent numeros integros sive alios numeros quoscunque*
(p. 108 — 109 du Mémoire cité).
(**) Voyez aussi les *Élémens d'Algèbre*, par M. L'huillier, et

En réduisant au même dénominateur tous les termes du coefficient de chaque puissance de z, dans ce produit, il devient

$$1 + \frac{m+n}{1}z + \frac{m(m-1)+2mn+n(n-1)}{1.2}z^2$$

$$+ \frac{m(m-1)(m-2)+3m(m-1)n+3mn(n-1)+n(n-1)(n-2)}{1.2.3}z^3$$

$$+ \text{etc.} \dots\dots\dots\dots\dots\dots\dots\dots\dots (B).$$

Ses deux premiers termes et tous les dénominateurs sont les mêmes que ceux du développement de $f(m+n)$, qui est

$$1 + \frac{m+n}{1.}z + \frac{(m+n)(m+n-1)}{1.2}z^2$$

$$+ \frac{(m+n)(m+n-1)(m+n-2)}{1.2.3}z^3 + \text{etc.} \quad (C);$$

il ne reste donc à comparer que les numérateurs, à partir du troisième terme, et à montrer que ceux de la série (B) se tirent les uns des autres comme ceux de la série (C).

1°. Dans le troisième terme de celle-ci, on a$\dots\dots$ $(m+n)(m+n-1)$, où il faut observer que le dernier facteur $m+n-1$, peut être écrit de ces deux manières,

$$(m-1)+n, \quad m+(n-1),$$

employer la première avec le premier terme m du multiplicande, et la seconde avec le deuxième terme n; il en résultera

les *Annales de Mathématiques*, t. IX, p. 229, et t. XIII, p. 270.

11..

$$(m+n)(m+n-1) = m[(m-1)+n]+n[m+(n-1)]$$
$$= m(m-1) + 2mn + n(n-1),$$

ce qui s'accorde avec la série (B).

2°. Dans le quatrième terme de la série (C) se trouve le produit précédent multiplié par le facteur......
$(m+n-2)$ qui peut s'écrire de ces trois manières,

$$(m-2)+n, \quad (m-1)+(n-1), \quad m+(n-2),$$

qu'il faut employer, suivant leur ordre, avec les trois termes dont le résultat précédent est composé, ce qui donne

$$\left. \begin{array}{l} m(m-1)\,[(m-2)+n] \\ +\ 2mn\,[(m-1)+(n-1)] \\ +\ n(n-1)\,[m+(n-2)] \end{array} \right\} =$$

$$m(m-1)(m-2)+3m(m-1)n+3mn(n-1)+n(n-1)(n-2),$$

comme dans la série (B).

3°. Au cinquième terme de la série (C), on aurait pour multiplicateur des quatre termes du précédent, le facteur $m+n-3$, qui prend aussi quatre formes, savoir,

$$(m-3)+n, \quad (m-2)+(n-1), \quad (m-1)+(n-2),$$
$$m+(n-3).$$

Il est aisé maintenant de poursuivre aussi loin qu'on voudra ces opérations, et en les appliquant au passage du coefficient de z^p à celui de z^{p+1}, de démontrer par ce moyen que si l'identité des deux séries a lieu dans un rang quelconque, elle aura lieu dans le suivant (*) :

(*) L'identité des coefficiens des séries (B) et (C) n'est autre chose qu'un théorème très remarquable dû à Vandermonde, et déon a donc l'équation

$$f(m) \times f(n) = f(m+n) \qquad (A),$$

quelles que soient m et n.

Cela posé, si l'on change n en $n+p$, elle donnera

$$f(m) \times f(n+p) = f(m+n+p);$$

et comme

$$f(n) \times f(p) = f(n+p),$$

il viendra

$$f(m) \times f(n) \times f(p) = f(m+n+p).$$

On obtiendrait une semblable équation, quel que fût le nombre de fonctions multipliées entre elles.

Il suit de là, que si l'on prend un nombre k de facteurs égaux à $f\left(\dfrac{h}{k}\right)$, on aura

$$f\left(\frac{h}{k}\right) \times f\left(\frac{h}{k}\right) \times f\left(\frac{h}{k}\right)\ldots\ldots$$

$$= f\left(\frac{h}{k} + \frac{h}{k} + \frac{h}{k}\ldots\ldots\right) = f(h),$$

puisque $\dfrac{h}{k} \times k = h$; et par conséquent

$$\left[f\left(\frac{h}{k}\right)\right]^{k} = f(h).$$

Tirant de part et d'autre la racine du degré k, on trouvera

$$f\left(\frac{h}{k}\right) = [f(h)]^{\frac{1}{k}};$$

---

montré dans le n° 987 du tome III de mon *Traité du Calcul différentiel et du Calcul intégral.*

mais h étant un nombre entier, $f(h) = (1 + z)^h$, et l'équation ci-dessus devient

$$f\left(\frac{h}{k}\right) = (1 + z)^{\frac{h}{k}};$$

il est donc prouvé que $f\left(\dfrac{h}{k}\right)$, ou la série

$$1 + \frac{\frac{h}{k}}{1} z + \frac{\frac{h}{k}\left(\frac{h}{k} - 1\right)}{1 \cdot 2} z^2 + \frac{\frac{h}{k}\left(\frac{h}{k} - 1\right)\left(\frac{h}{k} - 2\right)}{1 \cdot 2 \cdot 3} z^3 + \text{etc.,}$$

est le développement de la puissance fractionnaire $\dfrac{h}{k}$ de la quantité $1 + z$.

Je passe à présent au cas où l'exposant est un nombre négatif : on a alors

$$m + n = 0;$$

mais d'un autre côté,

$$f(m + n) = (1 + z)^0 = 1 \quad (\textit{Elém.}, \, 37):$$

il suit de là que

$$f(m) \times f(n) = 1.$$

Mettant, au lieu de m, sa valeur $-n$, il vient, quelle que soit n,

$$f(-n) = \frac{1}{f(n)};$$

et puisque

$$f(n) = (1 + z)^n, \quad \frac{1}{(1 + z)^n} = (1 + z)^{-n},$$

il en résulte que $f(-n)$, ou la série

$$1 - \frac{n}{1} z + \frac{n(n + 1)}{1 \cdot 2} z^2 - \frac{n(n + 1)(n + 2)}{1 \cdot 2 \cdot 3} z^3 + \text{etc.,}$$

est le développement de $(1 + z)^{-n}$.

Pour passer du développement de $(1 + z)^m$ à celui de $(x + a)^m$, on fait $z = \dfrac{a}{x}$, d'où l'on tire

$$\left(1 + \frac{a}{x}\right)^m = \frac{(x + a)^m}{x^m},$$

puis

$$(x + a)^m = x^m \left(1 + \frac{a}{x}\right)^m,$$

et l'on est conduit à la formule du n° 144 des *Elémens*.

La démonstration précédente ne laisse rien à désirer du côté de la rigueur; mais les détails où il faut entrer pour achever sa première partie, peuvent paraître un peu longs, et faire préférer, sous ce rapport, la suivante, tirée des *Transactions philosophiques* (année 1796) (*).

80. L'examen des premières puissances de $1 + x$ conduit naturellement à penser que le développement d'une puissance quelconque de cette quantité, doit être de la forme

$$1 + Ax + Bx^2 + Cx^3 + Dx^4 + Ex^5 + \text{etc.},$$

les coefficiens A, B, C, D, E, etc., étant des nombres entièrement indépendans de toute valeur de x. Il est visible, d'ailleurs, que ce développement ne doit contenir aucune puissance négative de x; car s'il avait, par exemple, un terme de la forme $\dfrac{P}{x^p}$, la supposition de $x = 0$ rendrait ce terme infini (*Elém.*, 68), tandis que

---

(*) L'importance de la formule de Newton en a fait multiplier les démonstrations à tel point, que leur réunion composerait un fort gros volume; les *Transactions philosophiques*, surtout, en contiennent un grand nombre.

la même supposition réduit à l'unité toutes les puissances de $1 + x$.

Cela posé, soit

$$(1 + x)^{\frac{m}{n}} = 1 + Ax + Bx^2 + Cx^3 + Dx^4 + \text{etc.} ;$$

on aura aussi

$$(1 + y)^{\frac{m}{n}} = 1 + Ay + By^2 + Cy^3 + Dy^4 + \text{etc.},$$

et en faisant

$$(1 + x)^{\frac{1}{n}} = u, \quad (1 + y)^{\frac{1}{n}} = v,$$

il viendra

$$(1 + x)^{\frac{m}{n}} = u^m, \quad (1 + y)^{\frac{m}{n}} = v^m,$$

et

$$u^m - v^m = A(x - y) + B(x^2 - y^2) + C(x^3 - y^3) + D(x^4 - y^4) + \text{etc.}$$

Mais si l'on fait attention que

$$1 + x = u^n, \quad 1 + y = v^n,$$

on en conclura que

$$u^n - v^n = x - y,$$

et que

$$\frac{u^m - v^m}{u^n - v^n} = \frac{A(x - y)}{x - y} + \frac{B(x^2 - y^2)}{x - y} + \frac{C(x^3 - y^3)}{x - y} + \text{etc.}$$

Or, en vertu du théorème du n° 158 des *Élémens*, on a, puisque m et n sont des nombres entiers,

$$u^m - v^m = (u - v)(u^{m-1} + u^{m-2}v \ldots\ldots + uv^{m-2} + v^{m-1}),$$
$$u^n - v^n = (u - v)(u^{n-1} + u^{n-2}v \ldots\ldots + uv^{n-2} + v^{n-1}),$$

et la division par la quantité $x - y$ s'effectue; il viendra donc, d'après cela,

$$\frac{u^{m-1} + u^{m-2}v \ldots + uv^{m-2} + v^{m-1}}{u^{n-1} + u^{n-2}v \ldots + uv^{n-2} + v^{n-1}} =$$
$$A + B(x+y) + C(x^2 + xy + y^2) + D(x^3 + x^2y + xy^2 + y^3)$$
$$+ E(x^4 + x^3y + x^2y^2 + xy^3 + y^4) + \text{etc.}$$

Cette dernière équation, devant avoir lieu, quels que soient x et y, subsistera encore lorsqu'on fera $x = y$, hypothèse qui donne

$$1 + x = 1 + y, \quad u = v,$$

et qui réduit l'équation ci-dessus à $\ldots\ldots\ldots\ldots(V)$

$$\frac{mu^{m-1}}{nu^{n-1}} = A + 2Bx + 3Cx^2 + 4Dx^3 + 5Ex^4 + \text{etc.},$$

ou à

$$\frac{m}{n}u^m = u^n(A + 2Bx + 3Cx^2 + 4Dx^3 + 5Ex^4 + \text{etc.}).$$

Maintenant, si l'on met pour u^m et u^n leurs valeurs $(1 + x)^{\frac{m}{n}}$ et $1 + x$, on aura

$$\frac{m}{n}(1+x)^{\frac{m}{n}} = (1+x)(A + 2Bx + 3Cx^2 + 4Dx^3 + 5Ex^5 + \text{etc.}),$$

équation qui renferme une condition propre à déterminer les coefficiens A, B, C, D, etc., du développement de $(1+x)^{\frac{m}{n}}$. En effet, si l'on substitue ce développement dans le premier membre, on trouvera

$$\frac{m}{n} + \frac{m}{n}Ax + \frac{m}{n}Bx^2 + \frac{m}{n}Cx^3 + \frac{m}{n}Dx^4 + \text{etc.}$$
$$= \begin{cases} A + 2Bx + 3Cx^2 + 4Dx^3 + 5Ex^4 + \text{etc.} \\ \quad + Ax + 2Bx^2 + 3Cx^3 + 4Dx^4 + \text{etc.} \end{cases}$$

Si l'on n'a point perdu de vue que toutes les équations par lesquelles on vient de passer, doivent se vérifier sans qu'il soit besoin d'assigner aucune valeur à x, on en conclura nécessairement que leur premier membre doit renfermer précisément les mêmes termes que le second, ou, ce qui est la même chose, qu'elles doivent être identiques. Or, pour que cela soit, il faut que les termes affectés de la même puissance de x soient multipliés, dans l'un et l'autre membre, par les mêmes coefficiens : on égalera donc les coefficiens du premier membre de l'équation précédente, à ceux qui leur correspondent dans le second ; on aura ainsi les équations

$$A = \frac{m}{n},$$

$$2B + A = \frac{m}{n}A,$$

$$3C + 2B = \frac{m}{n}B,$$

$$4D + 3C = \frac{m}{n}C,$$

$$5E + 4D = \frac{m}{n}D,$$

etc.

ce qui donnera

$$A = \frac{m}{n},$$

$$B = \frac{A\left(\frac{m}{n} - 1\right)}{2},$$

$$C = \frac{B\left(\frac{m}{n} - 2\right)}{3},$$

$$D = \frac{C\left(\frac{m}{n} - 3\right)}{4},$$

$$E = \frac{D\left(\frac{m}{n} - 4\right)}{5},$$

etc.

On voit, par les dernières équations, comment les coefficiens A, B, C, D, etc., dérivent successivement les uns des autres. Si l'on prend leurs valeurs, ce qui n'a aucune difficulté, et qu'on les substitue dans la suite

$$1 + Ax + Bx^2 + Cx^3 + \text{etc.},$$

on trouvera

$$(1+x)^{\frac{m}{n}} = 1 + \frac{\frac{m}{n}}{1}x + \frac{\frac{m}{n}\left(\frac{m}{n}-1\right)}{1.2}x^2 + \frac{\frac{m}{n}\left(\frac{m}{n}-1\right)\left(\frac{m}{n}-2\right)}{1.2.3}x^3$$

$$+ \frac{\frac{m}{n}\left(\frac{m}{n}-1\right)\left(\frac{m}{n}-2\right)\left(\frac{m}{n}-3\right)}{1.2.3.4}x^4 + \text{etc.}$$

J'observerai qu'il n'y a point d'induction dans ce qui précède; car toutes les équations qui y conduisent sont symétriques, et la loi de leurs termes est telle, qu'on peut en concevoir un aussi éloigné qu'on voudra du premier. Il faut remarquer aussi que le développement de $(1 + x)^{\frac{m}{n}}$ donne celui de $(1 + x)^m$, en faisant $n = 1$, et qu'ainsi la formule du binome se trouve démontrée, lorsque l'exposant est un nombre entier.

On pourrait encore révoquer en doute la légitimité de la formule pour le cas de l'exposant négatif; mais pour la prouver, il suffira de montrer que l'équation (V), de laquelle se tire cette formule, a encore lieu lorsqu'on y change m en $- m$; or, c'est à quoi l'on parvient en observant que

$$u^{-m} - v^{-m} = \frac{1}{u^m} - \frac{1}{v^m} = \frac{v^m - u^m}{u^m v^m},$$

car il en résulte

$$\frac{u^{-m}-v^{-m}}{u^n - v^n} = \frac{1}{v^m u^m}\left(\frac{v^m - u^m}{u^n - v^n}\right) = -\frac{1}{v^m u^m}\left(\frac{u^m - v^m}{u^n - v^n}\right);$$

et comme, par ce qui précède, la quantité $\dfrac{u^m - v^m}{u^n - v^n}$ devient $\dfrac{mu^{m-1}}{nu^{n-1}}$ lorsque $v = u$, on aura pour le même cas,

$$\frac{u^{-m} - v^{-m}}{u^n - v^n} = \frac{-1}{u^{2m}} \times \frac{mu^{m-1}}{nu^{n-1}} = \frac{-mu^{-m-1}}{nu^{n-1}}.$$

Le second membre de l'équation (V) ne changeant d'ailleurs point de forme, elle deviendra

$$-\frac{mu^{-m-1}}{nu^{n-1}} = A + 2Bx + 3Cx^2 + 4Dx^3 + 5Ex^4 + \text{etc.,}$$

équation qui ne diffère de (V) que par le signe de m, et qui doit, par conséquent, conduire aux mêmes résultats que l'on déduirait de l'équation (V), en y changeant m en $-m$.

81. Pour appliquer maintenant la formule du binome à l'extraction des racines, je vais chercher la racine 5e de $a + b$, c'est-à-dire développer $(a+b)^{\frac{1}{5}}$. En faisant $m = \frac{1}{5}$ dans la formule du n° 144 des *Élémens*, et en y changeant x en a, et a en b, les quantités

$$1, \quad \frac{m}{1}\frac{a}{x}, \quad \frac{m-1}{2}\frac{a}{x}, \quad \frac{m-2}{3}\frac{a}{x}, \quad \text{etc.,}$$

deviennent

$$1, \quad \frac{1}{5}\frac{b}{a}, \quad \frac{\frac{1}{5}-1}{2}\frac{b}{a}, \quad \frac{\frac{1}{5}-2}{3}\frac{b}{a}, \quad \frac{\frac{1}{5}-3}{4}\frac{b}{a}, \quad \text{etc.,}$$

et en réduisant,

$$1, \quad \frac{1}{5}\frac{b}{a}, \quad -\frac{4}{2.5}\frac{b}{a}, \quad -\frac{9}{3.5}\frac{b}{a}, \quad -\frac{14}{4.5}\frac{b}{a}, \quad \text{etc.}$$

En faisant les produits successifs des nombres de cette dernière ligne, comme l'indique la formule citée, et multipliant le résultat par $a^{\frac{1}{5}}$, on trouvera

$$(a+b)^{\frac{1}{5}} = a^{\frac{1}{5}} \left\{ 1 + \frac{1}{5}\frac{b}{a} - \frac{1.4}{2.5^2}\frac{b^2}{a^2} + \frac{1.4.9}{2.3.5^3}\frac{b^3}{a^3} \right. $$
$$\left. - \frac{1.4.9.14}{2.3.4.5^4}\frac{b^4}{a^4} + \text{etc.} \right\}$$

Pour employer cette formule à l'extraction approchée de la racine cinquième d'un nombre donné, on partagera ce nombre en deux portions, de manière que la plus grande soit une cinquième puissance exacte, et on la prendra pour a; le reste sera b.

Soit, pour exemple, le nombre 260 : on le décomposera en $243 + 17$, parce que 243 est la cinquième puissance de 3, et on fera

$$a = 243, \quad b = 17 ;$$

il en résultera

$$a^{\frac{1}{5}} = 3, \quad \frac{b}{a} = \frac{17}{243}.$$

En substituant ces nombres dans la formule précédente, la racine cherchée sera exprimée par une suite de fractions de plus en plus petites. Pour l'évaluer, il faudra réduire ces fractions au même dénominateur; mais on évitera cet embarras en les convertissant en décimales. Dans cet exemple, b étant moindre que la dixième partie de a, l'approximation sera très rapide.

Voici les différens termes de la suite, formés chacun par le moyen de celui qui le précède, d'après ce qui a été dit plus haut.

1er terme. . . . . $+1,0000000$

2e, $1 \times \dfrac{b}{5a} = \dfrac{17}{1215} = A = +0,0139918$

3e, $-A \times 2.\dfrac{b}{5a} = \quad - \quad B = $. . . . . $-0,0003915$

4e, $B \times 3.\dfrac{b}{5a} = \qquad C = +0,0000164$

5e, $-C \times \dfrac{7}{2}.\dfrac{b}{5a} = \quad - \quad D$ . . . . $-0,0000008$

$$+1,0140082 \quad -0,0003923$$
$$-0,0003923$$
$$+1,0136159$$
$$3$$

$$3,0408477.$$

Les termes qui suivent le cinquième sont trop petits pour en tenir compte, lorsqu'on se borne, comme je l'ai fait, à 7 décimales. J'ai retranché la somme des termes négatifs de celle des termes positifs, et j'ai multiplié le reste par $a^{\frac{1}{5}}$ ou 3, ce qui a donné 3,0408477 pour la racine cinquième de 260 ; mais quoique le résultat ait 7 décimales, on ne peut compter que sur l'exactitude de la sixième.

De quelque degré que soit la racine qu'on veut extraire, on procédera comme ci-dessus, et on observera, en général, que toutes les fois que l'on emploie la formule $(x + a)^m$ pour convertir une expression en suite infinie, et pour approcher de sa valeur, il faut que le premier terme, x, soit plus grand que le second, a, afin que $\dfrac{a}{x}$ soit une fraction, et que, tous les termes devenant de plus en plus petits, la série soit convergente.

82. Les premiers termes du développement de $(x+a)^m$ suffisent le plus souvent pour exprimer d'une manière très approchée les racines des nombres ; et c'est de là qu'ont été tirées plusieurs formules que je vais faire connaître.

Soit proposé d'extraire la racine $m^{ième}$ de la quantité $a^m + b$, dans laquelle la valeur de a surpasse beaucoup celle de b. Pour cela, comparant $a^m + b$ au développement de $(a+q)^m$, et effaçant de part et d'autre le terme a^m, on aura

$$b = ma^{m-1}q + \frac{m(m-1)}{1.2}a^{m-2}q^2 + \frac{m(m-1)(m-2)}{1.2.3}a^{m-3}q^3 + \text{etc.},$$

résultat auquel on peut donner la forme suivante :

$$b = q\left(ma^{m-1} + \frac{m(m-1)}{1.2}a^{m-2}q + \frac{m(m-1)(m-2)}{1.2.3}a^{m-3}q^2 + \text{etc.}\right),$$

et dont on tire

$$q = -\frac{b}{ma^{m-1} + \frac{m(m-1)}{1.2}a^{m-2}q + \frac{m(m-1)(m-2)}{1.2.3}a^{m-3}q^2 + \text{etc.}}.$$

On pourra négliger, vis-à-vis du terme ma^{m-1}, ceux qui sont affectés de la quantité q, si cette quantité doit être une fraction assez petite ; on aura une première approximation que je désignerai par q', et dont l'expression sera $q' = \frac{b}{ma^{m-1}}$.

En prenant un terme de plus dans le dénominateur de l'expression générale de q, et ne négligeant que les termes affectés de q^2 et des puissances supérieures, on aura

$$q = \frac{b}{ma^{m-1} + \frac{m(m-1)}{2}a^{m-2}q} = \frac{b}{ma^{m-2}} \times \frac{1}{a + \frac{m-1}{2}q}.$$

On mettra dans le dénominateur du second membre, à la place de q, sa valeur q', obtenue par la première approximation, et il en résultera une seconde valeur

$$q'' = \frac{b}{ma^{m-2}} \times \frac{1}{a + \frac{m-1}{2} q'},$$

plus exacte que la première ; on pourrait continuer de cette manière, mais je me contenterai d'ajouter à ce qui précède, l'exemple donné par Lambert, auteur de la méthode.

Soit $m = 3$ et $a^3 + b = 45873642$; on trouve que le plus grand cube contenu dans ce nombre est 45499293, cube de 357 ; on a donc $a^3 = 45499293$, $b = 374349$, et $a = 357$. Il vient ensuite

$$q' = \frac{b}{3a^2}, \quad q'' = \frac{b}{3a} \times \frac{1}{a + q'},$$

$$\frac{b}{3a} = \frac{374349}{1071} = 349,53221,$$

$$q' = \frac{b}{3a} \times \frac{1}{a} = \frac{349,53221}{357} = 0,98,$$

$$q'' = \frac{b}{3a} \times \frac{1}{a + q'} = \frac{349,53221}{357,98} = 0,9764,$$

et par conséquent,

$$a + q'' = 357,9764.$$

Ce résultat est exact jusqu'à la quatrième décimale ; on peut s'en assurer en faisant $a = 358$, nombre très approchant, et duquel il résulte

$$a^3 = 45882712, \quad b = -9070,$$

$$\frac{b}{3a} = -\frac{9070}{1074} = -8,445065,$$

$$\frac{b}{3a} \cdot \frac{1}{a} = - \frac{8,445065}{358} = - 0,0236 = q',$$

$$\frac{b}{3a} \cdot \frac{1}{a+q'} = - \frac{8,445065}{357,9764} = - 0,023591 = q'',$$

d'où

$$a + q'' = 357,976409,$$

valeur qui s'accorde avec la précédente dans les quatre premières décimales.

Si, dans l'expression $q'' = \dfrac{b}{ma^{m-2}} \times \dfrac{1}{a + \dfrac{m-1}{2} q'}$, on

met pour q' sa valeur $\dfrac{b}{ma^{m-1}}$, il viendra

$$q'' = \frac{2ab}{2ma^m + (m-1)b};$$

d'où il suit

$$\sqrt[m]{a^m \pm b} = a \pm \frac{2ab}{2ma^m \pm (m-1)b},$$

formule à laquelle Haros est parvenu sans connaître le travail de Lambert. Il en résulte, lorsque $m = 2$ et $m = 3$, les expressions suivantes :

$$\sqrt{a^2 \pm b} = a \pm \frac{2ab}{4a^2 \pm b}, \qquad \sqrt{a^3 \pm b} = a \pm \frac{ab}{3a^3 \pm b}.$$

83. En faisant $m = \frac{1}{3}$ dans les quantités représentées par A et par B, à la page 92, elles donneront, si a surpasse b, des séries convergentes, au moyen desquelles on obtiendra les valeurs approchées des expressions

$$\left(a + b\sqrt{-1}\right)^{\frac{1}{3}}, \quad \left(a - b\sqrt{-1}\right)^{\frac{1}{3}}.$$

Il viendra

$$A = a^{\frac{1}{3}} \left\{ 1 + \frac{1.2}{3.6} \frac{b^2}{a^2} - \frac{1.2.5.8}{3.6.9.12} \frac{b^4}{a^4} \right.$$
$$\left. + \frac{1.2.5.8.11.14}{3.6.9.12.15.18} \frac{b^6}{a^6} - \text{etc.} \right\},$$

$$B = a^{\frac{1}{3}} \left\{ \frac{1}{3} - \frac{1.2.5}{3.6.9} \frac{b^3}{a^3} + \frac{1.2.5.8.11}{3.6.9.12.15} \frac{b^5}{a^5} \right.$$
$$\left. - \frac{1.2.5.8.11.14.17}{3.6.9.12.15.18.21} \frac{b^7}{a^7} + \text{etc.} \right\};$$

et en substituant ces valeurs dans les formules du n° 31, on aura des valeurs approchées et réelles des racines de l'équation du troisième degré dans le cas irréductible.

Ces séries n'étant convergentes que dans le cas où l'on a $b < a$, il faudra en trouver qui procèdent suivant les puissances de $\frac{a}{b}$ pour le cas de $b > a$, ce qui se fera en écrivant, comme il suit, les binomes proposés :

$$(b\sqrt{-1} + a)^m, \quad (-b\sqrt{-1} + a)^m.$$

Or,

$$b\sqrt{-1} + a = \left(1 + \frac{a}{b\sqrt{-1}} \right) b\sqrt{-1} = \left(1 - \frac{a}{b}\sqrt{-1} \right) b\sqrt{-1},$$

puisque $\frac{1}{\sqrt{-1}} = -\sqrt{-1}$; de même

$$-b\sqrt{-1} + a = \left(1 - \frac{a}{b\sqrt{-1}} \right) \times -b\sqrt{-1}$$
$$= \left(1 + \frac{a}{b}\sqrt{-1} \right) \times -b\sqrt{-1};$$

donc

$$(a + b\sqrt{-1})^m = (b\sqrt{-1})^m \left(1 - \frac{a}{b}\sqrt{-1} \right)^m,$$
$$(a - b\sqrt{-1})^m = (-b\sqrt{-1})^m \left(1 + \frac{a}{b}\sqrt{-1} \right)^m.$$

Les développemens des facteurs

$$\left(1 - \frac{a}{b}\sqrt{-1}\right)^m \quad \text{et} \quad \left(1 + \frac{a}{b}\sqrt{-1}\right)^m,$$

se déduiront de ceux de

$$\left(1 - \frac{b}{a}\sqrt{-1}\right)^m \quad \text{et} \quad \left(1 + \frac{b}{a}\sqrt{-1}\right)^m,$$

en changeant $\frac{b}{a}$ en $\frac{a}{b}$; il ne restera plus qu'à multiplier les séries résultantes par les facteurs

$$(b\sqrt{-1})^m = b^m(\sqrt{-1})^m \quad \text{et} \quad (-b\sqrt{-1})^m = (-b)^m(\sqrt{-1})^m.$$

Pour obtenir $(\sqrt{-1})^m$, lorsque $m = \frac{p}{q}$, il faut chercher la valeur de $(\sqrt{-1})^{\frac{1}{q}}$, et l'élever ensuite à la puissance p. Soit $y = (\sqrt{-1})^{\frac{1}{q}}$, ou, ce qui revient au même, $y = (-1)^{\frac{1}{2q}}$; en élevant les deux membres à la puissance $2q$, on aura

$$y^{2q} = -1, \quad \text{ou} \quad y^{2q} + 1 = 0.$$

Telle est l'équation d'où dépend en général $(\sqrt{-1})^{\frac{1}{q}}$; mais lorsque q est impair, une des valeurs de cette expression est égale à $+\sqrt{-1}$, ou à $-\sqrt{-1}$, selon que q est de la forme $4i+1$ ou $4i+3$ (41), parce qu'en faisant, dans le premier cas, $y = +\sqrt{-1}$, et dans l'autre $y = -\sqrt{-1}$, on trouve $y^q = \sqrt{-1}$.

En prenant $m = \frac{1}{3}$, on aura $(\sqrt{-1})^{\frac{1}{3}} = -\sqrt{-1}$, puis il viendra

$$A = -b^{\frac{1}{3}}\left\{\frac{1}{3}\frac{a}{b} - \frac{1.2.5}{3.6.9}\frac{a^3}{b^3} + \frac{1.2.5.8.11}{3.6.9.12.15}\frac{a^5}{b^5} - \text{etc.}\right\},$$

12..

$$B = -b^{\frac{1}{3}}\left\{1 + \frac{1.2}{3.6}\frac{a^2}{b^2} - \frac{1.2.5.8}{3.6.9.12}\frac{a^4}{b^4} + \text{etc.}\right\},$$

et l'on formera avec ces valeurs un second système de formules qui donnera les racines de l'équation du troisième degré, lorsque $b > a$.

84. On a en général

$$(a + b\sqrt{-1})^m + (a - b\sqrt{-1})^m =$$

$$2a^m\left\{1 - \frac{m(m-1)}{1.2}\frac{b^2}{a^2} + \frac{m(m-1)(m-2)(m-3)}{1.2.3.4}\frac{b^4}{a^4} - \text{etc.}\right\}.$$

On peut obtenir pour la même expression d'autres développemens en séries dont la marche soit plus rapide que celle de la précédente, et cela par un moyen fort simple. En ajoutant l'équation

$$\left(1 + \frac{b}{a}\right)^m =$$

$$1 + \frac{m}{1}\frac{b}{a} + \frac{m(m-1)}{1.2}\frac{b^2}{a^2} + \frac{m(m-1)(m-2)}{1.2.3}\frac{b^3}{a^3} + \text{etc.},$$

avec l'équation

$$\left(1 - \frac{b}{a}\right)^m =$$

$$1 - \frac{m}{1}\frac{b}{a} + \frac{m(m-1)}{1.2}\frac{b^2}{a^2} - \frac{m(m-1)(m-2)}{1.2.3}\frac{b^3}{a^3} + \text{etc.},$$

il viendra

$$\left(1 + \frac{b}{a}\right) + \left(1 - \frac{b}{a}\right)^m =$$

$$2\left(1 + \frac{m(m-1)}{1.2}\frac{b^2}{a^2} + \frac{m(m-1)(m-2)(m-3)}{1.2.3.4}\frac{b^4}{a^4} + \text{etc.}\right);$$

et si l'on retranche la seconde de la première, on aura

$$\left(1 + \frac{b}{a}\right)^m - \left(1 - \frac{b}{a}\right)^m =$$

$$2\left(\frac{m}{1}\frac{b}{a} + \frac{m(m-1)(m-2)}{1.2.3}\frac{b^3}{a^3} + \text{etc.}\right):$$

l'un de ces résultats ne renferme que les termes qui occupent un rang impair dans le développement du binome, et l'autre ceux qui occupent un rang pair.

Si maintenant on ajoute l'expression de

$$\left(1 + \frac{b}{a}\right)^m + \left(1 - \frac{b}{a}\right)^m$$

trouvée ci-dessus, avec celle de

$$\left(1 + \frac{b}{a}\sqrt{-1}\right)^m + \left(1 - \frac{b}{a}\sqrt{-1}\right)^m,$$

déduite des séries du n° 41, et qui sera

$$2\left(1 - \frac{m(m-1)}{1.2}\frac{b^2}{a^2} + \frac{m(m-1)(m-2)(m-3)}{1.2.3.4}\frac{b^4}{a^4} - \text{etc.}\right),$$

il en résultera

$$\left(1 + \frac{b}{a}\sqrt{-1}\right)^m + \left(1 - \frac{b}{a}\sqrt{-1}\right)^m + \left(1 + \frac{b}{a}\right)^m + \left(1 - \frac{b}{a}\right)^m$$

$$= 4\left(1 + \frac{m(m-1)(m-2)(m-3)}{1.2.3.4}\frac{b^4}{a^4} + \text{etc.}\right):$$

la série du second membre ne contiendra plus que les termes du développement du binome, pris de quatre en quatre, à partir du premier.

Retranchant ensuite l'expression de

$$\left(1 + \frac{b}{a}\right)^m + \left(1 - \frac{b}{a}\right)^m$$

de celle de

$$\left(1 + \frac{b}{a}\sqrt{-1}\right)^m + \left(1 - \frac{b}{a}\sqrt{-1}\right)^m,$$

on trouvera

$$\left(1+\frac{b}{a}\sqrt{-1}\right)^m+\left(1-\frac{b}{a}\sqrt{-1}\right)^m-\left(1+\frac{b}{a}\right)^m-\left(1-\frac{b}{a}\right)^m=$$

$$-4\left(\frac{m(m-1)}{1.2}\frac{b^2}{a^2}+\frac{m(m-1)(m-2)(m-3)(m-4)(m-5)}{1.2.3.4.5.6}\frac{b^6}{a^6}+\text{etc.}\right);$$

le second membre ne contient encore les termes du développement du binome que de quatre en quatre, mais à partir du troisième.

On tire de la première de ces équations

$$\left(1+\frac{b}{a}\sqrt{-1}\right)^m+\left(1-\frac{b}{a}\sqrt{-1}\right)^m=-\left(1+\frac{b}{a}\right)^m-\left(1-\frac{b}{a}\right)^m$$

$$+4\left(1+\frac{m(m-1)(m-2)(m-3)}{1.2.3.4}\frac{b^4}{a^4}+\text{etc.}\right),$$

et de la seconde,

$$\left(1+\frac{b}{a}\sqrt{-1}\right)^m+\left(1-\frac{b}{a}\sqrt{-1}\right)^m=\left(1+\frac{b}{a}\right)^m+\left(1-\frac{b}{a}\right)^m$$

$$-4\left(\frac{m(m-1)}{1.2}\frac{b^2}{a^2}+\frac{m(m-1)(m-2)(m-3)(m-4)(m-5)}{1.2.3.4.5.6}\frac{b^6}{a^6}+\text{etc.}\right).$$

Lorsque l'exposant m sera fractionnaire, les séries ci-dessus ne se termineront point; mais si la fraction $\frac{b}{a}$ est fort petite, il suffira de joindre à la quantité....

$\left(1+\frac{b}{a}\right)^m+\left(1-\frac{b}{a}\right)^m$, un ou deux termes de la série qui vient après: on pourra souvent se contenter de l'une ou de l'autre des valeurs

$$\left(1+\frac{b}{a}\sqrt{-1}\right)^m+\left(1-\frac{b}{a}\sqrt{-1}\right)^m=$$

$$-\left(1+\frac{b}{a}\right)^m-\left(1-\frac{b}{a}\right)^m+4,$$

$$\left(1+\frac{b}{a}\sqrt{-1}\right)^m+\left(1-\frac{b}{a}\sqrt{-1}\right)^m=$$
$$\left(1+\frac{b}{a}\right)^m+\left(1-\frac{b}{a}\right)^m-\frac{4m(m-1)}{1.2}\frac{b^2}{a^2}.$$

Quand $m=\frac{1}{3}$, on voit, par le signe des termes qu'on néglige, que la première est plus grande que la vraie valeur, et que la seconde est moindre; on reconnaîtra donc, par la différence des résultats obtenus, le degré d'approximation qu'on aura atteint.

Les formules précédentes s'appliqueront à l'expression

$$(a+b\sqrt{-1})^m+(a-b\sqrt{-1})^m,$$

en les multipliant par a^m.

Si l'on prend la différence des développemens de

$$\left(1+\frac{b}{a}\sqrt{-1}\right)^m \quad \text{et} \quad \left(1-\frac{b}{a}\sqrt{-1}\right)^m,$$

qu'on la divise par $\sqrt{-1}$, et qu'on y ajoute ou qu'on en retranche le développement de

$$\left(1+\frac{b}{a}\right)^m-\left(1-\frac{b}{a}\right)^m,$$

on aura les deux équations ci-après, dont les seconds membres renferment les termes du développement du binome, pris de quatre en quatre, à partir du second et du quatrième :

$$\frac{1}{\sqrt{-1}}\left\{\left(1+\frac{b}{a}\sqrt{-1}\right)^m-\left(1-\frac{b}{a}\sqrt{-1}\right)^m\right\}+\left(1+\frac{b}{a}\right)^m-\left(1-\frac{b}{a}\right)^m\right\}=$$

$$4\left(\frac{m}{1}\frac{b}{a}+\frac{m(m-1)(m-2)(m-3)(m-4)}{1.2.3.4.5}\frac{b^5}{a^5}+\text{etc.}\right),$$

$$\frac{1}{\sqrt{-1}}\left\{\left(1+\frac{b}{a}\sqrt{-1}\right)^m-\left(1-\frac{b}{a}\sqrt{-1}\right)^m\right\}-\left(1+\frac{b}{a}\right)^m\right\}$$
$$+\left(1-\frac{b}{a}\right)^m\right\}=$$
$$-4\left(\frac{m(m-1)(m-2)}{1.2.3}\frac{b^3}{a^3}+\frac{m(m-1)\ldots(m-6)}{1.2\ldots7}\frac{b^7}{a^7}+\text{etc.}\right).$$

85. Il est facile de déduire du développement de la puissance m du binome, celui de la même puissance du *polynome* quelconque $a+b+c+d+e+$ etc. Pour y parvenir d'une manière commode, je représenterai le développement de $(a+b)^m$ par

$$a^m+Aa^{m-1}b+Ba^{m-2}b^2+Ca^{m-3}b^3+\text{etc.}$$

Si maintenant on suppose que b se change en $b+c$, le binome $a+b$ deviendra le *trinome* $a+b+c$, et il faudra écrire, dans le développement précédent,

$$(b+c),\quad(b+c)^2,\quad(b+c)^3,\quad\text{etc.,}$$

au lieu de b, b^2, b^3, etc. On trouvera, par ces substitutions,

$$a^m+Aa^{m-1}\left\{\begin{matrix}b\\+c\end{matrix}\right\}+Ba^{m-2}\left\{\begin{matrix}b^2\\+2bc\\+\ c^2\end{matrix}\right\}+Ca^{m-3}\left\{\begin{matrix}b^3\\+3b^2c\\+3bc^2\\+\ c^3\end{matrix}\right\}+\text{etc.,}$$

résultat qu'il est facile de continuer aussi loin qu'on voudra. Soit donc $Na^{m-m'}b^{m'}$ le terme général de $(a+b)^m$; il se changera en $Na^{m-m'}(b+c)^{m'}$; et si l'on fait

$$(b+c)^{m'}=$$
$$b^{m'}+A'b^{m'-1}c+B'b^{m'-2}c^2+C'b^{m'-3}c^3\ldots+N'b^{m'-m''}c^{m''}+\text{etc.,}$$

il deviendra

$$Na^{m-m'}\begin{Bmatrix} b^{m'} \\ + A'b^{m'-1}c \\ + B'b^{m'-2}c^2 \\ + C'b^{m'-3}c^3 \\ \dots\dots\dots \\ + N'b^{m'-m''}c^{m''} \\ + \text{etc.} \end{Bmatrix}.$$

En considérant avec attention ce développement, on remarquera bientôt que, dans chacun des termes qui le composent, la somme des exposans des lettres a, b, c, est constamment égale à m, mais qu'ils ont d'ailleurs, chacun en particulier, toutes les valeurs qui peuvent satisfaire à cette condition, et que le terme général, c'est-à-dire celui qui ne renferme que des exposans indéterminés, a pour expression

$$NN'a^{m-m'}b^{m'-m''}c^{m''}.$$

Je suppose encore que c se change en $c + d$, et qu'on ait $\quad (c + d)^{m''} =$
$c^{m''} + A''c^{m''-1}d + B''c^{m''-2}d^2 + C''c^{m''-3}d^3 \dots + N''c^{m''-m'''}d^{m'''} + \text{etc.}$;

en substituant ce développement au lieu de $c^{m''}$ dans le résultat précédent, on trouvera que le terme général de $(a + b + c + d)^m$ sera

$$NN'N''a^{m-m'}b^{m'-m''}c^{m''-m'''}d^{m'''}.$$

Il est facile de continuer ce procédé; et l'on voit déjà que $N''d^{m'''-m''''}e^{m''''}$ étant le terme général du binome $(d + e)^{m'''}$, celui de $(a + b + c + d + e)^m$ sera

$$NN'N''N'''a^{m-m'}b^{m'-m''}c^{m''-m'''}d^{m'''-m''''}e^{m''''}.$$

Il ne reste plus, pour avoir chacun de ces termes généraux, qu'à substituer, au lieu des coefficiens N, N', N'', N''' etc., leurs valeurs.

Puisque N est le coefficient du terme $a^{m-m'}b^{m'}$, dans le développement de $(a+b)^m$, on a

$$N = \frac{m(m-1)\ldots\ldots(m-m'+1)}{1.2\ldots\ldots\,m'}\ (Elém., 141).$$

Si l'on écrit au numérateur et au dénominateur tous les facteurs compris entre 1 et $m-m'$ inclusivement, la valeur de cette expression ne changera pas, et l'on aura alors

$$N = \frac{1.2\ldots\ldots\ldots\ldots\ldots\ldots\,m}{1.2\ldots\ldots m' \times 1.2\ldots\ldots(m-m')}.$$

On déduira N' de N en changeant m en m', et m' en m''; il viendra donc

$$N' = \frac{1.2\ldots\ldots\ldots\ldots\ldots\ldots\,m'}{1.2\ldots\ldots m'' \times 1.2\ldots\ldots(m'-m'')};$$

on aura de même

$$N'' = \frac{1.2\ldots\ldots\ldots\ldots\ldots\ldots\,m''}{1.2\ldots\ldots m''' \times 1.2\ldots\ldots(m''-m^{iv})};$$

$$N''' = \frac{1.2\ldots\ldots\ldots\ldots\ldots\ldots\,m'''}{1.2\ldots\ldots m'''' \times 1.2\ldots\ldots(m'''-m'''')}.$$

En faisant le produit $NN'N''N'''$, avec l'attention d'effacer les groupes de facteurs communs à la fois au numérateur et au dénominateur, on trouvera

$$NN'N''N''' =$$

$$\frac{1.2.3\ldots\ldots\ldots\ldots\ldots\ldots\ldots\,m}{1.2..(m-m')\times1.2..(m'-m'')\times1.2..(m''-m''')\times1.2..(m'''-m'''')1.2..m''''}.$$

Soit fait, pour abréger, $\begin{cases} m-m' = p, \\ m'-m'' = q, \\ m''-m''' = r, \\ m'''-m'''' = s, \\ m'''' = t; \end{cases}$

en ajoutant ces équations, il viendra

$$p + q + r + s + t = m,$$

et l'on aura

$$\frac{1.2\ldots\ldots\ldots\ldots\ldots\ldots\ldots\ldots\ldots\ldots m}{1.2\ldots p \times 1.2\ldots q \times 1.2\ldots r \times 1.2\ldots s \times 1.2\ldots t} a^p b^q c^r d^s e^t,$$

pour le terme général de $(a + b + c + d + e)^m$: de là il est facile de déduire celui de la puissance m d'un polynome quelconque.

Avec le terme général, on formera le développement cherché, en observant qu'il doit contenir toutes les puissances, depuis o jusqu'à m inclusivement, de chacune des lettres a, b, c, d, e, etc., et que la somme des exposans dans quelque terme que ce soit, doit toujours être égale à m. Quant au coefficient numérique, la formule précédente fait voir comment on le déduit des exposans du terme qu'il affecte.

Pour donner un exemple, je prendrai

$$(a + b + c + d)^5.$$

En ordonnant le développement de cette puissance par rapport à une même lettre, je suppose que ce soit a, on n'aura plus qu'à chercher tous les termes qui doivent contenir chaque puissance de a; la manière dont je vais former ceux qui sont affectés de a^2, fera voir comment il faudrait s'y prendre pour toute autre puissance.

J'écrirai

$$a^2 b^3, \qquad a^2 c^3, \qquad a^2 d^3.$$
$$a^2 b^2 c, \qquad a^2 c^2 d,$$
$$a^2 b^2 d, \qquad a^2 c d^2,$$
$$a^2 b c^2,$$
$$a^2 b c d,$$
$$a^2 b d^2,$$

Je ne m'arrêterai pas à former les coefficiens, parce

qu'il n'y a aucune difficulté à cet égard, en se rappelant que toute lettre qui ne porte pas d'exposant est censée en avoir un égal à l'unité.

Si m n'était pas un nombre entier positif, la condition exprimée par l'équation $p+q+r+s+t+\ldots=m$ pourrait paraître difficile à remplir; mais on évitera cet inconvénient, en donnant au polynome $(a+b+c+d+e+\text{etc.})^m$, la forme d'un binome $(a+b')^m$, dans le développement duquel on substituera, au lieu des puissances de b', qui seront nécessairement positives et entières, celles du polynome $b+c+d+e+\text{etc.}$ On trouvera de cette manière le terme général exprimé par

$$\frac{m(m-1)\ldots(m-n+1)}{1.2.3\ldots\ldots n}\,a^{m-n}\times$$

$$\frac{1.2.3\ldots\ldots\ldots\ldots n}{1.2\ldots q\times 1.2\ldots r\times 1.2\ldots s\times 1.2\ldots t}\,b^q c^r d^s e^t=$$

$$\frac{m(m-1)\ldots\ldots(m-n+1)}{1.2\ldots q\times 1.2\ldots r\times 1.2\ldots s\times 1.2\ldots t}\,a^{m-n}b^q c^r d^s e^t,$$

sous la condition $q+r+s+t=n$, et n étant successivement égal à 1, 2, 3, etc.

86. On peut faire usage des formules précédentes pour développer l'expression

$$(a+bx+cx^2+dx^3+ex^4+\ldots.)^m;$$

il suffit pour cela de changer respectivement b, c, d, e, etc., en bx, cx^2, dx^3, ex^4, etc., dans le développement de

$$(a+b+c+d+e\ldots\ldots)^m.$$

En se bornant aux lettres écrites ci-dessus, le produit

$$a^p b^q c^r d^s e^t \text{ devient } a^p b^q c^r d^s e^t x^{q+2r+3s+4t};$$

quant au coefficient qui le précède, il demeure le même qu'auparavant.

Si l'on voulait former immédiatement tous les termes affectés de la même puissance x^n, il est visible qu'il faudrait choisir les valeurs de q, r, s, t, de manière qu'elles satisfissent à l'équation

$$q + 2r + 3s + 4t = n.$$

Les procédés qui font trouver par ordre ces diverses valeurs, sont l'objet de l'*Analyse combinatoire* des géomètres allemands, sur laquelle on peut consulter les *Elémens d'Arithmétique universelle*, par M. Kramp.

87. Des considérations analogues à celles du n° 80, font obtenir bien simplement les relations des termes consécutifs du même développement. Si l'on pose

$$(a+bx+cx^2+dx^3+\ldots)^m = A+Bx+Cx^2+Dx^3+\text{etc.},$$

A, B, C, D, etc., étant des coefficiens indéterminés, ce qui donne aussi

$$(a+by+cy^2+dy^3+\ldots)^m = A+By+Cy^2+Dy^3+\text{etc.},$$

et que, pour abréger, on fasse

$$a + bx + cx^2 + dx^3 + \ldots = u,$$
$$a + by + cy^2 + dy^3 + \ldots = v,$$

on trouvera

$$\frac{u^m - v^m}{u - v} = \frac{B(x-y) + C(x^2-y^2) + D(x^3-y^3) + \text{etc.}}{b(x-y) + c(x^2-y^2) + d(x^3-y^3) + \text{etc.}}.$$

Les deux termes de la fraction du second membre de cette équation sont divisibles par $x-y$; en effectuant la division, on trouvera

$$\frac{B + C(x+y) + D(x^2 + xy + y^2) + \text{etc.}}{b + c(x+y) + d(x^2 + xy + y^2) + \text{etc.}}.$$

Si l'on fait $x = y$, on aura en même temps $u = v$; le

développement $\dfrac{u^m - v^m}{u - v}$ se réduira, dans cette hypo-

thèse, à mu^{m-1}, quelle que soit m, ainsi qu'on le con-
clurait facilement du n° 80, et l'équation précédente
deviendra

$$m(a + bx + cx^2 + dx^3 + \text{etc.})^{m-1} = \frac{B + 2Cx + 3Dx^2 + \text{etc.}}{b + 2cx + 3dx^2 + \text{etc.}};$$

mais

$$(a + bx + cx^2 + dx^3 + \ldots)^{m-1} = \frac{(a + bx + cx^2 + dx^3 + \ldots)^m}{a + bx + cx^2 + dx^3 + \ldots} =$$

$$\frac{A + Bx + Cx^2 + Dx^3 + \text{etc.}}{a + bx + cx^2 + dx^3 + \text{etc.}},$$

par hypothèse : on aura donc

$$\frac{m(A + Bx + Cx^2 + Dx^3 + \text{etc.})}{a + bx + cx^2 + dx^3 + \text{etc.}} = \frac{B + 2Cx + 3Dx^2 + \text{etc.}}{b + 2cx + 3dx^2 + \text{etc.}},$$

et chassant les dénominateurs,

$$m(A + Bx + Cx^2 + Dx^3 + Ex^4 + \text{etc.})(b + 2cx + 3dx^2 + 4ex^3 + \text{etc.})$$
$$= (B + 2Cx + 3Dx^2 + 4Ex^3 + \text{etc.})(a + bx + cx^2 + dx^3 + ex^4 + \text{etc.}):$$

faisant les multiplications indiquées, il viendra

$$
\begin{aligned}
&mbA + \ \ mbB\,x + \ \ mbC\,x^2 + \ \ mbD\,x^3 + \ \ mbE\,x^4 + \text{etc.}\\
&+2mcA \quad +2mcB \quad +2mcC \quad +2mcD\\
&\qquad\qquad +3mdA \quad +3mdB \quad +3mdC\\
&\qquad\qquad\qquad\qquad +4meA \quad +4meB\\
&\qquad\qquad\qquad\qquad\qquad\qquad +5mfA\\[4pt]
&= \ aB + 2aC\,x + 3aD\,x^2 + 4aE\,x^3 + 5aF\,x^4 + \text{etc.}\\
&\quad\ \ + bB \quad\ +2bC \quad\ +3bD \quad\ +4bE\\
&\qquad\qquad\ + cB \quad\ +2cC \quad\ +3cD\\
&\qquad\qquad\qquad\qquad + dB \quad\ +2dC\\
&\qquad\qquad\qquad\qquad\qquad\qquad + eB
\end{aligned}
$$

·En comparant les coefficiens des mêmes puissances de x,

on trouvera

$$aB = mbA,$$
$$2aC = (m-1)bB + 2mcA,$$
$$3aD = (m-2)bC + (2m-1)cB + 3mdA,$$
$$4aE = (m-3)bD + (2m-2)cC + (3m-1)dB + 4meA,$$
$$5aF = (m-4)bE + (2m-3)cD + (3m-2)dC + (4m-1)eB + 5mfA,$$

etc.

La loi de ces valeurs est facile à saisir : tous les coefficiens B, C, D, etc., seront déterminés lorsque A sera connu ; mais on voit qu'il exprime la valeur du développement quand $x = o$, ce qui réduit à a^m la fonction proposée $(a+bx+cx^2+dx^3+\ldots)^m$: on a donc $A = a^m$.

En calculant d'après cette valeur, celle des lettres B, C, D, etc., on trouvera facilement que la puissance m du polynome $a+bx+cx^2+dx^3+$ etc., a pour expression

$$a^m + \frac{m}{1}a^{m-1}bx + \frac{m(m-1)}{1.2}a^{m-2}b^2 \left.\begin{array}{c} \\ \end{array}\right\} x^2 + \frac{m(m-1)(m-2)}{1.2.3}a^{m-3}b^3 \left.\begin{array}{c} \\ \end{array}\right\} x^3$$
$$+ \quad \frac{m}{1}a^{-1}c \left.\begin{array}{c} \\ \end{array}\right\} \quad + \quad \frac{m(m-1)}{1.1}a^{m-2}bc \left.\begin{array}{c} \\ \end{array}\right\}$$
$$+ \quad \frac{m}{1}a^{m-1}d \left.\begin{array}{c} \\ \end{array}\right\}$$

$$\frac{1)(m-2)(m-3)}{1.2.3.4}a^{m-4}b^4 \left.\begin{array}{c} \\ \end{array}\right\} x^4 + \frac{m(m-1)(m-2)(m-3)(m-4)}{1.2.3.4.5}a^{m-5}b^5 \left.\begin{array}{c} \\ \end{array}\right\} x^5$$
$$\frac{m(m-1)(m-2)}{1.2.1}a^{m-3}b^2c \left.\begin{array}{c} \\ \end{array}\right\} + \frac{m(m-1)(m-2)(m-3)}{1.2.3.1}a^{m-4}b^3c \left.\begin{array}{c} \\ \end{array}\right\}$$
$$\frac{m(m-1)}{1.1}a^{m-2}bd \left.\begin{array}{c} \\ \end{array}\right\} + \frac{m(m-1)(m-2)}{1.2.1}a^{m-3}b^2d \left.\begin{array}{c} \\ \end{array}\right\}$$
$$\frac{m(m-1)}{1.2}a^{m-2}c^2 \left.\begin{array}{c} \\ \end{array}\right\} + \frac{m(m-2)(m-2)}{1.1.2}a^{m-3}bc^2 \left.\begin{array}{c} \\ \end{array}\right\} + \text{etc.}$$
$$\frac{m}{1}a^{m-1}e \left.\begin{array}{c} \\ \end{array}\right\} + \frac{m(m-1)}{1.1}a^{m-2}be \left.\begin{array}{c} \\ \end{array}\right\}$$
$$+ \frac{m(m-1)}{1.1}a^{m-2}cd \left.\begin{array}{c} \\ \end{array}\right\}$$
$$+ \frac{m}{1}a^{m-1} \left.\begin{array}{c} \\ \end{array}\right\}$$

Moivre, qui donna le premier la formule précédente, fit aussi remarquer la loi suivant laquelle on peut former chacun des termes qu'elle contient ; mais comme je n'aurai pas occasion de l'employer fréquemment, je ne m'arrêterai pas d'avantage sur ce sujet. J'observerai seulement qu'il n'existe point de fonctions algébriques qu'on ne puisse développer par ce qui précède ; car les plus générales ne sauraient être que des combinaisons de monomes ou de polynomes élevés à des puissances positives ou négatives, entières ou fractionnaires.

De la sommation des séries dont le terme général est une fonction rationnelle et entière du nombre de leurs termes.

88. J'ai donné dans le n° 229 des *Élémens* la somme des termes d'une progression par différence,

$$a, \ b, \ c, \dots k, \ l,$$

dont la différence est δ, et le nombre des termes n ; je suppose maintenant qu'on élève chacun des termes de cette série à une même puissance, et je vais considérer la série

$$a^m, \ b^m, \ c^m, \dots k^m, \ l^m.$$

On forme d'abord le développement de ces quantités en élevant à la puissance m chaque membre des équations

$$b = a + \delta, \quad c = b + \delta, \dots l = k + \delta ;$$

on a

$$b^m = a^m + \frac{m}{1} a^{m-1}\delta + \frac{m(m-1)}{1 \cdot 2} a^{m-2}\delta^2 + \text{etc.},$$

$$c^m = b^m + \frac{m}{1} b^{m-1}\delta + \frac{m(m-1)}{1 \cdot 2} b^{m-2}\delta^2 + \text{etc.},$$

$$d^m = c^m + \frac{m}{1} c^{m-1}\delta + \frac{m(m-1)}{1.2} c^{m-2}\delta^2 + \text{etc.,}$$

. . . .

$$l^m = k^m + \frac{m}{1} k^{m-1}\delta + \frac{m(m-1)}{1.2} k^{m-2}\delta^2 + \text{etc.,}$$

En ajoutant respectivement entre eux les premiers et les seconds membres de ces équations, effaçant les termes communs aux deux sommes, et transposant a^m dans la première, il viendra

$$\begin{aligned}
l^m - a^m = &\frac{m}{1}\delta (a^{m-1}+b^{m-1}+c^{m-1}\ldots+k^{m-1}) \\
&+ \frac{m(m-1)}{1.2}\delta^2(a^{m-2}+b^{m-2}+c^{m-2}\ldots+k^{m-2}) \\
&+ \frac{m(m-1)(m-2)}{1.2.3}\delta^3(a^{m-3}+b^{m-3}+c^{m-3}\ldots+k^{m-3})
\end{aligned}\Bigg\}(1);$$

$+$ etc.

posant alors

$$\begin{aligned}
a + b + c \ldots\ldots\ldots + k + l &= S_1, \\
a^2 + b^2 + c^2 \ldots\ldots\ldots + k^2 + l^2 &= S_2,
\end{aligned}$$

. . . .

$$a^m + b^m + c^m \ldots\ldots\ldots + k^m + l^m = S_m,$$

on aura

$$\begin{aligned}
a + b + c \ldots\ldots\ldots + k &= S_1 - l, \\
a^2 + b^2 + c^2 \ldots\ldots\ldots + k^2 &= S_2 - l^2,
\end{aligned}$$

. . . .

$$a^m + b^m + c^m \ldots\ldots\ldots + k^m = S_m - l^m;$$

et d'après cette notation, l'équation (1) se changera en

$$l^m - a^m = \frac{m}{1}\delta(S_{m-1}-l^{m-1}) + \frac{m(m-1)}{1.2}\delta^2(S_{m-2}-l^{m-2})$$

$$+ \frac{m(m-1)(m-2)}{1.2.3}\delta^3(S_{m-3}-l^{m-3}) + \text{etc.}\ldots (2).$$

Ce résultat, exprimant une relation entre les diverses

Comp. des Elém. d'Alg.   13

sommes S_1, S_2, $\ldots$, S_{m-1}, fera connaître la dernière lorsque les autres seront données.

Supposons d'abord $m = 1$, il viendra

$$l - a = \delta (S_0 - l^0) \, ;$$

or $\quad S_0 = a^0 + b^0 + c^0 \ldots + k^0 + l^0 = n :$

on aura donc

$$l - a = (n - 1) \delta,$$

ou bien

$$l = a + (n - 1) \delta,$$

ainsi qu'on l'a obtenu n° 228 des *Élémens*.

Faisant ensuite $m = 2$, on aura

$$l^2 - a^2 = 2\delta (S_1 - l) + \delta^2 (S_0 - l^0) \, ;$$

et en mettant $\dfrac{l - a}{\delta}$ pour $S_0 - l^0$, on trouvera

$$l^2 - a^2 = 2\delta (S_1 - l) + \delta (l - a),$$

d'où

$$S_1 = \frac{l^2 - a^2 + \delta l + \delta a}{2\delta} = \frac{(l - a + \delta)(l + a)}{2\delta} :$$

et comme $l - a + \delta = n\delta$, on obtiendra

$$S_1 = \frac{n(a + l)}{2},$$

de même que dans le n° 229 des *Élémens*.

La supposition de $m = 3$ donnera

$$l^3 - a^3 = 3\delta (S_2 - l^2) + 3\delta^2 (S_1 - l) + \delta^3 (S_0 - l^0) \, ;$$

substituant dans cette équation, pour $S_0 - l^0$ et $S_1 - l$, les valeurs trouvées ci-dessus, elle deviendra

$$l^3 - a^3 = \frac{6\delta (S_2 - l^2) + 3\delta (l^2 - a^2) - \delta^2 (l - a)}{2},$$

et donnera

$$S_a = l^2 + \frac{2(l^3 - a^3) - 3\delta(l^2 - a^2) + \delta^2(l - a)}{6\delta}$$

$$= \frac{2(l^3 - a^3) + 3\delta(l^2 + a^2) + \delta^3(l - a)}{6\delta}.$$

Il est facile, en continuant ainsi, de parvenir aux valeurs de S_3, S_4, etc.

89. Thomas Simpson a donné aussi un moyen très simple pour obtenir immédiatement la somme des puissances semblables des termes de la progression par différence, et qui revient à peu près à ce qui suit.

La somme des premières puissances étant $S_1 = \frac{(a+l)n}{2}$,

devient $\frac{\delta}{2} n^2 + \frac{2a - \delta}{2} n$, lorsqu'on met pour l sa valeur $a + (n-1)\delta$; l'analogie porte à conclure de là que la somme des puissances du degré m peut être exprimée par

$$An^{m+1} + Bn^m + Cn^{m-1} \dots + Mn,$$

les lettres A, B, C, ... M, désignant des quantités indépendantes de n; on aura donc, dans cette hypothèse,

$$An^{m+1} + Bn^m + Cn^{m-1} \dots + Mn =$$
$$a^m + (a + \delta)^m + (a + 2\delta)^m \dots + [a + (n-1)\delta]^m.$$

Mais si l'on augmente la progression proposée du terme $a + n\delta$ consécutif à $a + (n-1)\delta$, le nombre des termes deviendra alors $n + 1$; et substituant ce dernier au lieu de n, dans le premier membre de l'équation ci-dessus, on trouvera

$$A(n+1)^{m+1} + B(n+1)^m + C(n+1)^{m-1} \dots + M(n+1) =$$
$$a^m + (a+\delta)^m + (a+2\delta)^m \dots + [a + (n-1)\delta]^m + (a + n\delta)^m;$$

retranchant de cette dernière équation celle qui pré-

13..

cède, il viendra

$$A[(n+1)^{m+1}-n^{m+1}]+B[(n+1)^m-n^m]+C[(n+1)^{m-1}-n^{m-1}]$$
$$\dots\dots+M=(a+n\delta)^m.$$

En développant les deux membres de ce résultat, et en les ordonnant par rapport à n, il prendra la forme

$$\frac{m+1}{1}An^m+\frac{(m+1)m}{1.2}An^{m-1}+\frac{(m+1)m(m-1)}{1.2.3}An^{m-2}+\text{etc.}$$
$$+\frac{m}{1}Bn^{m-1}+\frac{m(m-1)}{1.2}Bn^{m-2}+\text{etc.}$$
$$+\frac{m-1}{1}Cn^{m-2}+\text{etc.}$$
$$+\text{etc.}$$
$$=\delta^m n^m+\frac{m}{1}a\delta^{m-1}n^{m-1}+\frac{m(m-1)}{1.2}a^2\delta^{m-2}n^{m-2}+\text{etc.}$$

Égalant entre eux les coefficiens des termes semblables de chaque membre, on aura

$$\frac{(m+1)}{1}A=\delta^m,$$
$$\frac{(m+1)m}{1.2}A+\frac{m}{1}B=\frac{m}{1}a\delta^{m-1},$$
$$\frac{(m+1)m(m-1)}{1.2.3}A+\frac{m(m-1)}{1.2}B+\frac{m-1}{1}C=\frac{m(m-1)}{1.2}a^2\delta^{m-2},$$
$$\frac{(m+1)m(m-1)(m-2)}{1.2.3.4}A+\frac{m(m-1)(m-2)}{1.2.3}B+\frac{(m-1)(m-2)}{1.2}C+\frac{m-2}{1}D$$
$$=\frac{m(m-1)(m-2)}{1.2.3}a^3\delta^{m-3},$$

etc.;

d'où l'on tirera

$$A=\frac{\delta^m}{m+1},$$
$$B=a\delta^{m-1}-\frac{m+1}{2}A,$$

$$C = \frac{m}{2} a^2 \delta^{m-2} - \frac{m}{2} B - \frac{(m+1)m}{2.3} A,$$

$$D = \frac{m(m-1)}{2.3} a^3 \delta^{m-3} - \frac{m-1}{2} C - \frac{m(m-1)}{2.3} B - \frac{(m+1)m(m-1)}{2.3.4} A,$$

etc.

Si dans ces formules on fait successivement $m = 1$, $m = 2$, $m = 3$, etc., que l'on substitue dans l'expression $An^{m+1} + Bn^m +$ etc., les valeurs qu'elles donneront pour les coefficiens A, B, C, etc., et que l'on désigne comme ci-dessus, par S_1 la somme des premières puissances, S_2 celles des secondes, S_3 celles des troisièmes, etc., on trouvera

$$S_1 = \frac{\delta}{2} n^2 + \frac{2a - \delta}{2} n,$$

$$S_2 = \frac{\delta^2}{3} n^3 + \frac{2a\delta - \delta^2}{2} n^2 + \frac{6a^2 - 6a\delta + \delta^2}{6} n,$$

$$S_3 = \frac{\delta^3}{4} n^4 + \frac{2a\delta^2 - \delta^3}{2} n^3 + \frac{6a^2\delta - 6a\delta^2 + \delta^3}{4} n^2 + \frac{2a^3 - 3a^2\delta + a\delta^2}{2} n.$$

90. Je ne pousserai pas plus loin ces valeurs, mais j'en ferai l'application à la progression formée par la suite naturelle des nombres

$$1, 2, 3, \ldots n.$$

Dans cette progression,

$$a = 1, \quad \delta = 1, \quad l = n,$$

et par conséquent,

$$S_0 = n = \frac{n}{1},$$

$$S_1 = \frac{n^2 + n}{2} = \frac{n(n+1)}{2},$$

$$S_2 = \frac{2n^3 + 3n^2 + n}{6} = \frac{n(n+1)(2n+1)}{1.2.3},$$

$$S_3 = \frac{n^4 + 2n^3 + n^2}{4} = \frac{n^2(n+1)^2}{4}.$$

91. Au moyen de ces formules, on peut trouver la somme de toutes les progressions dont le terme général est exprimé par des puissances entières et positives de n.

En effet, si le terme général d'une série était an^p, la quantité a ne changeant point, il est évident que la somme de cette série, dont chaque terme se tire de l'expression an^p, en faisant successivement $n=1$, $n=2$, etc., serait

$$1^p a + 2^p a + 3^p a + 4^p a \ldots + n^p a$$
$$= (1^p + 2^p + 3^p + 4^p \ldots + n^p) a = a S_p.$$

Il suit de là que la somme de la série dont le terme général est $an^p + bn^q$, a pour expression $aS_p + bS_q$; car chacun des termes de cette série est la somme des termes qui se correspondent dans les séries dérivées de an^p et de bn^q.

Enfin, le terme général étant $an^p + bn^q - cn^r$, la somme sera $aS_p + bS_q - cS_r$, puisque chaque terme de cette dernière suite est égal à la différence entre les deux termes qui se correspondent dans la série dérivée de $an^p + bn^q$, et dans celle que donne cn^r; et il est évident qu'on doit obtenir le même résultat en faisant la soustraction terme à terme, ou en prenant la différence des deux sommes respectives.

92. Soient pour exemple les suites

$$1, \quad 2, \quad 3, \quad 4, \ldots \frac{n}{1},$$

$$1,\ 3,\ 6,\ 10,\ldots\ \frac{n(n+1)}{1.2},$$

$$1,\ 4,\ 10,\ 20,\ldots\ \frac{n(n+1)(n+2)}{1.2.3},$$

etc.,

qui contiennent les coefficiens des termes du développement des puissances négatives du binome, et dont les termes généraux sont les coefficiens relatifs à la puissance $-n$.

La première est la progression par différence, dont le terme général $= n$, et est par conséquent égale à

$$\frac{n^2+n}{2}=\frac{n(n+1)}{2}.$$

La seconde, dont le terme général est

$$\frac{n(n+1)}{1.2}=\frac{n^2+n}{2},$$

peut être considérée comme la moitié de la somme des suites

$$1+4+9+16\ldots\ldots+n^2,$$
$$1+2+3+\ 4\ldots\ldots+n.$$

La somme de l'une étant $S_2=\dfrac{2n^3+3n^2+n}{6}$, et celle de l'autre $S_1=\dfrac{n^2+n}{2}$, on aura

$$\frac{S_2+S_1}{2}=\frac{n^3+3n^2+2n}{6}=\frac{n(n+1)(n+2)}{1.2.3}.$$

La troisième suite proposée, ayant pour terme général $\dfrac{n(n+1)(n+2)}{1.2.3}=\dfrac{n^3+3n^2+2n}{6}$, peut se décomposer en trois autres, dont les termes généraux seront respectivement $\frac{n^3}{6}$, $\frac{3n^2}{6}$, $\frac{2n}{6}$; et il est aisé de voir que les sommes de ces suites auront pour expressions $\frac{S_3}{6}$, $\frac{3S_2}{6}$, $\frac{2S_1}{6}$, et que par conséquent celle de la suite proposée sera

$$\frac{S_3+3S_2+2S_1}{6}=\frac{n^4+6n^3+11n^2+6n}{24}=\frac{n(n+1)(n+2)(n+3)}{1.2.3.4}.$$

Les suites que je viens de sommer font partie de celles qui sont comprises sous la dénomination de *nombres figurés*, à cause de leur rapport avec certaines figures de géométrie. On voit que la somme de chacune est la même chose que le terme général de la suivante ; en sorte que la seconde est formée des sommes partielles de la première, la troisième l'est de celles de la seconde, et ainsi des autres (*).

(*) La première suite de cet article est celle des *nombres naturels*, la deuxième, celle des *nombres triangulaires*, la troisième, celle des *nombres pyramidaux*.

La somme de deux termes consécutifs de la série des nombres triangulaires est toujours un quarré ; car $\frac{(n-1)n}{2} + \frac{n(n+1)}{2} = n^2$.

Le terme général de cette série exprime aussi la somme de la suite naturelle des nombres, depuis 1 jusqu'à n (91) ; et étant élevé au quarré, il donne la somme S_3 de leurs cubes.

En prenant, au lieu de la suite naturelle des nombres, d'abord la progression par différence,

1, 3, 5, 7,....

commençant encore par l'unité, mais dont la raison est 2, les sommes partielles formeront la suite

1, 4, 9, 16,.... des *nombres quarrés* ou *quadrangulaires;*

Des Séries récurrentes.

93. On a vu (*Élémens* , 235) la progression par quotient,

$$a + aq + aq^2 + aq^3 + \text{etc.} ,$$

naître du développement de la fraction $\dfrac{a}{1-q}$; ceci conduit naturellement à examiner les séries qui peuvent résulter du développement d'une fraction quelconque. Supposons d'abord qu'on ait la fraction $\dfrac{a}{a' + b'x}$; pour

prenant ensuite la progression

$$1, \ 4, \ 7, \ 10, \dots .$$

dont la raison est 3 , les sommes partielles formeront la suite

$$1, \ 5, \ 12, \ 22, \dots . \text{ des } \textit{nombres pentagonaux} ;$$

et en continuant ainsi, on obtiendra les *nombres polygones*, qui sont, comme on le voit, les sommes d'une progression par différence, ayant pour premier terme l'unité, et pour raison le nombre des côtés du polygone diminué de deux unités.

Si l'on désigne ce nombre par c , et qu'on fasse

$$a = 1, \quad \delta = c - 2, \quad l = 1 + (n - 1)(c - 2)$$

dans la valeur de S_1 du n° 88, on trouvera

$$S_1 = \{2 + (n - 1)(c - 2)\} \frac{n}{2} = n + \frac{n(n-1)}{2}(c - 2)$$

pour le terme général des nombres polygones.

Quant à leur interprétation géométrique, on peut consulter la note de l'article 432 du premier volume de l'*Algèbre d'Euler*, ou l'article FIGURÉ, dans le *Dictionnaire de Mathém. de l'Encyclopédie méthodique* (tome II, page 20).

la développer, on peut se servir de la formule du binome,

puisque $\dfrac{a}{a' + b'x} = a(a' + b'x)^{-1}$, ou bien encore

supposer que

$$\frac{a}{a' + b'x} = A + Bx + Cx^2 + Dx^3 + Ex^4 + \text{etc.},$$

les lettres A, B, C, etc., désignant des coefficiens indéterminés. En multipliant les deux membres par $a' + b'x$,
et passant tous les termes dans un seul, on aura

$$\left.\begin{array}{l} a'A + a'B|x + a'C|x^2 + a'D|x^3 + \text{etc.} \\ -\,a + b'A| + b'B| + b'C| + \text{etc.} \end{array}\right\} = 0;$$

cette équation devant avoir lieu, quelque valeur qu'on
donne à x, il faudra égaler séparément à zéro les coefficiens de chaque puissance de x, ce qui donnera

$$\left.\begin{array}{l} a'A - a = 0, \\ a'B + b'A = 0, \\ a'C + b'B = 0, \\ a'D + b'C = 0, \\ \text{etc.} \end{array}\right\} \text{d'où} \left\{\begin{array}{l} A = \dfrac{a}{a'}, \\ B = -\dfrac{b'}{a'}A, \\ C = -\dfrac{b'}{a'}B, \\ D = -\dfrac{b'}{a'}C, \\ \text{etc.} \end{array}\right.$$

et on voit que chaque coefficient de x, de la suite
$A + Bx + Cx^2 + Dx^3 +$ etc., est formé, dans le cas
actuel, de celui qui le précède, multiplié par la quantité
$-\dfrac{b'}{a'}$, ou que chaque terme est le produit de celui qui

le précède par $-\dfrac{b'x}{a'}$.

Soit encore

$$\frac{a + bx}{a' + b'x + c'x^2} = A + Bx + Cx^2 + Dx^3 + \text{ etc. };$$

en opérant sur cette fraction comme sur la précédente, il viendra

$$\left.\begin{array}{l} a'A + a'B|x + a'C|x^2 + a'D|x^3 + \text{ etc.} \\ -a + b'A| \quad + b'B| \quad + b'C| \quad + \text{ etc.} \\ \quad - b \quad | \quad + c'A| \quad + c'B| \quad + \text{ etc.} \end{array}\right\} = 0,$$

et on aura par conséquent

$$\left.\begin{array}{l} a'A - a = 0, \\ a'B + b'A - b = 0, \\ a'C + b'B + c'A = 0, \\ a'D + b'C + c'B = 0, \\ \text{etc.} \end{array}\right\} \text{d'où} \left\{\begin{array}{l} A = \dfrac{a}{a'}, \\ B = \dfrac{b - b'A}{a'}, \\ C = \dfrac{-c'A - b'B}{a'}, \\ D = \dfrac{-c'B - b'C}{a'}, \\ \text{etc.} \end{array}\right.$$

Ici chaque coefficient, à partir du troisième, est déterminé par les deux qui le précèdent, multipliés respectivement par les quantités $-\dfrac{c'}{a'}$, $-\dfrac{b'}{a'}$, et par conséquent chaque terme de la série se forme des deux précédens, multipliés respectivement par $-\dfrac{c'x^2}{a'}$, $-\dfrac{b'x}{a'}$.

Enfin soit, pour dernier exemple,

$$\frac{a + bx + cx^2}{a' + b'x + c'x^2 + d'x^3} = A + Bx + Cx^2 + Dx^3 + \text{etc. };$$

on trouvera, dans ce cas, que le coefficient d'une puissance quelconque de x dépendra des trois qui le précèdent, multipliés respectivement par les quantités $-\dfrac{d'}{a'}$, $-\dfrac{c'}{a'}$, $-\dfrac{b'}{a'}$, et qu'un terme quelconque de la suite sera formé par les trois précédens, multipliés respectivement par $-\dfrac{d'x^3}{a'}$, $-\dfrac{c'x^2}{a'}$, $-\dfrac{b'x}{a'}$.

Il est facile de conclure des exemples ci-dessus, qu'une fraction rationnelle de la forme

$$\frac{a + bx + cx^2 \dots + px^{m-1}}{a' + b'x + c'x^2 \dots + p'x^{m-1} + q'x^m},$$

engendrera une suite dans laquelle le coefficient d'un terme quelconque dépendra d'autant de coefficiens précédens qu'il y a d'unités dans le plus haut exposant du dénominateur. Il faut cependant observer que cette loi ne commence qu'après un nombre de termes égal à cet exposant.

Les termes précédens peuvent présenter des lois très diverses; et l'on se tromperait grossièrement si l'on appliquait à toute la série, ces lois, particulières à ses premiers termes. Par exemple, si l'on développe la fraction

$$\frac{1 + 3x + 7x^2 + 15x^3}{1 + x + x^2 + x^3 + x^4},$$

on formera la série

$$1 + 2x + 4x^2 + 8x^3 - 15x^4 + x^5 + 2x^6 + 4x^7 + \text{etc.},$$

dont les quatre premiers termes annoncent une progression par quotient ayant $2x$ pour raison.

Cette remarque est importante, parce qu'elle fait bien voir comment la *simple induction*, tirée de l'inspection d'un certain nombre de termes, diffère du raisonnement par lequel on conclut d'une suite d'équations dont la forme régulière résulte de la marche du calcùl, la valeur d'un terme général qu'on ne saurait atteindre. (*Voyez* l'observation du n° 80, p. 171.)

Les quantités $-\dfrac{q'}{a'},\ldots-\dfrac{d'}{a'},\ -\dfrac{c'}{a'},\ -\dfrac{b'}{a'}$, par lesquelles il faut multiplier les coefficiens des termes qui précèdent celui qu'on cherche, portent conjointement le nom d'*échelle de relation;* et la relation constante qui existe toujours entre un même nombre de termes consécutifs de ces séries, les a fait appeler *séries récurrentes.*

L'équation qui termine la page 8 et qui donne

$$S_{m+n} = -PS_{m+n-1}\ldots\ldots-TS_{n+1}-US_n,$$

fait voir que la somme des puissances $(m+n)^{i\grave{e}mes}$ des racines d'une équation quelconque forme une série récurrente dont l'échelle de relation, $-P,\ldots-T,-U,$ se compose des coefficiens de cette équation (*).

(*) Il est à propos de remarquer que le rapport de deux termes consécutifs de cette série, savoir,

$$\frac{S_{r+1}}{S_r} = \frac{\alpha^{r+1}+\beta^{r+1}+\gamma^{r+1}+\delta^{r+1}\ldots}{\alpha^r+\beta^r+\gamma^r+\delta^r\ldots},$$

pouvant être mis sous la forme

$$\alpha\cdot\frac{1+\frac{\beta^{r+1}}{\alpha^{r+1}}+\frac{\gamma^{r+1}}{\alpha^{r+1}}+\frac{\delta^{r+1}}{\alpha^{r+1}}\ldots}{1+\frac{\beta^r}{\alpha^r}+\frac{\gamma^r}{\alpha^r}+\frac{\delta^r}{\alpha^r}\ldots},$$

approche d'autant plus d'être égal à α, que cette quantité est plus grande par rapport à β,γ,δ, etc., et que l'exposant r est plus fort (*Élém.*, 126).

Si donc α était la plus grande racine de l'équation proposée, et que toutes les autres fussent réelles, on en trouverait des valeurs de plus en plus approchées, en formant la suite indiquée ci-dessus. Mais ce procédé, sujet d'ailleurs à quelques exceptions, étant moins commode que celui du n° 215 des *Élém. d'Alg.*, je ne m'y arrêterai pas. (Voyez le *Traité de la Résolution des Équations numériques*, par Lagrange, note VI.)

En opérant de même sur les sommes des puissances négatives, on trouverait la plus petite racine au lieu de la plus grande.

Une progression par différence est aussi une suite récurrente; car en écrivant, à la place de la lettre δ (88), la différence de deux termes consécutifs, on aura

$$c = b + b - a = 2b - a, \quad d = c + c - b = 2c - b, \quad \text{etc.};$$

ce qui fait voir que l'échelle de relation a deux termes, 2 et — 1.

94. On peut se proposer pour ces séries, comme pour les progressions, les deux questions suivantes : 1°. *Déterminer l'expression d'un terme quelconque, indépendamment de ceux qui le précèdent, ou le terme général;* 2°. *Trouver la somme d'un nombre quelconque de termes de ces suites.* La deuxième question est la plus facile à résoudre ; aussi commencerai-je par celle-là.

Soit $A + B + C + D \dots \dots + H + I + K + L$ une série récurrente dont chaque terme ne dépende que des trois qui le précèdent; cet exemple suffira pour montrer comment le procédé s'appliquerait à tout autre. La nature de la série proposée fournira les équations suivantes :

$$pA + qB + rC + sD = 0,$$
$$pB + qC + rD + sE = 0,$$
$$pC + qD + rE + sF = 0,$$
$$pD + qE + rF + sG = 0,$$
$$\dots \dots \dots \dots \dots \dots \dots \dots$$
$$pH + qI + rK + sL = 0,$$

En prenant la somme de ces équations, il viendra

$$\left. \begin{array}{l} p(A+B+C+D \dots +H) + q(B+C+D \dots +I) \\ + r(C+D \dots +K) + s(D \dots \dots +L) \end{array} \right\} = 0;$$

et si l'on désigne par f la somme de tous les termes de la série proposée, on aura

$$\left. \begin{array}{l} p(f - I - K - L) + q(f - A - K - L) \\ + r(f - A - B - L) + s(f - A - B - C) \end{array} \right\} = 0,$$

d'où l'on tirera. . . . . $f =$

$$\frac{p(I+K+L)+q(A+K+L)+r(A+B+L)+s(A+B+C)}{p+q+r+s}.$$

On voit par conséquent que la somme demandée ne dépendra que des trois premiers termes et des trois derniers.

95. La même méthode, due à Thomas Simpson, fait connaître aussi la fraction d'où la série proposée tire son origine. Il faut pour cela considérer cette série comme infinie, c'est-à-dire faire abstraction des derniers termes. Dans cette hypothèse, le nombre des équations

$$pA + qB + rC + sD = 0,$$
$$pB + qC + rD + sE = 0,$$
$$pC + qD + rE + sF = 0,$$
$$pD + qE + rF + sG = 0,$$
etc.

devient illimité; en les ajoutant ensemble, on a

$$\left.\begin{array}{l} p(A+B+C+D+\text{etc.})+q(B+C+D+\text{etc.}) \\ +r(C+D+\text{etc.})+s(D+\text{etc.}) \end{array}\right\} = 0,$$

ce qui donnera

$$pf+q(f-A)+r(f-A-B)+s(f-A-B-C)=0,$$

si l'on représente par f la somme de tous les termes de la série continuée à l'infini, ou, ce qui revient au même, la fraction qui l'a produite par son développement. De cette équation, on tire

$$f = \frac{qA + r(A + B) + s(A + B + C)}{p + q + r + s}.$$

Soit, par exemple, la série

$$1 + 2x + 8x^2 + 28x^3 + 100x^4 + \text{etc.},$$

dans laquelle chaque terme est formé des deux précédens, multipliés respectivement par $2x^2$ et par $3x$,
comme on peut s'en assurer en remarquant que

$$8x^2 = 1 \times 2x^2 + 2x \times 3x, 28x^3 = 2x \times 2x^2 + 8x^2 \times 3x, \text{etc.},$$

on aura

$$A = 1, \quad B = 2x, \quad C = 8x^2, \quad D = 28x^3, \text{ etc.},$$

$$\left.\begin{array}{l} C = 2x^2 A + 3xB, \\ D = 2x^2 B + 3xC, \\ \text{etc.} \end{array}\right\} \text{ ou } \left\{\begin{array}{l} -2x^2 A - 3xB + C = 0, \\ -2x^2 B - 3xC + D = 0, \\ \text{etc.} \end{array}\right.$$

ce qui donne

$$p = -2x^2, \quad q = -3x, \quad r = 1, \quad s = 0,$$

et

$$f = \frac{1 - x}{-2x^2 - 3x + 1} = \frac{x - 1}{2x^2 + 3x - 1};$$

et si l'on développe en effet cette fraction, on retombera sur la série proposée.

96. On peut aussi tirer du n° 93, indépendamment
de la considération de l'infini, l'expression de la fraction génératrice d'une série récurrente. Dans ce numéro, l'équation

$$\frac{a + bx}{a' + b'x + c'x^2} = A + Bx + Cx^2 + \text{etc.},$$

ayant conduit aux suivantes,

$$a'A - a = 0,$$
$$a'B + b'A - b = 0,$$

si l'on substitue dans la fraction $\dfrac{a + bx}{a' + b'x + c'x^2}$, les
valeurs de a et de b données par ces équations, on
obtiendra

$$\frac{a'A+(a'B+b'A)x}{a'+b'x+c'x^2}=\frac{A+\left(B+\dfrac{b'}{a'}A\right)x}{1+\dfrac{b'}{a'}x+\dfrac{c'}{a'}x^2};$$

et si l'on fait $\dfrac{b'}{a'}=q'$, $\dfrac{c'}{a'}=p'$, on aura

$$\frac{A+(B+q'A)x}{1+q'x+p'x^2}.$$

Ici la fraction génératrice ne contient plus que les coefficiens des deux premiers termes de la série proposée, et les deux termes de l'échelle de relation des coefficiens de cette série, pour lesquels on a

$$p'A+q'B+C=0,$$
$$p'B+q'C+D=0,$$

etc.

Dans l'exemple du numéro précédent,

$$A=1, \qquad B=2,$$
$$p'=-2, \qquad q'=-3,$$

et par conséquent,

$$\frac{A+(B+q'A)x}{1+q'x+p'x^2}=\frac{1-x}{1-3x-2x^2},$$

comme ci-dessus.

Si l'on fait $q'=-2$, $p'=1$, on trouvera

$$\frac{A+(B-2A)x}{1-2x+x^2}=\frac{A+(B-2A)x}{(1-x)^2}$$

pour la fraction génératrice d'une progression par différence quelconque (93) considérée comme infinie, les coefficiens A et B se déterminant par les deux premiers termes de cette progression.

On construirait de même des formules pour retrouver la fraction génératrice des séries récurrentes dont

Compl. des Elém. d'Alg. 14

l'échelle de relation contiendrait un plus grand nombre de termes.

Ce qui précède suppose que la série proposée soit ordonnée suivant les puissances d'une même quantité x ; si l'on avait la série purement numérique

$$1 + 2 + 8 + 28 + 100 + \text{etc.},$$

il faudrait prendre à sa place la suivante,

$$1 + 2x + 8x^2 + 28x^3 + 100x^4 + \text{etc.},$$

qui rentre dans la série proposée, lorsqu'on fait $x = 1$.

En rapprochant ceci de l'expression de S_{m+n} (93), on trouvera facilement la fraction dont elle dérive.

97. Je passe maintenant à la seconde question, qui a pour objet la recherche du terme général (94). Pour donner une idée de la manière dont elle peut se résoudre, examinons quelques-unes des séries récurrentes les plus simples. La première est celle qui tire son origine de la fraction $\dfrac{a}{a' + b'x}$, et qui revient à une progression par quotient dont la raison serait $-\dfrac{b'x}{a'}$, et le premier terme $\dfrac{a}{a'}$; il est facile de voir, d'après cela (*Elém.*, 231), que le terme général, celui dont le rang est marqué par n, doit être

$$\frac{a}{a'}\left(-\frac{b'x}{a'}\right)^{n-1} = \pm \frac{ab'^{n-1}}{a'^n} x^{n-1},$$

le signe supérieur ayant lieu lorsque $n - 1$ sera pair, et le signe inférieur dans le cas contraire.

On donnera à ce résultat une forme plus simple, en faisant $\dfrac{a}{b'} = \alpha$, $\dfrac{a'}{b'} = \alpha'$; la fraction proposée, la série qui en dérive et le terme général de cette série deviendront alors

$$\frac{a}{a'+x}, \quad \frac{a}{a'}-\frac{ax}{a'^2}+\frac{ax^2}{a'^3}-\text{etc.} \quad \text{et} \quad \pm\frac{ax^{n-1}}{a'^n}.$$

98. Vient ensuite la série qui résulte du développement de lá fraction $\dfrac{a+bx}{a'+b'x+c'x^2}$, fraction qu'on peut écrire comme il suit, $\dfrac{\dfrac{a}{c'}+\dfrac{b}{c'}x}{\dfrac{a'}{c'}+\dfrac{b'}{c'}x+x^2}$; faisant, pour abréger, $\dfrac{a}{c'}=\alpha$, $\dfrac{b}{c'}=\beta$, $\dfrac{a'}{c'}=\alpha'$, $\dfrac{b'}{c'}=\beta'$, elle se changera en $\dfrac{\alpha+\beta x}{\alpha'+\beta'x+x^2}$. Si p et q désignent les deux racines de l'équation du second degré $x^2+\beta'x+\alpha'=0$, la quantité $x^2+\beta'x+\alpha'$ sera le produit des deux facteurs $x-p$ et $x-q$; on aura donc

$$\frac{\alpha+\beta x}{\alpha'+\beta'x+x^2}=\frac{a+\beta x}{(p-x)(q-x)}.$$

Il est naturel de penser qu'une fraction dont le dénominateur est composé de plusieurs facteurs simples, peut résulter de la réduction au même dénominateur et de l'addition des fractions ayant ces facteurs simples pour dénominateurs; et c'est ce qui se voit de la manière suivante. On suppose

$$\frac{\alpha+\beta x}{(p-x)(q-x)}=\frac{P}{p-x}+\frac{Q}{q-x},$$

P et Q étant des quantités indéterminées et indépendantes de x ; en réduisant au même dénominateur les deux fractions du second membre, on trouve

$$\alpha+\beta x=(Pq+Qp)-(P+Q)x,$$

14..

ce qui aura lieu, quel que soit x, si $\alpha = Pq + Qp$ et $\beta = -(P + Q)$; et pour remplir ces conditions, il suffit de déterminer, par les équations ci-dessus, les quantités P et Q: on trouvera

$$P = -\frac{\alpha + \beta p}{p - q}, \qquad Q = \frac{\alpha + \beta q}{p - q}.$$

Au moyen de ces valeurs, on aura

$$\frac{\alpha + \beta x}{\alpha' + \beta' x + x^2} = \frac{P}{p - x} + \frac{Q}{q - x};$$

et comme chaque fraction du second membre peut se développer dans une série ordonnée suivant les puissances de x, il s'ensuit que la somme des termes qui se correspondent dans ces séries, sera égale au terme qui occuperait le même rang dans la série résultante du premier membre; le terme général de cette dernière s'obtiendra donc en ajoutant ceux des deux premières, et sera, d'après ce qui précède, $\dfrac{P x^{n-1}}{p^n} + \dfrac{Q x^{n-1}}{q^n}$. Il suit encore de là que la série résultante de deux progressions par quotient, ajoutées terme à terme, est récurrente.

99. Dans le cas où l'on aurait $p = q$, c'est-à-dire où les deux facteurs du dénominateur seraient égaux entre eux, on ne saurait décomposer la fraction $\dfrac{\alpha + \beta x}{\alpha' + \beta' x + x^2}$ en deux autres de la forme $\dfrac{P}{p - x}$, $\dfrac{Q}{p - x}$; car on trouverait

$$P = -\frac{\alpha + \beta p}{0}, \qquad Q = \frac{\alpha + \beta q}{0};$$

et l'on voit que cela doit être ainsi, parce que les deux

fractions $\dfrac{P}{p-x}$, $\dfrac{Q}{p-x}$, s'ajoutant immédiatement, ne peuvent donner qu'un résultat semblable à chacune, et non pas semblable à la fraction proposée : il faut donc alors tenter une autre décomposition.

On voit d'abord que la fraction $\dfrac{\alpha+\beta x}{(x-p)^2}$ équivaut aux deux suivantes, $\dfrac{\alpha}{(x-p)^2}$, $\dfrac{\beta x}{(x-p)^2}$, et que la dernière, en s'écrivant ainsi, $\dfrac{\beta}{x-p} \times \dfrac{x}{x-p}$, revient à

$$\frac{\beta}{x-p} \times \left(1 + \frac{p}{x-p}\right),$$

puisque

$$\frac{x}{x-p} = 1 + \frac{p}{x-p} :$$

on tire de là

$$\frac{\alpha+\beta x}{(x-p)^2} = \frac{\alpha}{(x-p)^2} + \frac{\beta}{x-p} + \frac{\beta p}{(x-p)^2} =$$
$$\frac{\alpha + \beta p}{(p-x)^2} - \frac{\beta}{p-x}.$$

Nous voilà donc parvenus à substituer à la fraction proposée deux autres fractions dont les numérateurs sont indépendans de x. Le développement de la première est

$$(\alpha+\beta p)(p-x)^{-2} = \frac{(\alpha+\beta p)}{p^2}\left(1 + \frac{2x}{p} + \frac{3x^2}{p^2} + \frac{4x^3}{p^3} + \text{etc.}\right),$$

série dont le terme général est évidemment

$$\frac{(\alpha + \beta p)}{p^2} \cdot \frac{n x^{n-1}}{p^{n-1}} ;$$

et celui de la seconde fraction étant exprimé par

$\dfrac{\beta x^{n-1}}{p^n}$, il en résultera

$$\left[\frac{n\alpha+(n-1)\beta p}{p^2}\right]\frac{x^{n-1}}{p^{n-1}}$$

pour le terme général de la série donnée par la fraction $\dfrac{\alpha+\beta x}{(x-p)^2}.$

100. Il me reste encore un cas à examiner, celui où les racines de l'équation $x^2+\beta'x+\alpha'=0$ sont imaginaires. Les facteurs $x-p$ et $x-q$ devenant imaginaires, le terme général $\dfrac{Px^{n-1}}{p^n}+\dfrac{Qx^{n-1}}{q^n}$ se trouve compliqué d'imaginaires, mais qui ne sont qu'apparentes, et se détruisent mutuellement, lorsqu'on réduit les quantités $\dfrac{Px^{n-1}}{p^n}$, $\dfrac{Qx^{n-1}}{q^n}$, au même dénominateur, et qu'on développe les puissances indiquées. En effet, si l'on met pour P et Q les valeurs trouvées précédemment, qu'on rassemble les termes multipliés par β et ceux qui le sont par α, on aura

$$-\frac{(\alpha+\beta p)x^{n-1}}{(p-q)p^n}+\frac{(\alpha+\beta q)x^{n-1}}{(p-q)q^n}$$

$$=\left\{\frac{\alpha(p^n-q^n)}{(p-q)p^nq^n}+\frac{\beta(p^{n-1}-q^{n-1})}{(p-q)p^{n-1}q^{n-1}}\right\}x^{n-1};$$

or, quand p et q sont imaginaires, ils peuvent être représentés par

$$a+b\sqrt{-1}\quad\text{et}\quad a-b\sqrt{-1},$$

ce qui donne

$$p-q=2b\sqrt{-1}\;,\quad pq=a^2+b^2,$$

et les quantités

$$p^n - q^n = (a + b\sqrt{-1})^n - (a - b\sqrt{-1})^n,$$
$$p^{n-1} - q^{n-1} = (a + b\sqrt{-1})^{n-1} - (a - b\sqrt{-1})^{n-1},$$

deviennent alors de la forme $2B\sqrt{-1}$ et $2B'\sqrt{-1}$ (41);
substituant ces expressions dans la formule ci-dessus,
elle se changera en

$$\left(\frac{aB}{b(a^2 + b^2)^n} + \frac{\beta B'}{b(a^2 + b^2)^{n-1}} \right) x^{n-1},$$

résultat réel.

101. C'est en décomposant ainsi la fraction génératrice en d'autres fractions plus simples, qu'on peut arriver au terme général de la série récurrente qu'elle produit, et qui par là se trouve décomposée elle-même en suites récurrentes d'un ordre plus simple. Il faut que les fractions partielles, dont l'ensemble représente la fraction proposée, aient des numérateurs constans, et pour dénominateurs les binomes qu'on obtiendra en cherchant les facteurs simples du dénominateur de celle-ci. Ces facteurs se tirent des racines de l'équation que donne le dénominateur de la fraction proposée, égalé à zéro ; et les numérateurs peuvent s'obtenir par la méthode des coefficiens indéterminés, comme dans l'exemple du n° 98 ; mais quand on rencontre des racines égales, la forme des fractions partielles éprouve des modifications analogues à celle qui a eu lieu dans le n° 99 ; et lorsqu'il y a des racines imaginaires, on met le terme général sous une forme réelle, en le développant, de même que dans le numéro précédent. Tout cela exige des détails dans lesquels je ne saurais entrer ; j'observerai seulement que la recherche du terme général d'une suite récurrente est comprise dans celle du

terme général de la formule du n° 86, puisque la fraction

$$\frac{a + bx + cx^2 \ldots \ldots + px^{m-1}}{a' + b'x + c'x^2 \ldots \ldots + p'x^{m-1} + q'x^m}$$

revient à

$$(a+bx\ldots\ldots+px^{m-1})(a'+b'x\ldots\ldots+p'x^{m-1}+q'x^m)^{-1},$$

et que par conséquent la méthode dont on s'est servi jusqu'à présent pour trouver ce terme général est très indirecte. La résolution des équations qu'elle exige introduit, dans l'expression demandée, des quantités irrationnelles qui ne doivent point y entrer : la réduction de toutes les parties de cette expression au même dénominateur, et l'emploi des formules relatives aux fonctions symétriques des racines des équations, feraient, à la vérité, disparaître les irrationnelles ; mais il n'en résulte pas moins que la résolution des équations est une difficulté étrangère à la recherche du terme général d'une série récurrente.

La théorie des suites est une des branches les plus importantes et les plus étendues de l'Analyse; elle réunit les parties élémentaires aux parties transcendantes ; mais c'est principalement dans celles-ci qu'elle est d'une application plus fréquente, et elle leur doit aussi ses principaux accroissemens. C'est donc pécher contre l'ordre que de la morceler, ainsi qu'on le fait presque partout, et j'avoue que je me serais abstenu d'en parler, si je n'y avais pas été forcé pour éviter le reproche de n'avoir pas rendu cet ouvrage aussi complet que ceux qui existaient auparavant. On trouvera d'ailleurs tout ce qui concerne la doctrine des séries, à la suite du *Traité du Calcul différentiel et du Calcul intégral* déjà cité. Je terminerai ce sujet en exposant succinctement la méthode que Lagrange a donnée dans les *Mémoires de l'Académie des Sciences de Paris*, année 1772, pour reconnaître si une série proposée est récurrente.

102. Soit $S = A + Bx + Cx^2 + Dx^3 +$ etc., une suite dans laquelle les quantités A, B, C, etc., désignent des nombres donnés; si cette suite est récurrente, elle doit résulter du développement d'une fraction rationnelle (95). Je suppose, comme dans tout ce qui précède, que le plus haut exposant de x, dans le numérateur de cette fraction, soit moindre d'une unité que dans le dénominateur; si le contraire avait lieu, le procédé même nous le ferait connaître, ainsi qu'on le verra plus bas.

On cherchera d'abord si la série S peut être le développement de la fraction $\dfrac{a'}{a + bx}$, et pour cela, on fera $S = \dfrac{a'}{a + bx}$; d'où il résulte

$$\frac{1}{S} = \frac{a + bx}{a'} = \frac{a}{a'} + \frac{b}{a'}\,x = p + qx;$$

ce qui montre que le quotient de l'unité divisée par la série S, ordonné par rapport à x, ne doit renfermer que deux termes seulement, lorsque cette formule vient en effet de la fraction supposée.

Soit, pour exemple,

$$S = 2 + 4x + 8x^2 + 16x^3 +\ \text{etc.};$$

on fera la division comme il suit, en prenant 2 pour le premier terme du diviseur,

$$
\begin{array}{r|l}
1 & 2 + 4x + 8x^2 + 16x^3 +\ \text{etc.} \\
  & \frac{1}{2} - x \\
\hline
\end{array}
$$

$$-1 - 2x - 4x^2 - 8x^3 - 16x^4 -\ \text{etc.}$$
$$+2x + 4x^2 + 8x^3 + 16x^4 +\ \text{etc.}$$
$$\quad 0 \qquad 0 \qquad 0 \qquad 0 \qquad 0$$

on aura

$$p = \tfrac{1}{2}, \qquad q = -1 \quad \text{et} \quad \frac{1}{S} = \tfrac{1}{2} - x,$$

d'où l'on tirera facilement

$$S = \frac{2}{1 - 2x}.$$

Si la division ne fini pas ainsi au second terme, la série proposée ne sera point le développement d'une fraction telle que $\dfrac{a'}{a + bx}$; il faudra essayer alors si elle ne vient pas d'une fraction de la forme $\dfrac{a' + b'x}{a + bx + cx^2}$: dans cette hypothèse, on aura

$$\frac{1}{S} = \frac{a + bx + cx^2}{a' + b'x}.$$

Si l'on effectue la division indiquée dans le second membre, et qu'on ne la pousse que jusqu'à ce qu'on ait un quotient de la forme $p + qx$, ce qui arrivera après deux divisions partielles, il y aura un reste qu'on pourra représenter par $a''x^2$; et il viendra par conséquent

$$\frac{1}{S} = p + qx + \frac{a''x^2}{a' + b'x},$$

ce qui prouve que le reste de la division de 1 par S sera divisible par x^2. Si l'on désigne par $S_1 x^2$ ce reste, qui sera une série de la forme

$$A_1 x^2 + B_1 x^3 + C_1 x^4 + \text{etc.},$$

on aura

$$\frac{1}{S} = p + qx + \frac{S_1 x^2}{S} = p + qx + \frac{a''x^2}{a' + b'x} :$$

d'où il suit

$$\frac{S_1}{S} = \frac{a''}{a' + b'x}, \qquad \frac{S}{S_1} = \frac{a' + b'x}{a''},$$

et

$$\frac{S}{S_1} = \frac{a'}{a''} + \frac{b'}{a''}\, x = p_1 + q_1 x,$$

en faisant la division indiquée dans le second membre. Ainsi $\frac{S}{S_1}$ doit donner un quotient de deux termes, comme on l'a obtenu plus haut pour $\frac{1}{S}$; et des deux équations

$$\frac{1}{S} = p + qx + \frac{S_1 x^2}{S}, \quad \frac{S}{S_1} = p_1 + q_1 x,$$

on tirera

$$S = \cfrac{1}{p + qx + \cfrac{x^2}{p_1 + q_1 x}} :$$

réduisant cette fraction, il viendra

$$S = \frac{p_1 + q_1 x}{(p + qx)(p_1 + q_1 x) + x^2}.$$

Supposons encore que l'on n'ait pas exactement $\frac{S}{S_1} = p_1 + q_1 x$; il faudra faire alors

$$S = \frac{a' + b'x + c'x^2}{a + bx + cx^2 + dx^3};$$

et en opérant comme dans les cas précédens, on trouvera

$$\frac{1}{S} = \frac{a + bx + cx^2 + dx^3}{a' + b'x + c'x^2} = p + qx + \frac{a''x^2 + b''x^3}{a' + b'x + c'x^2}.$$

La série qui reste, après qu'on a poussé la division dans $\frac{1}{S}$ jusqu'aux deux premiers termes $p + qx$, étant divisible par x^2, pourra être représentée par $S_1 x^2$, en sorte

220 COMPLÉMENT

qu'on aura

$$\frac{1}{S} = p + qx + \frac{S_1 x^2}{S} = p + qx + \frac{a''x^2 + b''x^3}{a' + b'x + c'x^2};$$

ce qui donnera

$$\frac{S_1}{S} = \frac{a'' + b''x}{a' + b'x + c'x^2}, \quad \frac{S}{S_1} = \frac{a' + b'x + c'x^2}{a'' + b''x},$$

et

$$\frac{S}{S_1} = p_1 + q_1 x + \frac{a'''x^2}{a'' + b''x},$$

en faisant la division indiquée dans le second membre, et s'arrêtant aux deux premiers termes du quotient. Cette dernière expression montre que la division de S par S_1, poussée de même jusqu'à ce qu'on ait un quotient de la forme $p_1 + q_1 x$, laissera pour reste une série divisible par x^2; et nommant $S_2 x^2$ cette série, on aura

$$\frac{S}{S_1} = p_1 + q_1 x + \frac{S_2 x^2}{S_1} = p_1 + q_1 x + \frac{a'''x^2}{a'' + b''x};$$

d'où

$$\frac{S_2}{S_1} = \frac{a'''}{a'' + b''x}, \quad \frac{S_1}{S_2} = \frac{a'' + b''x}{a'''} = \frac{a''}{a'''} + \frac{b''}{a'''}x = p_2 + q_2 x.$$

En combinant les équations

$$\frac{1}{S} = p + qx + \frac{S_1 x^2}{S}, \quad \frac{S}{S_1} = p_1 + q_1 x + \frac{S_2 x^2}{S_1},$$

$$\frac{S_1}{S_2} = p_2 + q_2 x,$$

que l'on vient d'obtenir, on en déduira

$$S = \frac{(p_1 + q_1 x)(p_2 + q_2 x) + x^2}{(p+qx)(p_1+q_1x)(p_2+q_2x) + [(p+qx)+(p_2+q_2x)]x^2}$$

pour la fraction génératrice de la série proposée.

Il serait facile maintenant de pousser plus loin l'opération, si la division de S_1 par S_2 ne donnait pas un quotient exact ; et l'on doit voir qu'elle conduira toujours, comme ci-dessus, à un nombre fini d'équations entre S, S_1, S_2, S_3, etc., desquelles on déduira l'expression de la fraction génératrice. La règle à suivre dans tous les cas, peut s'énoncer ainsi : *Divisez l'unité par la série proposée* S, *jusqu'à ce qu'il y ait au quotient deux termes tels que* p + qx, *et désignant le reste par* S_1x^2, *divisez* S *par* S_1, *jusqu'à ce qu'il y ait au quotient deux termes comme* p_1 + q_1x ; *désignant encore le reste par* S_2x^2, *divisez* S_1 *par* S_2, *jusqu'à ce que vous trouviez un quotient de la forme* p_2 + q_2x, *et ainsi de suite : si la série proposée est récurrente, vous arriverez enfin à un quotient exact, qui pourra être représenté par* p_n + q_nx. Il vient alors cette suite d'équations :

$$\frac{1}{S} = p + qx + \frac{S_1 x^2}{S},$$

$$\frac{S}{S_1} = p_1 + q_1 x + \frac{S_2 x^2}{S_1},$$

$$\frac{S_1}{S_2} = p_2 + q_2 x + \frac{S_3 x^2}{S_2},$$

$$\dots\dots\dots\dots\dots$$

$$\frac{S_{n-1}}{S_n} = p_n + q_n x,$$

d'où l'on tire

$$S = \cfrac{1}{p + qx + \cfrac{S_1 x^2}{S}},$$

$$\frac{S_1}{S} = \cfrac{1}{p_1 + q_1 x + \cfrac{S_2 x^2}{S_1}},$$

$$\frac{S_2}{S_1} = \cfrac{1}{p_2 + q_2 x + \cfrac{S_3 x^2}{S_2}},$$

$$\dots\dots\dots\dots\dots$$

$$\frac{S_n}{S_{n-1}} = \frac{1}{p_n + q_n x}.$$

103. Pour appliquer la règle précédente à la série des nombres

$$1, 1, 3, 7, 18, 47, 123, 322, 843, 2207, 5778, \text{etc.},$$

par exemple, on lui donnera la forme

$$S = 1 + x + 3x^2 + 7x^3 + 18x^4 + 47x^5 + 123x^6 + 322x^7 + 843x^8 + \text{etc.} ;$$

on aura

$$p + qx = 1 - x,$$

$$S_1 = -2 - 4x - 11x^2 - 29x^3 - 76x^4 - 199x^5 - 521x^6 - \text{etc.},$$

$$p_1 + q_1 x = -\tfrac{1}{2} + \tfrac{1}{2} x,$$

$$S_2 = -\tfrac{1}{2} - 2x - \tfrac{11}{2} x^2 - \tfrac{29}{2} x^3 - 38x^4 - \tfrac{199}{2} x^5 - \text{etc.},$$

$$p_2 + q_2 x = 4 - 8x,$$

$$S_3 = -5 - 15x - 40x^2 - 105x^3 - \text{etc.},$$

et enfin $p_3 + q_3 x = \tfrac{1}{10} + \tfrac{1}{10} x$, sans reste. Formant alors les équations

$$\frac{S_3}{S_2} = \frac{1}{\tfrac{1}{10} + \tfrac{1}{10} x}, \qquad \frac{S_2}{S_1} = \frac{1}{4 - 8x + \dfrac{S_3 x^2}{S_2}},$$

$$\frac{S_1}{S} = \frac{1}{-\tfrac{1}{2} + \tfrac{1}{2} x + \dfrac{S_2 x^2}{S_1}}, \qquad S = \frac{1}{1 - x + \dfrac{S_1 x^2}{S}}$$

on trouvera

$$S = \frac{1 - 2x + x^2 - x^3}{1 - 3x + x^2}.$$

Le numérateur étant d'un degré plus élevé que le dénominateur, on peut ôter un entier de la fraction, et il viendra

$$S = -x - 2 + \frac{3 - 7x}{1 - 3x + x^2},$$

d'où l'on voit que la série proposée est la suite récurrente produite par la fraction proprement dite.....
$\dfrac{3 - 7x}{1 - 3x + x^2}$, à laquelle on a ajouté les termes -2 et $-x$; aussi, dans la première, la loi de *récurrence* ne se manifeste qu'au cinquième terme, au lieu qu'elle se montrera dès le troisième, si l'on en retranche -2 et $-x$, car il viendra

$$3 + 2x + 3x^2 + 7x^3 + \text{etc.},$$

et déjà

$$3x^2 = 3 \times - x^2 + 2x \times 3x,$$
$$7x^3 = 2x \times - x^2 + 3x^2 \times 3x, \text{ etc.}$$

Développement en séries, des exponentielles et des logarithmes.

104. On a tiré les logarithmes de l'équation $y = a^x$ (*Elém.*, 240), y étant le nombre, x le logarithme et a la base ; cette équation présente deux questions : *trouver* y, *connaissant* x ; *et trouver* x, *connaissant* y. Je commencerai d'abord par chercher y en x, et pour cela, je supposerai

$$a^x = A + Bx + Cx^2 + Dx^3 + \text{etc.},$$

A, B, C, D, etc., étant des coefficiens indépendans de x; en prenant donc une autre quantité z, j'aurai également

$$a^z = A + Bz + Cz^2 + Dz^3 + \text{etc.},$$

d'où je tirerai

$$\frac{a^x - a^z}{x - z} = \frac{B(x-z) + C(x^2 - z^2) + D(x^3 - z^3) + \text{etc.}}{x - z}.$$

La division du second membre par $x - z$ s'effectue d'après la formule du n° 158 des *Elémens*, et il vient

$$\frac{a^x - a^z}{x - z} =$$

$$B + C(x+z) + D(x^2 + xz + z^2) + E(x^3 + x^2z + xz^2 + z^3) + \text{etc.}$$

Pour pouvoir développer de même le premier membre, j'écris ainsi son numérateur, $a^z(a^{x-z} - 1)$; faisant ensuite $a = 1 + b$, dans la quantité a^{x-z}, je la développe suivant les puissances de b, au moyen de la formule du binome, et j'ai

$$(1+b)^{x-z} = 1 + \frac{(x-z)}{1}b + \frac{(x-z)(x-z-1)}{1.2}b^2 + \text{etc.};$$

d'où il suit

$$a^z(a^{x-z}-1)=a^z\left(\frac{(x-z)}{1}b+\frac{(x-z)(x-z-1)}{1.2}b^2+\text{etc.}\right).$$

Ce dernier développement étant divisible par $x-z$, il en résulte

$$a^z\left(b+\frac{x-z-1}{2}b^2+\frac{(x-z-1)(x-z-2)}{2.3}b^3+\text{etc.}\right)=$$
$$B+C(x+z)+D(x^2+xz+z^2)+E(x^3+x^2z+xz^2+z^3)+\text{etc.}$$

Si maintenant on suppose $z=x$, l'équation ci-dessus deviendra

$$a^x\left(b-\frac{b^2}{2}+\frac{b^3}{3}-\frac{b^4}{4}+\text{etc.}\right)=$$
$$B+2Cx+3Dx^2+4Ex^3+\text{etc.};$$

faisant, pour abréger,

$$b-\frac{b^2}{2}+\frac{b^3}{3}-\frac{b^4}{4}+\text{etc.}=k,$$

et substituant pour a^x la série

$$A+Bx+Cx^2+Dx^3+Dx^4+\text{etc.},$$

on trouvera

$$Ak+Bkx+Ckx^2+Dkx^3+Ekx^4+\text{etc.}=$$
$$B+2Cx+3Dx^2+4Ex^3+5Fx^4+\text{etc.};$$

d'où l'on tirera

$$B=Ak,\quad C=\frac{Bk}{2},\quad D=\frac{Ck}{3},\quad E=\frac{Dk}{4},\quad F=\frac{Ek}{5},\text{etc.}$$

Tous les coefficiens, excepté A, seront déterminés par ces équations; mais lorsque $x=0$, l'équation.....
$a^x=A+Bx+Cx^2+\text{etc.}$, donnant $1=A$, il s'ensuit que $A=1$, $B=\dfrac{k}{1}$, $C=\dfrac{k^2}{1.2}$, $D=\dfrac{k^3}{1.2.3}$,

$$E = \frac{k^4}{1 \cdot 2 \cdot 3 \cdot 4}, \quad F = \frac{k^5}{1 \cdot 2 \cdot 3 \cdot 4 \cdot 5}, \text{ etc.}, \quad \text{et que}$$

$$y = a^x = 1 + \frac{kx}{1} + \frac{k^2 x^2}{1 \cdot 2} + \frac{k^3 x^3}{1 \cdot 2 \cdot 3} + \frac{k^4 x^4}{1 \cdot 2 \cdot 3 \cdot 4} + \text{etc.}$$

105. Il est à propos de remarquer que, quelque valeur qu'on donne à x, la série ci-dessus finira toujours par être convergente. En effet, il est aisé de voir qu'on peut représenter le terme général de cette série par $\dfrac{k^n x^n}{1 \cdot 2 \ldots n}$; celui qui vient immédiatement après sera $\dfrac{k^{n+1} x^{n+1}}{1 \cdot 2 \ldots n (n+1)}$, et le rapport de l'un à l'autre aura pour expression $\dfrac{kx}{n+1}$. Or, en prolongeant la série, on doit nécessairement rencontrer un terme dans lequel $n+1$ surpassera kx, et qui par conséquent sera moindre que celui qui le précède; et il est clair que le décroissement continuera toujours dans les termes ultérieurs.

106. Il s'agit maintenant de déterminer la quantité k. En mettant, au lieu de b, sa valeur $a-1$, on aura

$$k = \frac{(a-1)}{1} - \frac{(a-1)^2}{2} + \frac{(a-1)^3}{3} - \frac{(a-1)^4}{4} + \text{etc.}$$

Cette série ne sera convergente qu'autant que $a-1$ sera moindre que l'unité; mais on verra plus loin qu'elle est susceptible de devenir aussi convergente qu'on voudra, au moyen de la dépendance qui se trouve entre a et k, et que je vais faire connaître.

Lorsqu'on suppose $x = \frac{1}{k}$ dans la série

$$a^x = 1 + \frac{kx}{1} + \frac{k^2 x^2}{1 \cdot 2} + \frac{k^3 x^3}{1 \cdot 2 \cdot 3} + \text{etc.},$$

Compl. des Elém. d'Alg. 15

il vient

$$a^{\frac{1}{k}} = 1 + \frac{1}{1} + \frac{1}{2} + \frac{1}{2.3} + \frac{1}{2.3.4} + \text{ etc. ;}$$

désignant par e la valeur du second membre dont les dix premiers termes donneront

$$e = 2,7182818,$$

en s'arrêtant à la septième décimale, on aura l'équation

$$a^{\frac{1}{k}} = e,$$

de laquelle on tirera

$$a = e^k.$$

Prenant les logarithmes, on trouvera

$$k \, \mathrm{l} \, e = \mathrm{l} \, a ;$$

si a est la base du système des logarithmes représentés par la caractéristique l, on aura

$$k = \frac{1}{\mathrm{l} e},$$

et par conséquent, dans cette hypothèse,

$$y = a^x =$$
$$1 + \frac{x}{1.\mathrm{l}e} + \frac{x^2}{1.2.(\mathrm{l}e)^2} + \frac{x^3}{1.2.3.(\mathrm{l}e)^3} + \text{ etc.}$$

Telle est l'expression du nombre y par son logarithme x.

Si l'on faisait $a = e$, ce qui donnerait $k = 1$, il en résulterait

$$y = e^x = 1 + \frac{x}{1} + \frac{x^2}{1.2} + \frac{x^3}{1.2.3} + \text{ etc.}$$

107. La question proposée est résolue, puisque voilà

y exprimé en x, c'est-à-dire qu'étant donnés le logarithme x et celui du nombre e, relativement à la base a, on aura le nombre y; mais l'expression de k en a nous conduit aussi à la solution de la seconde question: *étant donné un nombre, trouver son logarithme.*

En effet, si l'on suppose que a soit une quantité quelconque, et que l'on mette pour k, dans l'équation $k\,\mathrm{l}\,e = \mathrm{l}\,a$, la série qu'il représente, on obtiendra

$$\mathrm{l}a = \mathrm{l}e\left\{\frac{(a-1)}{1} - \frac{(a-1)^2}{2} + \frac{(a-1)^3}{3} - \frac{(a-1)^4}{4} + \text{etc.}\right\}.$$

Voilà donc le logarithme d'un nombre quelconque a exprimé au moyen de ce nombre et du seul logarithme d'un nombre déterminé e.

Cette série n'est convergente qu'autant que le nombre a est très voisin de l'unité; mais comme $\mathrm{l}\sqrt[m]{a} = \frac{1}{m}\,\mathrm{l}\,a$ (*Elém.*, 241), si l'on change, dans le second membre, a en $\sqrt[m]{a}$, il viendra

$$\mathrm{l}a = m\mathrm{l}e\left\{\frac{(\sqrt[m]{a}-1)}{1} - \frac{(\sqrt[m]{a}-1)^2}{2} + \frac{(\sqrt[m]{a}-1)^3}{3} - \text{etc.}\right\};$$

or, en prenant pour m un très grand nombre, on pourra toujours faire en sorte que la quantité $\sqrt[m]{a}$ diffère aussi peu qu'on voudra de l'unité.

On a ainsi un moyen très simple de calculer le logarithme de a; car en prenant m égale à quelqu'un des nombres compris dans la série 2, 4, 8, 16, etc., on n'aura qu'à effectuer des extractions successives de racines quarrées (*Elém.*, 153). Cependant ce procédé deviendrait pénible pour les nombres un peu considéra-

15..

bles, c'est pourquoi les analystes ont cherché de nouvelles séries qui pussent s'appliquer à ces nombres, séries qui ne sont que des transformations de la première
expression de $l\,a$.

108. Le nombre a étant supposé, dans les séries précédentes, indépendant de la base des logarithmes, il est
évident qu'on pourra appliquer ces séries à un nombre
quelconque y, et qu'on aura en général

$$x = ly = le\left\{\frac{(y-1)}{1} - \frac{(y-1)^2}{2} + \frac{(y-1)^3}{3} - \text{etc.}\right\}.$$

En substituant dans cette expression $1 + u$ au lieu de y,
elle deviendra

$$l(1+u) = le\left\{\frac{u}{1} - \frac{u^2}{1} + \frac{u^3}{3} - \frac{u^4}{4} + \text{etc.}\right\};$$

changeant ensuite u en $-u$, on aura

$$l(1-u) = le\left\{-\frac{u}{1} - \frac{u^2}{2} - \frac{u^3}{3} - \frac{u^4}{4} - \text{etc.}\right\};$$

retranchant le second résultat du premier, on trouvera

$$l(1+u) - l(1-u) = l\left(\frac{1+u}{1-u}\right) =$$
$$2\,le\left\{\frac{u}{1} + \frac{u^3}{3} + \frac{u^5}{5} + \text{etc.}\right\},$$

série dont la marche est plus rapide que celle des précédentes.

On en trouve une beaucoup plus convergente, en
faisant dans celle-ci

$$\frac{1+u}{1-u} = 1 + \frac{z}{n},$$

ce qui donne

$$u = \frac{z}{2n + z},$$

et par conséquent,

$$1\left(1 + \frac{z}{n}\right) = 1\frac{n+z}{n} = 1(n+z) - 1n =$$

$$2 \, l \, e \left\{ \frac{z}{2n+z} + \frac{1}{3}\left(\frac{z}{2n+z}\right)^3 + \frac{1}{5}\left(\frac{z}{2n+z}\right)^5 + \text{etc.} \right\};$$

d'où l'on tire

$$1(n+z) = 1n +$$

$$2 \, l \, e \left\{ \frac{z}{2n+z} + \frac{1}{3}\left(\frac{z}{2n+z}\right)^3 + \frac{1}{5}\left(\frac{z}{2n+z}\right)^5 + \text{etc.} \right\}.$$

Cette dernière série fera connaître le logarithme du nombre $n+z$, par le moyen de celui de n, et sera d'autant plus convergente, que n sera plus considérable.

Si l'on fait $z = 1$, on aura le logarithme de $n+1$, exprimé par la série très simple

$$1(n+1) = 1n$$

$$+ 2 \, l \, e \left\{ \frac{1}{2n+1} + \frac{1}{3}\frac{1}{(2n+1)^3} + \frac{1}{5}\frac{1}{(2n+1)^5} + \text{etc.} \right\},$$

et convergente lors même que $n = 1$.

Dans ce cas, elle donne

$$1\,2 = 2 \, l \, e \left(\frac{1}{3} + \frac{1}{3.3^3} + \frac{1}{5.3^5} + \frac{1}{7.3^7} + \text{etc.}\right),$$

série dont le huitième terme ne va pas à $\frac{1}{100000000}$: en réduisant en décimales tous ceux qui le précèdent, on obtiendra

$$1\,2 = 0{,}6931472 . l\,e.$$

109. On ne peut avoir la valeur absolue de $l\,2$ sans fixer celle de $l\,e = 1\,(2{,}7182818)$, qui dépend du système de logarithmes que l'on adopte. L'hypothèse la plus simple consiste à supposer $l\,e = 1$, et on a alors

$$1\,2 = 0{,}6931472 ;$$

dans ce système particulier, qui répond à l'équation $y = e^x$ (100), la base est e. Je le désignerai sous le nom de *système nepérien*, pour rappeler le nom de l'écossais Neper (ou Napier), auquel on doit l'importante découverte des logarithmes ; et j'accentuerai la lettre l toutes les fois qu'il s'agira des logarithmes de ce système : ainsi j'écrirai $l'e = 1$, $l'2 = 0,6931472$ (*).

Pour passer du système nepérien à celui dont la base serait une quantité quelconque a, il faut se servir de l'équation $Ly = \dfrac{ly}{lA}$ (*Elém.*, 250), qui devient dans le cas actuel, $lz = \dfrac{l'z}{l'a}$; et si l'on fait $z = e$, on aura

$$l\,e = \frac{1}{l'a},$$

puisque $l'e = 1$: il ne restera donc plus qu'à calculer $l'a$ par la dernière série donnée ci-dessus, en y supposant $l\,e = 1$.

Pour les logarithmes ordinaires, dans lesquels $a = 10$, on observera que $10 = 5.2$; et l'on verra qu'il suffit d'avoir $l'5$, parce que $l'10 = l'5 + l'2$, et que $l'2$ est déjà connu.

Pour parvenir au logarithme de 5, on supposera, dans la dernière série du numéro précédent, $n = 4$ et $z = 1$; et comme $l'4 = 2\,l'2$, il viendra, en prenant $l'e = 1$,

$$l'5 = 2\,l'2 + 2\left\{\frac{1}{9} + \frac{1}{3}\left(\frac{1}{9}\right)^3 + \frac{1}{5}\left(\frac{1}{9}\right)^5 + \text{etc.}\right\}.$$

(*) Les logarithmes nepériens sont appelés ordinairement *logarithmes hyperboliques* ; mais cette dénomination est vicieuse, car il n'y a pas de système de logarithmes qui ne réponde à quelqu'une des courbes que les géomètres ont nommées *hyperboles*.

Les trois premiers termes de cette série suffisent pour obtenir un résultat exact jusqu'à la septième décimale, et elle donne

$$l'5 = 1,6094379 ;$$

en ajoutant à ce logarithme celui de 2 trouvé plus haut, on a

$$l'10 = 2,3025851 ,$$

et par conséquent,

$$l e = \frac{1}{l'10} = 0,4342945.$$

En multipliant par ce nombre les logarithmes nepériens de 2 et de 5, obtenus dans le n° 108 et dans celui-ci, on trouvera

$$l 2 = 0,3010300 \quad \text{et} \quad l 5 = 0,6989700 ,$$

tels qu'ils sont dans les tables de logarithmes ordinaires.

110. **La** quantité $l e$ est nommée en général *module;* on voit que celui des logarithmes nepériens est 1, et que celui des logarithmes ordinaires est 0,4342945. On convertit les logarithmes nepériens en logarithmes quelconques, en multipliant les premiers par le module des seconds, et on repasse de ceux-ci aux autres, en les divisant par leur module, ou, ce qui revient au même, en les multipliant par $\frac{1}{l e}$. Lorsque la base est 10, on a

$$\frac{1}{l e} = 2,3025851 ;$$

c'est par ce nombre qu'il faut multiplier les logarithmes ordinaires, pour les convertir en logarithmes nepériens, ce qui est souvent nécessaire.

111. Borda et Haros ont donné des formules qui

expriment, au moyen de séries très convergentes, les relations entre plusieurs logarithmes de nombres consécutifs, et qui conduisent très promptement à ces logarithmes.

Pour parvenir à ces formules, je reprendrai l'équation

$$ l\,\frac{1+u}{1-u} = 2\,l\,e\left\{\frac{u}{1} + \frac{u^3}{3} + \frac{u^5}{5} + \text{etc.}\right\}\quad(108),$$

en y faisant

$$ \frac{1+u}{1-u} = \frac{m}{n},\quad \text{d'où}\quad u = \frac{m-n}{m+n} $$

et

$$ l\,\frac{m}{n} = 2\,l\,e\left\{\frac{m-n}{m+n} + \frac{1}{3}\left(\frac{m-n}{m+n}\right)^3 + \text{etc.}\right\}. $$

Cela posé, voici comment on obtient la formule que donne Borda dans la Préface de ses *Tables trigonométriques décimales*, revues, augmentées et publiées par Delambre.

Si l'on forme les produits

$$ (p-1)(p-1)(p+2) = p^3 - 3p + 2, $$
$$ (p+1)(p+1)(p-2) = p^3 - 3p - 2, $$

et qu'on fasse

$$ m = p^3 - 3p + 2, $$
$$ n = p^3 - 3p - 2, $$

il viendra

$$ \frac{m-n}{m+n} = \frac{4}{2(p^3 - 3p)} = \frac{2}{p^3 - 3p}, $$

puis

$$ l\,\frac{p^3-3p+2}{p^3-3p-2} = 2\,l\,e\left\{\frac{2}{p^3-3p} + \frac{1}{3}\left(\frac{2}{p^3-3p}\right)^3 + \text{etc.}\right\}, $$

d'où l'on conclura

$$ l(p+2) + 2\,l(p-1) - l(p-2) - 2\,l(p+1) $$
$$ = 2\,l\,e\left\{\frac{2}{p^3-3p} + \frac{1}{3}\left(\frac{2}{p^3-3p}\right)^3 + \text{etc.}\right\}. $$

Si l'on prend successivement

$$p=5, \quad p=6, \quad p=7, \quad p=8,$$

on aura les quatre équations

$$l7+4l2— l3—2l3—2l2 \qquad = 2le\left\{\tfrac{1}{55} + \text{etc.}\right\},$$
$$3l2+2l5—2l2—2l7 \qquad = 2le\left\{\tfrac{1}{99} + \text{etc.}\right\},$$
$$2l3+2l3+2l2— l5—6l2 \qquad = 2le\left\{\tfrac{1}{161}+ \text{etc.}\right\},$$
$$l5+ l2+2l7— l3— l2—4l3 = 2le\left\{\tfrac{1}{244}+ \text{etc.}\right\}.$$

Ces quatre équations ne renferment que les logarithmes des nombres 2, 3, 5 et 7, logarithmes que l'on peut alors déterminer par une simple élimination ; on obtient de cette manière

$$l2 = 2\,l\,e \left\{ \begin{array}{l} 14\left\{\tfrac{1}{55} + \tfrac{1}{3}\left(\tfrac{1}{55}\right)^3 + \text{etc.}\right\} \\ + 5\left\{\tfrac{1}{99} + \tfrac{1}{3}\left(\tfrac{1}{99}\right)^3 + \text{etc.}\right\} \\ + 8\left\{\tfrac{1}{161} + \tfrac{1}{3}\left(\tfrac{1}{161}\right)^3 + \text{etc.}\right\} \\ - 2\left\{\tfrac{1}{244} + \tfrac{1}{3}\left(\tfrac{1}{244}\right)^3 + \text{etc.}\right\} \end{array} \right\},$$

et ainsi des autres.

Si l'on prend encore $p=15$, il viendra

$$l17 + 2l7 — l3 — 6l2 = 2le\left\{\tfrac{1}{1665} + \tfrac{1}{3}\left(\tfrac{1}{1665}\right)^3 + \text{etc.}\right\}.$$

Enfin on aura aussi, en faisant $p=1007$,

$$l\,1009 + 2\,l\,1006 — l\,1005 — 2\,l\,1008$$
$$= 2le\left\{\tfrac{1}{510572161} + \tfrac{1}{3}\left(\tfrac{1}{510572161}\right)^3 + \text{etc.}\right\}.$$

Ces exemples suffisent pour montrer le parti qu'on peut tirer de la formule de Borda.

112. Pour obtenir celle de Haros, il faut, supposer

$$m=x^4—25x^2=x^2(x+5)(x—5),$$
$$n=x^4—25x^2+144=(x—3)(x+3)(x+4)(x—4),$$

et l'on aura

$$2\,l\,x+l(x+5)+l(x-5)-l(x+3)-l(x-3)\}=$$
$$-l(x+4)-l(x-4)\}=$$
$$-2\,l\,e\Big\{\frac{72}{x^4-25x^2+72}+\frac{1}{3}\Big(\frac{72}{x^4-25x^2+72}\Big)^3+\text{etc.}\Big\},$$

d'où l'on tirera la valeur de $l\,(x+5)$ au moyen de celle de

$$l\,(x+4),\ l\,(x+3),\ l\,x,\ l(x-5),\ l(x-4),\ l(x-5).$$

La série est très convergente dès que le nombre x devient un peu grand ; son second terme, lorsque $x=1000$, est seulement

$$0,00000\ 00000\ 00000\ 00000\ 00000\ 00000\ 12\ (^*).$$

113. Le procédé employé pour résoudre la première des questions posées dans le n° 104, peut servir aussi à déduire immédiatement de l'équation $y=a^x$, le développement de x en y. On peut donner à ce développement la forme

$$x=A(y-1)+B(y-1)^2+C(y-1)^3+\text{etc.},$$

puisque x doit s'évanouir lorsque $y=1$; et faisant $y-1=u$, on aura

$$x=Au+Bu^2+Cu^3+\text{etc.}$$

Désignant aussi par w la valeur de $y-1$ ou de u, correspondante à une valeur de x représentée par z, on aura également

$$z=Aw+Bw^2+Cw^3+\text{etc.},$$

(*) On trouvera quelques formules de plus sur ce sujet, dans l'Introduction de mon *Traité du Calcul différentiel et du Calcul intégral*.

et par conséquent

$$\frac{x-z}{u-w} = A + B(u+w) + C(u^2 + uw + w^2) + \text{etc.}$$

L'équation $y = a^x$ donne

$$y - 1 \quad \text{ou} \quad u = a^x - 1,$$

d'où il suit

$$w = a^z - 1, \quad u - w = a^x - a^z = a^z(a^{x-z} - 1)$$

et

$$\frac{x-z}{a^z(a^{x-z}-1)} = A + B(u+w) + \text{etc.} \quad (W);$$

puis si l'on fait $a = 1 + b$, comme dans le n° 104, on obtiendra

$$a^{x-z} - 1 =$$
$$\frac{(x-z)}{1}b + \frac{(x-z)(x-z-1)}{1 \cdot 2}b^2 + \text{etc.};$$

mettant cette valeur dans l'équation (W), supprimant le facteur $x-z$ commun aux deux termes du premier membre, et supposant ensuite $z = x$, d'où il résulte $w = u$, on aura

$$\frac{1}{a^x\left(b - \dfrac{b^2}{2} + \dfrac{b^3}{3} - \dfrac{b^4}{4} + \text{etc.}\right)} =$$
$$A + 2Bu + 3Cu^2 + 4Du^3 + \text{etc.}$$

En écrivant k au lieu de $b - \dfrac{b^2}{2} + \dfrac{b^3}{3} - \dfrac{b^4}{4} + \text{etc.}$, et $1 + u$ au lieu de a^x, il viendra

$$\frac{1}{k(1+u)} = A + 2Bu + 3Cu^2 + 4Du^3 + \text{etc.};$$

et, en faisant disparaître le dénominateur, passant tout dans un seul membre,

$$\left.\begin{array}{l} Ak + 2Bku + 3Cku^2 + 4Dku^3 + \text{etc.} \\ -1 + Aku + 2Bku^2 + 3Cku^3 + \text{etc.} \end{array}\right\} = 0,$$

équation de laquelle on tire

$$A = \frac{1}{k}, \quad B = -\frac{1}{2k}, \quad C = \frac{1}{3k}, \quad D = -\frac{1}{4k}, \quad \text{etc.},$$

et par conséquent,

$$x = \frac{1}{k} \left\{ \frac{(y-1)}{1} - \frac{(y-1)^2}{2} + \frac{(y-1)^3}{3} - \text{etc.} \right\}.$$

Si a est la base du système des logarithmes, on aura donc, comme ci-dessus (108),

$$\mathrm{l}\, y = \frac{1}{k} \left\{ \frac{(y-1)}{1} - \frac{(y-1)^2}{2} + \frac{(y-1)^3}{3} + \text{etc.} \right\}.$$

Du retour des suites.

114. Le fréquent usage que j'ai fait, dans ce qui précède, de la méthode des coefficiens indéterminés, me permettra d'exposer en peu de mots celle du retour des suites, qui sert à trouver l'expression d'une quantité engagée dans une série dont la valeur est donnée.

Soit $y = \alpha + ax + bx^2 + cx^3 + dx^4 + \text{etc.}$; pour obtenir x en y, on passera le terme α dans le premier membre, et faisant, pour abréger, $y - \alpha = z$, il viendra

$$z = ax + bx^2 + cx^3 + dx^4 + \text{etc.} \ldots \ (1).$$

La supposition de $x = 0$ donnant $z = 0$, il est facile d'en conclure que l'on peut faire

$$x = Az + Bz^2 + Cz^3 + Dz^4 + \text{etc.} \ldots \ (2);$$

les coefficiens A, B, C, D, etc., indépendans de z, se détermineront au moyen des équations qu'on obtiendra après avoir substitué au lieu des puissances de x, dans l'équation (1) , celles de la série (2) (*), passé tous les termes dans un seul membre , et égalé séparément à zéro les quantités qui multiplient chaque puissance de z. Voici le résultat de la substitution

$$\left.\begin{array}{l}
ax = aAz + aBz^2 + \quad aCz^3 + \quad aDz^4 + \text{etc.} \\
+bx^2 = \ldots + bA^2z^2 + 2bABz^3 + 2bACz^4 + \text{etc.} \\
\qquad\qquad\qquad\qquad + bB^2z^4 \\
+cx^3 = \ldots\ldots\ldots + \quad cA^3z^3 + 3cA^2Bz^4 + \text{etc.} \\
+dx^4 = \ldots\ldots\ldots\ldots\ldots + \quad dA^4z^4 + \text{etc.} \\
\ldots\ldots\ldots\ldots\ldots\ldots\ldots\ldots\ldots\ldots\ldots \\
-z = -z
\end{array}\right\} = 0.$$

En égalant à zéro les coefficiens de z, de z^2, de z^3, etc., on trouve

$$aA - 1 = 0, \quad aB + bA^2 = 0, \quad aC + 2bAB + cA^3 = 0,$$
$$aD + 2bAC + bB^2 + 3cA^2B + dA^4 = 0, \text{ etc. :}$$

ces équations donnent

$$A = \frac{1}{a}, \quad B = -\frac{b}{a^3}, \quad C = \frac{2b^2 - ac}{a^5},$$
$$D = -\frac{5b^3 - 5abc + a^2d}{a^7}, \quad \text{etc. ;}$$

et on a par conséquent

$$x = \frac{1}{a}z - \frac{b}{a^3}z^2 + \frac{2b^2 - ac}{a^5}z^3$$
$$- \frac{5b^3 - 5abc + a^2d}{a^7}z^4 + \text{etc.}$$

Il est à propos de remarquer qu'on pourrait appliquer à la résolution des équations algébriques, dans quelques cas, la série précédente , z désignant alors le dernier

---

(*) Ces puissances peuvent se trouver par des multiplications successives , ou par les formules du n° 87.

terme de l'équation, passé dans le second membre. Mais on n'aurait, de cette manière, que la plus petite des racines de l'équation proposée, puisque l'expression de x en z décroît continuellement avec z, et s'évanouit en même temps que cette quantité, ce qui réduit l'équation (1) à la forme

$$0 = ax + bx^2 + cx^3 + \text{etc.},$$

sous laquelle elle admet la racine $x = 0$.

115. Proposons-nous, pour exemple, de tirer la valeur de x de la série

$$y = 1 + \frac{x}{1} + \frac{x^2}{1.2} + \frac{x^3}{1.2.3} + \frac{x^4}{1.2.3.4} + \text{etc.},$$

dans laquelle $y = e^x$ (106); on aura

$$z = y - 1,$$

et

$$a = 1, \quad b = \frac{1}{1.2}, \quad c = \frac{1}{1.2.3}, \quad d = \frac{1}{1.2.3.4}, \text{ etc.},$$

d'où l'on déduira

$$A = 1, \quad B = -\tfrac{1}{2}, \quad C = \tfrac{1}{3}, \quad D = -\tfrac{1}{4}, \quad \text{etc.},$$

et

$$x = \frac{(y-1)}{1} - \frac{(y-1)^2}{2} + \frac{(y-1)^3}{3} - \text{etc.},$$

ce qui s'accorde avec l'expression du n° 108, en y faisant l e $= 1$.

On tirerait de même la valeur de y en x de la série

$$x = \frac{(y-1)}{1} - \frac{(y-1)^2}{1} + \frac{(y-1)^3}{1} - \text{etc.},$$

en supposant $y - 1 = z$ et $z = Ax + Bx^2 + Cx^3 + \text{etc.}$ Je laisse au lecteur à s'exercer sur ce calcul; les coefficiens A, B, C, etc., étant déterminés, on re mettra $y - 1$ pour z, et il viendra

$$y = 1 + Ax + Bx^2 + Cx^3 + \text{etc.}$$

116. Si l'on avait l'équation

$$\alpha y + \beta y^2 + \gamma y^3 + \delta y^4 + \text{etc.} = ax + bx^2 + cx^3 + dx^4 + \text{etc.},$$

formée par deux séries, et qu'on voulût obtenir l'expression de y, on supposerait

$$y = Ax + Bx^2 + Cx^3 + Dx^4 + \text{etc.},$$

et on opérerait comme précédemment, après avoir passé tous les termes du premier membre dans le second. Nous insistons peu sur ces calculs, parce qu'ils ne conduisent qu'à des formules dont on n'aperçoit pas facilement la loi (*).

Des Fractions continues.

OBSERVATION. Cet article est, à quelques légers changemens près, le premier paragraphe des additions faites par Lagrange à l'Algèbre d'Euler.

117. La méthode exposée dans le n° 221 des *Élémens d'Algèbre*, pour approcher de la valeur de l'inconnue dans une équation d'un degré quelconque, prescrit de faire successivement

$$x = a + \frac{1}{y}, \quad y = b + \frac{1}{y'}, \quad y' = b' + \frac{1}{y''},$$

$$y'' = b'' + \frac{1}{y'''}, \text{ etc.},$$

(*) On peut voir, dans l'*Introduction* de mon *Traité du Calcul différentiel et du Calcul intégral* (2ᵉ édition, n° 59), à quoi tient cette difficulté.

a, b, b', b'', etc., étant les nombres entiers immédiatement inférieurs aux vraies valeurs des quantités x, y,
y', y'', etc. : si dans la valeur de x on met celle de y,
tirée de la seconde équation, il viendra

$$x = a + \cfrac{1}{b + \cfrac{1}{y'}} \, ;$$

substituant dans cette expression, pour y', sa valeur
prise dans la troisième équation, on aura

$$x = a + \cfrac{1}{b + \cfrac{1}{b' + \cfrac{1}{y''}}} \, ;$$

chassant y'' au moyen de la quatrième équation, on parviendra à

$$x = a + \cfrac{1}{b + \cfrac{1}{b' + \cfrac{1}{b'' + \cfrac{1}{y'''}}}} \, ,$$

et ainsi de suite.

La fraction qui accompagne l'entier a dans cette expression, semblable à celles que nous avons fait connaître en Arithmétique (163), est une *fraction continue ;*
et l'on comprend en général sous ce nom *toute fraction
dont le dénominateur est composé d'un entier plus une
fraction, laquelle a encore pour dénominateur un entier
plus une fraction, et ainsi de suite.*

On rencontre les fractions continues sous deux formes différentes : les unes ont, comme la précédente,
l'unité à tous les numérateurs des fractions *intégrantes*,
et les autres ont des dénominateurs et des numérateurs

quelconques ; telle est la suivante :

$$a + \cfrac{b}{\beta + \cfrac{c}{\gamma + \cfrac{d}{\delta + \text{etc.}}}} \; ;$$

mais je ne m'occuperai que des premières, les autres étant plus curieuses qu'utiles.

118. En rapprochant le n° 163 de l'*Arithmétique* et les n°ˢ 221 et 243 des *Elémens*, on voit que les « fractions » continues se présentent naturellement toutes les fois » qu'il s'agit d'exprimer en nombre, des quantités qu'on » ne peut obtenir que par des approximations succes- » sives. En effet, supposons qu'on ait à évaluer une » quantité quelconque donnée a, qui ne soit pas ex- » primable par un nombre entier ; la voie la plus simple » est de commencer par chercher le nombre entier qui » sera le plus proche de la valeur de a, et qui n'en diffé- » rera que par une fraction moindre que l'unité. Soit » ce nombre α, et l'on aura $a - \alpha$ égal à une fraction » plus petite que l'unité ; de sorte que $\dfrac{1}{a - \alpha}$ sera au » contraire un nombre plus grand que l'unité. Soit donc » $\dfrac{1}{a - \alpha} = b$, et comme b doit être un nombre plus grand » que l'unité, on pourra chercher de même le nombre » entier qui approchera le plus de la valeur de b ; et ce » nombre étant nommé β, on aura de nouveau $b - \beta$ » égal à une fraction plus petite que l'unité, et par con- » séquent $\dfrac{1}{b - \beta}$ sera égal à une quantité plus grande » que l'unité, qu'on pourra désigner par c : ainsi, pour » évaluer c, il n'y aura qu'à chercher pareillement le » nombre entier le plus proche de c, lequel étant dé-

Compl. des Elém. d'Alg.   16

» signé par γ, on aura $c - \gamma$ égal à une quantité plus
» petite que l'unité, et par conséquent $\dfrac{1}{c-\gamma}$ sera égal
» à une quantité d plus grande que l'unité, et ainsi de
» suite. Par ce moyen, il est clair qu'on doit épuiser
» peu à peu la valeur de a, et cela, de la manière la
» plus simple et la plus prompte qu'il est possible,
» puisqu'on n'emploie que des nombres entiers dont
» chacun approche, autant qu'il est possible, de la
» valeur cherchée.

» Maintenant, puisque $\dfrac{1}{a-\alpha} = b$, on aura

$$a - \alpha = \frac{1}{b} \quad \text{et} \quad a = \alpha + \frac{1}{b};$$

» de même, à cause de $\dfrac{1}{b-\beta} = c$, on aura

$$b = \beta + \frac{1}{c};$$

» et à cause de $\dfrac{1}{c - \gamma} = d$, on aura pareillement

$$c = \gamma + \frac{1}{d},$$

» et ainsi de suite; de sorte qu'en substituant successi-
» vement ces valeurs, on aura

$$a = \alpha + \frac{1}{b}$$

$$= \alpha + \frac{1}{\beta} + \frac{1}{c}$$

$$= \alpha + \frac{1}{\beta} + \frac{1}{\gamma} + \frac{1}{d},$$

» et en général,

$$a = \alpha + \cfrac{1}{\beta + \cfrac{1}{\gamma + \cfrac{1}{\delta + \text{etc.}}}}$$

119. » Il est bon de remarquer ici que les nombres
» α, β, γ, etc., qui représentent, comme nous venons
» de le voir, les valeurs entières approchées des quan-
» tités a, b, c, etc., peuvent être pris chacun de deux
» manières différentes, puisqu'on peut prendre égale-
» ment pour la valeur entière approchée d'une quan-
» tité donnée, l'un ou l'autre des deux nombres entiers
» entre lesquels se trouve cette quantité; il y a cepen-
» dant une différence essentielle entre ces deux ma-
» nières de prendre les valeurs approchées, par rapport
» à la fraction continue qui en résulte; car si l'on prend
» toujours les valeurs approchées plus petites que les
» véritables, les dénominateurs β, γ, δ, etc., seront
» tous positifs, au lieu qu'ils seront tous négatifs, si
» l'on prend les valeurs approchées toutes plus grandes
» que les véritables, et ils seront en partie positifs et en
» partie négatifs, si les valeurs approchées sont prises
» tantôt trop petites et tantôt trop grandes.

» En effet, si α est plus petit que a, $a - \alpha$ sera une
» quantité positive; donc b sera positif, et β le sera
» aussi; au contraire, $a - \alpha$ sera négatif, si α est plus
» grand que a: donc b sera négatif, et β le sera aussi.
» De même, si β est plus petit que b, $b - \beta$ sera tou-
» jours une quantité positive; donc c le sera aussi, et
» par conséquent aussi γ; mais si β est plus grand que
» b, $b - \beta$ sera une quantité négative; de sorte que c,
» et par conséquent aussi γ, seront négatifs, et ainsi
» de suite.

» Au reste, lorsqu'il s'agit de quantités négatives,
» j'entends par quantités plus petites celles qui, prises
» positivement, seraient plus grandes.

16.

120. » Je dois remarquer encore que si parmi les
» quantités a, b, c, d, etc., il s'en trouve une qui soit
» égale à un nombre entier, alors la fraction continue
» sera terminée, parce qu'on pourra y conserver cette
» quantité même. Par exemple, si c est un nombre en-
» tier, la fraction continue qui donne la valeur de a sera

$$a = a + \frac{1}{\beta} + \frac{1}{c}.$$

» En effet, il est clair qu'il faudrait prendre $\gamma = c$,
» ce qui donnerait

$$d = \frac{1}{c - \gamma} = \frac{1}{0} = \infty \quad (*),$$

» et par conséquent $\delta = \infty$; de sorte que l'on aurait

$$a = a + \frac{1}{\beta} + \frac{1}{\gamma} + \frac{1}{\infty},$$

» les termes suivans s'évanouissant vis-à-vis de la quan-
» tité infinie ∞; or, $\frac{1}{\infty} = 0$: donc on aura simplement

$$a = a + \frac{1}{\beta} + \frac{1}{\gamma}.$$

» Ce cas arrivera toutes les fois que la quantité a
» sera commensurable, c'est-à-dire qu'elle sera expri-
» mée par une fraction rationnelle; mais lorsque a
» sera une quantité irrationnelle, alors la fraction
» continue ira nécessairement à l'infini.

121. » Supposons que la quantité a soit une expression
» fractionnaire $\frac{A}{B}$, A et B étant des nombres entiers don-

---

(*) Le caractère ∞ est, comme on voit, celui dont les analystes se
servent pour désigner une quantité infinie, ou ce que devient une
fraction dont le dénominateur s'évanouit (*Elém.*, 68).

» nés ; il est d'abord évident que le nombre entier α

» qui approchera le plus de $\frac{A}{B}$, sera le quotient de la

» division de A par B, faite à l'ordinaire ; ainsi, en

» nommant α ce quotient et C le reste, on aura

$$\frac{A}{B} - \alpha = \frac{C}{B}; \quad \text{donc} \quad b = \frac{B}{C}.$$

» Pour avoir de même la valeur entière approchée β

» de la fraction $\frac{B}{C}$, il n'y aura qu'à diviser B par C, et

» prendre pour β le quotient de cette division ; alors

» nommant D le reste, on aura

$$b - \beta = \frac{D}{C}, \quad \text{et par conséquent,} \quad c = \frac{D}{C}:$$

» puis on divisera C par D ; le quotient sera la valeur

» du nombre γ, et ainsi de suite ; d'où résulte cette

» règle fort simple pour réduire les fractions ordinaires

» en fractions continues :

» *Divisez d'abord le numérateur de la fraction pro-*

» *posée, par son dénominateur, et nommez le quotient*

» α ; *divisez ensuite le dénominateur par le reste, et*

» *nommez le quotient* β ; *divisez après cela le premier*

» *reste par le second reste, et soit le quotient* γ ; *con-*

» *tinuez ainsi en divisant toujours l'avant-dernier*

» *reste par le dernier, jusqu'à ce qu'il se présente une di-*

» *vision qui se fasse sans reste, ce qui doit nécessaire-*

» *ment arriver, puisque les restes sont tous des nombres*

» *entiers qui vont en diminuant; vous aurez la fraction*

» *continue*

$$\alpha + \frac{1}{\beta} + \frac{1}{\gamma} + \frac{1}{\delta} + \text{etc.},$$

» *qui sera égale à la fraction donnée.* »

122. Cette règle est précisément celle qu'il faut suivre pour trouver le plus grand commun diviseur des nombres A et B (*Arith.* , 61). Si l'on suppose que l'opération se termine à la 5ᵉ division, on aura

$$\frac{A}{B} = \alpha + \frac{C}{B},$$

$$\frac{B}{C} = \beta + \frac{D}{C},$$

$$\frac{C}{D} = \gamma + \frac{E}{D},$$

$$\frac{D}{E} = \delta + \frac{F}{E},$$

$$\frac{E}{F} = \epsilon ,$$

d'où l'on tirera

$$A = \alpha B + C,$$

$$B = \beta C + D,$$

$$C = \gamma D + E,$$

$$D = \delta E + F,$$

$$E = \epsilon F,$$

équations au moyen desquelles on remontera de la valeur de E à celles de A et de B, dont le dernier reste F sera le plus grand commun diviseur.

En appliquant ce procédé à la fraction $\frac{1103}{887}$ (*Arithmétique*, 163), on trouvera les quotiens

$$1, 4, 9, 2, 1, 1, 4,$$

avec lesquels « on formera la fraction continue

$$\frac{1103}{887} = 1 + \frac{1}{4} + \frac{1}{9} + \frac{1}{2} + \frac{1}{1} + \frac{1}{1} + \frac{1}{4}.$$

123. » Comme dans la manière ordinaire de faire les » divisions, on prend toujours pour quotient le nombre » entier moindre que sa valeur exacte ou tout au plus égal » à cette valeur, il s'ensuit que, par la méthode précé- » dente, on n'aura que des fractions continues dont tous » les dénominateurs seront des nombres positifs.

» Or, on peut aussi prendre pour quotient le nombre
» entier qui est immédiatement plus grand que la va-
» leur exacte, lorsque cette valeur n'est pas réduc-
» tible à un nombre entier; et, pour cela, il n'y a qu'à
» augmenter d'une unité la valeur du quotient trouvé à
» la manière ordinaire ; alors le reste sera négatif, et le
» quotient suivant sera nécessairement négatif. Ainsi
» l'on pourra, à volonté, rendre les termes de la frac-
» tion continue positifs ou négatifs.

» Dans l'exemple précédent, au lieu de prendre 1 pour
» le quotient de 1103 divisé par 887, je puis prendre 2 ;
» mais j'aurai le reste négatif —671, par lequel il faudra
» maintenant diviser 887 : on divisera donc 887 par
» —671, et l'on aura ou le quotient —1 et le reste 216,
» ou le quotient —2 et le reste —455. Prenons le quo-
» tient plus grand —1, et alors il faudra diviser le reste
» —671 par le reste 216, d'où l'on aura ou le quotient
» —3 et le reste —23, ou le quotient —4 et le reste
» 192. Je continue la division en adoptant le quotient
» plus grand —3; j'aurai à diviser le reste 216 par le
» reste —23, ce qui me donnera ou le quotient —9 et
» le reste 9, ou le quotient —10 et le reste —14, et
» ainsi de suite.

» De cette manière, on aura

$$\frac{1103}{887} = 2 + \frac{1}{-1} + \frac{1}{-3} + \frac{1}{-9} + \text{etc.},$$

» où l'on voit que tous les dénominateurs sont négatifs.

124. » On peut au reste rendre positif chaque déno-
» minateur négatif, en changeant le signe du numéra-
» teur ; mais il faut alors changer aussi le signe du
» numérateur suivant ; car il est clair qu'on a

$$\mu + \frac{1}{-\nu} + \frac{1}{\pi} + \text{etc.} = \mu - \frac{1}{\nu} - \frac{1}{\pi} + \text{etc.}$$

» Ensuite on pourra, si l'on veut, faire disparaître
» tous les signes — de la fraction continue, et la ré-
» duire à une autre où tous les termes soient positifs ;
» car on a en général

$$\mu - \frac{1}{\nu} + \text{etc.} = \mu - 1 + \frac{1}{1} + \frac{1}{\nu - 1} + \text{etc.},$$

» comme on peut s'en convaincre aisément, en rédui-
» sant ces deux quantités en fractions ordinaires.

» On pourrait aussi, par un moyen semblable, intro-
» duire des termes négatifs à la place des positifs ; car
» on a

$$\mu + \frac{1}{\nu} + \text{etc.} = \mu + 1 - \frac{1}{1} + \frac{1}{\nu - 1} + \text{etc.},$$

» d'où l'on voit que, par ces sortes de transformations,
» on peut quelquefois simplifier une fraction continue ;
» et la réduire à un moindre nombre de termes, ce qui
» aura lieu toutes les fois qu'il y aura des dénominateurs
» égaux à l'unité positive ou négative.

» En général, il est clair que, pour avoir la fraction
» continue la plus convergente qu'il est possible vers la
» valeur de la quantité donnée, il faut toujours prendre
» pour α, β, γ, etc., les nombres entiers qui approchent
» le plus des quantités a, b, c, etc., soit qu'ils soient
» plus petits ou plus grands que ces quantités : or, il est
» facile de voir que si, par exemple, on ne prend pas
» pour α le nombre entier qui approche le plus, soit
» en excès ou en défaut, de a, le nombre suivant β sera
» nécessairement égal à l'unité. En effet, la différence
» entre a et α sera alors plus grande que $\frac{1}{2}$, par consé-
» quent on aura $b = \dfrac{1}{a - \alpha}$ plus petit que 2 : donc β ne
» pourra être qu'égal à l'unité.

» Ainsi, toutes les fois que, dans une fraction con-
» tinue, on trouvera des dénominateurs égaux à l'unité,
» ce sera une marque que l'on n'a pas pris les dénomi-
» nateurs précédens aussi approchans qu'il est possible,
» et que par conséquent la fraction peut se simplifier en
» augmentant ou en diminuant ces dénominateurs d'une
» unité ; ce qu'on pourra exécuter par les formules pré-
» cédentes, sans être obligé de refaire en entier le
» calcul.

125. » La méthode du n° 121 peut servir aussi à ré-
» duire en fraction continue toute quantité quelconque,
» pourvu qu'elle soit auparavant exprimée en déci-
» males ; mais comme la valeur en décimales ne peut
» être qu'approchée, et qu'en augmentant d'une unité
» le dernier caractère, on a deux limites entre lesquelles
» doit se trouver la vraie valeur de la quantité propo-
» sée, il faudra, pour ne pas sortir de ces limites, faire
» à la fois le même calcul sur les deux fractions dont
» il s'agit, et n'admettre ensuite dans la fraction conti-
» nue que les quotiens qui résulteront également des
» deux opérations. »

Si, par exemple, il s'agit d'exprimer en fraction
continue la racine quarrée de 2, dont la valeur en décimales est entre 1,414213 et 1,414214, on aura à
réduire en fractions continues les fractions ordinaires
suivantes : $\frac{141421}{100000}$, $\frac{141422}{100000}$; on trouvera pour toutes
deux les 6 premiers quotiens égaux à 2 ; mais le 7e
serait 3 pour l'une et 1 pour l'autre : on a donc, de
cette manière,

$$\sqrt{2} = 1 + \cfrac{1}{2 + \cfrac{1}{2 + \cfrac{1}{2 + \cfrac{1}{2 + \cfrac{1}{2 + \cfrac{1}{2}}}}}} + \text{etc.}$$

Au reste, il est à propos de remarquer que, quelque nombre de décimales qu'on ait dans la valeur de la racine quarrée de 2, la fraction continue conserve la même forme, comme on le prouvera plus loin.

« L'expression décimale du rapport de la cir-
» conférence au diamètre est, par le calcul de Viète,
» 3,1415926535, ... de sorte qu'on aura la
» fraction $\frac{31415926535}{10000000000}$ à réduire en fraction continue
» par la méthode ci-dessus : or, si l'on ne prend que la
» fraction $\frac{315159}{100000}$, on trouve les quotiens 3, 7, 15, 1, etc.;
» et si l'on prenait la fraction plus grande $\frac{314160}{100000}$, on
» trouverait les quotiens 3, 7, 16, etc., de sorte que le
» troisième quotient demeurerait incertain ; d'où l'on
» voit que pour pouvoir pousser seulement la fraction
» continue au-delà de trois termes, il faudra nécessai-
» rement adopter une valeur de la circonférence qui
» ait plus de six caractères.

» Si l'on prend la valeur donnée par Ludolph (Van
» Ceulen) en trente-cinq caractères, et qui est

3,14159 26535 89793 23846 26433 83279 50288,

» qu'on augmente d'une unité le dernier caractère 8,
» et qu'on opère en même temps sur l'une et l'autre
» valeur, on trouvera cette suite de quotiens, 3, 7,
» 15, 1, 292, 1, 1, 1, 2, 1, 3, 1, 14, 2, 1, 1, 2, 2, 2, 2,
» 1, 84, 2, 1, 1, 15, 3, 13, 1, 4, 2, 6, 6, 1; de sorte
» que l'on aura

$$\frac{circonf.}{diamètre} = 3 + \cfrac{1}{7 + \cfrac{1}{15 + \cfrac{1}{1 + \cfrac{1}{292 + \cfrac{1}{1 + \cfrac{1}{1}}}}}} + \text{etc.}$$

» Comme il y a ici des dénominateurs égaux à
» l'unité, on pourra simplifier la fraction, en y intro-

» duisant des termes négatifs, par les formules du
» n° 124, et l'on trouvera

$$\frac{circonf.}{diamètre} = 3 + \frac{1}{7} + \frac{1}{16} - \frac{1}{294} - \frac{1}{3} - \frac{1}{3} + \text{etc.},$$

» ou bien

$$\frac{circonf.}{diamètre} = 3 + \frac{1}{7} + \frac{1}{16} + \frac{1}{-294} + \frac{1}{3} + \frac{1}{-3} + \text{etc.}$$

126. » Après avoir expliqué la génération des frac-
» tions continues, nous allons en montrer les usages et
» les principales propriétés.

» Il est d'abord évident que plus on prend de termes
» dans une fraction continue, plus on doit approcher
» de la vraie valeur de la quantité qu'on a exprimée
» par cette fraction ; de sorte que si l'on s'arrête suc-
» cessivement à chaque terme de la fraction, on aura
» une suite de quantités qui seront nécessairement con-
» vergentes vers la quantité proposée.

» Ainsi, ayant réduit la valeur de a à la fraction con-
» tinue

$$\alpha + \frac{1}{\beta} + \frac{1}{\gamma} + \frac{1}{\delta} + \text{etc.},$$

» on aura les quantités

$$\alpha, \quad \alpha + \frac{1}{\beta}, \quad \alpha + \frac{1}{\beta} + \frac{1}{\gamma}, \quad \text{etc.},$$

» ou bien, en réduisant,

$$\alpha, \quad \frac{\alpha\beta + 1}{\beta}, \quad \frac{\alpha\beta\gamma + \alpha + \gamma}{\beta\gamma + 1}, \quad \text{etc.},$$

» qui approcheront de plus en plus de la valeur de a.

» Pour pouvoir mieux juger de la loi et de la con-
» vergence de ces quantités, nous remarquerons que,
» par les formules du n° 118, on a

$$a = \alpha + \frac{1}{b}, \quad b = \beta + \frac{1}{c}, \quad c = \gamma + \frac{1}{d}, \quad d = \delta + \frac{1}{e}, \text{etc.};$$

» d'où l'on voit d'abord que α est la première valeur ap-
» prochée de a; qu'ensuite, si l'on prend la valeur exacte
» de a, qui est $\dfrac{\alpha b + 1}{b}$, et qu'on y substitue pour b sa
» valeur approchée β, on aura cette valeur plus appro-
» chée $\dfrac{\alpha \beta + 1}{\beta}$, qu'on aura de même une troisième
» valeur plus approchée de a, en mettant d'abord pour
» b sa valeur exacte $\dfrac{\beta c + 1}{c}$, ce qui donne

$$a = \frac{(\alpha\beta + 1)c + \alpha}{\beta c + 1} :$$

» et prenant ensuite pour c la valeur approchée γ; par
» ce moyen, la nouvelle valeur approchée de a sera

$$\frac{(\alpha\beta + 1)\gamma + \alpha}{\beta\gamma + 1};$$

» continuant le même raisonnement, on pourra appro-
» cher davantage, en mettant dans l'expression de a
» trouvée ci-dessus, à la place de c, sa valeur exacte
» $\dfrac{\gamma d + 1}{d}$, ce qui donnera

$$a = \frac{[(\alpha\beta + 1)\gamma + \alpha]d + \alpha\beta + 1}{(\beta\gamma + 1)d + \beta},$$

» et prenant ensuite pour d sa valeur approchée δ; de
» sorte qu'on aura pour la quatrième approximation la

» quantité

$$\frac{[(\alpha\beta +1)\gamma + \alpha]\delta + \alpha\beta +1}{(\beta\gamma +1)\delta + \beta}. \text{ »}$$

Cela posé, si l'on représente par

$$\frac{A}{A'}, \quad \frac{B}{B'}, \quad \frac{C}{C'}, \quad \frac{D}{D'},$$

les quatre valeurs approchées de a, formées ci-dessus, on voit aisément que

$$A = a, \qquad\qquad A' = 1,$$
$$B = A\beta + 1, \qquad B' = \beta;$$
$$C = B\gamma + A, \qquad C' = B'\gamma + A',$$
$$D = C\delta + B, \qquad D' = C'\delta + B',$$

et à partir de la troisième ligne de cette suite de valeurs, on reconnaît une loi dont il est facile de constater la continuation indéfinie. En effet, la valeur exacte de a, rapportée au bas de la page précédente, devenant par cette notation

$$a = \frac{Cd + B}{C'd + B'},$$

donne cette nouvelle valeur exacte,

$$a = \frac{C\left(\delta + \frac{1}{e}\right) + B}{C'\left(\delta + \frac{1}{e}\right) + B'} = \frac{(C\delta + B)e + C}{(C'\delta + B')e + C'} = \frac{De + C}{D'e + C'},$$

expression de même forme que la précédente, qui devient la cinquième valeur approchée, quand on y met ι au lieu de e, et qu'on peut représenter alors par $\frac{E}{E'}$, si l'on fait

$$E = D\iota + C, \qquad E' = D'\iota + C'.$$

La marche de ces calculs ne pouvant plus changer, il s'ensuit que

Le numérateur de l'une quelconque des valeurs ap-
prochées qu'on nomme aussi fractions convergentes ,
se forme en multipliant l'entier du dénominateur de
la fraction intégrante à laquelle on s'arrête, par le nu-
mérateur de la fraction convergente qui précède celle
qu'on cherche, et en ajoutant au produit le numérateur
de la pénultième ; il en est de même du dénominateur.

Les deux premières fractions convergentes vers $\frac{1103}{887}$
étant $\frac{1}{1}$ et $\frac{5}{4}$ (122), la règle ci-dessus donnera, pour la
3ᵉ et la 4ᵉ,

$$\frac{9.5+1}{9.4+1} = \frac{46}{37}, \qquad \frac{2.46+5}{2.37+4} = \frac{97}{78},$$

et ainsi des autres.

« Si la quantité a est rationnelle et représentée par
» une fraction quelconque $\frac{V}{V'}$, il est évident que cette
» fraction sera toujours la dernière dans la série précé-
» dente ; puisque dans ce cas la fraction continue sera
» terminée, et que la dernière fraction de la série ci-
» dessus doit toujours équivaloir à toute la fraction
» continue.

» Mais si la quantité a est irrationnelle , alors la
» fraction continue allant nécessairement à l'infini, on
» pourra aussi pousser à l'infini la série des fractions
» convergentes.

127. » Examinons maintenant la nature de ces frac-
» tions ; et d'abord il est visible que les nombres A ,
» B, C, etc., doivent aller en augmentant, aussi bien
» que les nombres A', B', C', etc. ; car, 1°. si les
» nombres α, β, γ, etc., sont tous positifs, les nom-
» bres A, B, C, etc., A', B', C', etc., seront aussi
» tous positifs, et l'on aura évidemment

$$B > A, \quad C > B, \quad D > C, \text{ etc.,}$$

» et

$$B' = \text{ou} > A', \quad C' > B', \quad D' > C', \text{ etc.}$$

» 2°. Si les nombres α, β, γ, etc., sont tous ou en
» partie négatifs, alors parmi les nombres A, B,
» C, etc., et A', B', C', etc., il y en aura de positifs
» et de négatifs; mais, dans ce cas, on considérera que
» l'on a en général, par les formules précédentes,

$$\frac{B}{A} = \beta + \frac{1}{\alpha}, \quad \frac{C}{B} = \gamma + \frac{A}{B}, \quad \frac{D}{C} = \delta + \frac{B}{C}, \text{ etc.};$$

» d'où l'on voit d'abord que si les nombres α, β, γ, etc.,
» sont différens de l'unité, quels que soient d'ailleurs
» leurs signes, on aura nécessairement, en faisant abs-
» traction des signes, $\dfrac{B}{A}$ plus grand que l'unité; donc $\dfrac{A}{B}$

» moindre que l'unité, par conséquent $\dfrac{B}{C}$ plus grand que

» l'unité, et ainsi de suite; donc B plus grand que A,
» C plus grand que B, etc.

» Il n'y aura d'exception que lorsque parmi les nom-
» bres α, β, γ, etc., il s'en trouvera d'égaux à l'unité.
» Supposons, par exemple, que le nombre γ soit le pre-
» mier qui soit égal à ± 1; on aura d'abord B plus grand
» que A; mais C sera moindre que B, s'il arrive que la

» fraction $\dfrac{A}{B}$ soit de signe différent de γ; ce qui est clair

» par l'équation $\dfrac{C}{B} = \gamma + \dfrac{A}{B}$, parce que dans ce cas

» $\gamma + \dfrac{A}{B}$ sera un nombre moindre que l'unité. Alors

» D sera nécessairement plus grand que B; car puisque
» $\gamma = \pm 1$, on aura (126)

$$c = \pm 1 + \frac{1}{d} \quad \text{et} \quad c - \frac{1}{d} = \pm 1.$$

» Or, comme c et d sont des quantités plus grandes que
» l'unité (118), il est clair que cette équation ne pourra
» subsister, à moins que c et d ne soient de même signe;
» donc, puisque γ et δ sont les valeurs entières appro-
» chées de c et d, ces nombres γ et δ devront être aussi
» de même signe. Mais la fraction $\dfrac{C}{B} = \gamma + \dfrac{A}{B}$ doit
» être de même signe que γ, à cause que γ est un nombre
» entier et $\dfrac{A}{B}$ une fraction moindre que l'unité; donc
» $\dfrac{C}{B}$ et δ seront des quantités de même signe; par con-
» séquent $\dfrac{\delta C}{B}$ sera une quantité positive. Or, on a

$$\frac{D}{C} = \delta + \frac{B}{C} :$$

» donc, multipliant par $\dfrac{C}{B}$, on aura

$$\frac{D}{B} = \delta \frac{C}{B} + 1;$$

» donc $\dfrac{\delta C}{B}$ étant une quantité positive, il est clair que
» $\dfrac{D}{B}$ sera plus grande que l'unité; donc D sera plus
» grand que B.

     » De là on voit que s'il arrive que dans la série A, B,
» C, etc., il se trouve un terme qui soit moindre que le
» précédent, le terme suivant sera nécessairement plus
» grand; de sorte qu'en mettant à part ces termes plus
» petits, la série ne laissera pas d'aller en augmentant.

     » Au reste, on pourra toujours éviter, si l'on veut,
» cet inconvénient, soit en prenant les nombres α, β,
» γ, etc., tous positifs, soit en les prenant tous dif-
» férens de l'unité, ce qui est toujours possible.

» On fera les mêmes raisonnemens par rapport à la
» série A', B', C', etc., dans laquelle on a pareillement

$$\frac{B'}{A'} = \beta, \quad \frac{C'}{B'} = \gamma + \frac{A'}{B'}, \quad \frac{D'}{C'} = \delta + \frac{B'}{C'}, \quad \text{etc.},$$

» d'où l'on déduira des conclusions semblables aux pré-
» cédentes. »

128. Maintenant, si l'on élimine β entre les équations qui donnent B et B' (page 253), (en observant
d'écrire $B' = A'\beta$), puis γ entre les équations qui donnent C et C', et ainsi de suite, « on trouvera

$$BA' - AB' = 1, \quad CB' - BC = AB' - BA',$$
$$DC' - CD' = BC' - CB', \quad \text{etc.} ;$$

» d'où je conclus qu'on aura en général

$$BA' - AB' = 1,$$
$$CB' - BC' = -1,$$
$$DC' - CD' = 1,$$
$$ED' - DE' = -1,$$
$$\text{etc.}$$

» Cette propriété est très remarquable, et donne lieu à
» plusieurs conséquences importantes.

» D'abord on voit que les fractions $\frac{A}{A'}$, $\frac{B}{B'}$, $\frac{C}{C'}$, etc.

» doivent être déjà réduites à leurs moindres termes ;
» car si, par exemple, C et C' avaient un commun di-
» viseur autre que l'unité, le nombre entier $CB' - BC'$
» serait aussi divisible par ce même diviseur, ce qui
» ne se peut, à cause de $CB' - BC' = -1$.

» Ensuite, si l'on met les équations précédentes
» sous cette forme :

$$\frac{B}{B'} - \frac{A}{A'} = \frac{1}{A'B'},$$
$$\frac{C}{C'} - \frac{B}{B'} = -\frac{1}{B'C'},$$

$$\frac{D}{D'} - \frac{C}{C'} = \frac{1}{C'D'},$$

$$\frac{E}{E'} - \frac{D}{D'} = -\frac{1}{D'E'},$$

etc. ,

» il est aisé de voir que les différences entre les fractions
» voisines, dans la série $\frac{A}{A'}$, $\frac{B}{B'}$, $\frac{C}{C'}$, etc., vont conti-
» nuellement en diminuant, de sorte que cette série est
» nécessairement convergente.

» Or, je dis que la différence entre deux fractions
» consécutives est aussi petite qu'il est possible, en sorte
» qu'entre ces mêmes fractions il ne saurait tomber
» aucune autre fraction quelconque, à moins qu'elle
» n'ait un dénominateur plus grand que ceux de ces
» fractions-là.

» Prenons, par exemple, les deux fractions
» $\frac{C}{C'}$ et $\frac{D}{D'}$, dont la différence est $\frac{1}{C'D'}$, et supposons,
» s'il est possible, qu'il existe une autre fraction $\frac{m}{n}$ dont
» la valeur tombe entre celles de ces deux fractions, et
» dans laquelle le dénominateur n soit moindre que C'
» ou que D'. Puisque $\frac{m}{n}$ doit se trouver entre $\frac{C}{C'}$ et $\frac{D}{D'}$,
» il faudra donc que la différence entre $\frac{m}{n}$ et $\frac{C}{C'}$, qui
» est $\frac{mC' - nC}{nC'}$ ou $\frac{nC - mC'}{nC'}$, soit plus petite que
» $\frac{1}{C'D'}$, différence entre $\frac{D}{D'}$ et $\frac{C}{C'}$; mais il est clair que
» $nC - mC'$ ne saurait être < 1, et que par consé-
» quent la différence $\frac{nC - mC'}{nC'}$ ne peut être moindre

» que $\frac{1}{nC'}$: donc si $n < D'$, cette différence sera né-

» cessairement plus grande que $\frac{1}{C'D'}$. De même la dif-

» férence entre $\frac{m}{n}$ et $\frac{D}{D'}$ ne pouvant être plus petite

» que $\frac{1}{nD'}$, sera nécessairement plus grande que $\frac{1}{C'D'}$,

» si $n < C'$, au lieu qu'elle devrait être plus petite.

129. » Voyons présentement de combien chaque

» fraction de la série $\frac{A}{A'}$, $\frac{B}{B'}$, etc., approchera de la

» valeur de la quantité a. Pour cela, on remarquera

» que les formules trouvées dans le n° 126 donnent

$$a = \frac{Ab + 1}{A'b},$$

$$a = \frac{Bc + A}{B'c + A'},$$

$$a = \frac{Cd + B}{C'd + B'},$$

$$a = \frac{De + C}{D'e + C'},$$

» et ainsi de suite.

» Donc, si l'on veut savoir de combien la fraction $\frac{C}{C'}$,

» par exemple, approche de la quantité a, on cherchera

» la différence entre $\frac{C}{C'}$ et a; en prenant pour a la

» quantité $\frac{Cd + B}{C'd + B'}$, on aura

$$a - \frac{C}{C'} = \frac{Cd + B}{C'd + B'} - \frac{C}{C'} = \frac{BC' - CB'}{C'(C'd + B')} = \frac{1}{C'(C'd + B')},$$

17..

» à cause de $BC' - CB' = 1$ (128) : or, comme on sup-
» pose que δ soit la valeur approchée de d, en sorte
» que la différence entre d et δ soit moindre que l'u-
» nité (118), il est clair que la valeur de d sera ren-
» fermée entre les deux nombres δ et $\delta \pm 1$ (le signe
» supérieur étant pour le cas où la valeur approchée δ
» est moindre que la véritable d, et le signe inférieur
» pour le cas où δ est plus grand que d), et que par
» conséquent la valeur de $C'd + B'$ sera aussi ren-
» fermée entre ces deux-ci, $C'\delta + B'$ et $C'(\delta \pm 1) + B'$,
» c'est-à-dire entre D' et $D' \pm C'$: donc, la diffé-
» rence $a - \dfrac{C}{C'}$ sera renfermée entre ces deux limites

» $\dfrac{1}{C'D'}$, $\dfrac{1}{C'(D' \pm C')}$; d'où l'on pourra juger du

» degré d'approximation de la fraction $\dfrac{C}{C'}$.

130. » En général, on aura

$$a = \frac{A}{A'} + \frac{1}{A'b},$$
$$a = \frac{B}{B'} - \frac{1}{B'(B'c + A')},$$
$$a = \frac{C}{C'} + \frac{1}{C'(C'd + B')},$$
$$a = \frac{D}{D'} - \frac{1}{D'(D'e + C')},$$

» et ainsi de suite.

» Or, si l'on suppose que les valeurs approchées α,
» β, γ, etc., soient toujours prises moindres que les
» véritables, ces nombres seront tous positifs, aussi
» bien que les quantités b, c, d, etc. (118) ; donc les
» nombres A, B, C, etc., A', B', C', etc., seront aussi
» tous positifs ; d'où il suit que les différences entre la

» quantité a et les fractions $\dfrac{A}{A'}$, $\dfrac{B}{B'}$, $\dfrac{C}{C'}$, etc., seront

» alternativement positives et négatives ; c'est-à-dire que
» ces fractions seront alternativement plus petites et
» plus grandes que la quantité a.

» Pour connaître les limites de l'approximation, il
» faut observer que, comme $b > \beta$, $c > \gamma$, $d > \delta$, etc.,
» ($hyp.$), on aura

$$b > B', \quad B'c + A' > B'\gamma + A' > C',$$
$$C'd + B' > C'\delta + B' > D', \text{ etc.};$$

» et comme $b < \beta + 1$, $c < \gamma + 1$, $d < \delta + 1$, on aura

$$b < B' + A', \quad B'c + A' < B'(\gamma + 1) + A' < C' + B',$$
$$C'd + B' < C'(\delta + 1) + B' < D' + C', \text{ etc.};$$

» de sorte que les erreurs qu'on commettrait en prenant

» les fractions $\dfrac{A}{A'}$, $\dfrac{B}{B'}$, $\dfrac{C}{C'}$, etc., pour la valeur de a,

» seraient respectivement moindres que

$$\frac{1}{A'B'}, \quad \frac{1}{B'C'}, \quad \frac{1}{C'D'}, \quad \text{etc.},$$

» mais plus grandes que

$$\frac{1}{A'(B' + A')}, \quad \frac{1}{B'(C' + B')}, \quad \frac{1}{C'(D' + C')}, \quad \text{etc.};$$

» d'où l'on voit combien ces erreurs sont petites, et
» combien elles vont en diminuant d'une fraction à
» l'autre.

» Mais il y a plus : puisque les fractions $\dfrac{A}{A'}$, $\dfrac{B}{B'}$,

» $\dfrac{C}{C'}$, etc., sont alternativement plus petites et plus

» grandes que la quantité a, il est clair que la valeur
» de cette quantité se trouvera toujours entre deux
» fractions consécutives quelconques. Or, nous avons

» vu ci-dessus (128) qu'il est impossible qu'entre deux
» telles fractions puisse se trouver une autre fraction
» quelconque qui ait un dénominateur moindre que
» l'un de ceux de ces deux fractions; d'où l'on peut
» conclure que chacune des fractions dont il s'agit ex-
» prime la quantité a plus exactement que ne pourrait
» faire toute autre fraction quelconque, dont le déno-
» minateur serait plus petit que celui de la fraction sui-
» vante, c'est-à-dire que la fraction $\dfrac{C}{C'}$, par exemple ,
» exprimera la valeur de a plus exactement que toute
» autre fraction $\dfrac{m}{n}$, dans laquelle n serait moindre
» que D'.

131. » Si les valeurs approchées α, β, γ, etc., sont
» toutes ou en partie plus grandes que les véritables ,
» alors, parmi ces nombres, il y en aura nécessairement
» de négatifs (123), ce qui rendra aussi négatifs quel-
» ques-uns des termes des séries A, B, C, etc., A', B',
» C', etc.; par conséquent les différences entre les frac-
» tions $\dfrac{A}{A'}$, $\dfrac{B}{B'}$, $\dfrac{C}{C'}$, etc., et la quantité a, ne seront
» plus alternativement positives et négatives, comme
» dans le cas du numéro précédent; de sorte que ces
» fractions n'auront plus l'avantage de donner toujours
» des limites en *plus* et en *moins* de la quantité a, avan-
» tage d'une très grande importance, et qui doit par
» conséquent faire préférer toujours dans la pratique
» les fractions continues, où les dénominateurs seront
» tous positifs. Ainsi, nous ne considérerons plus dans
» la suite que des fractions de cette espèce.

132. » Soit donc la série

$$\frac{A}{A'},\ \frac{B}{B'},\ \frac{C}{C'},\ \frac{D}{D'},\ \text{etc.}$$

» dans laquelle les fractions sont alternativement plus
» petites et plus grandes que la quantité a; il est clair
» qu'on pourra partager cette série en ces deux-ci :

$$\frac{A}{A'}, \quad \frac{C}{C'}, \quad \frac{E}{E'}, \quad \text{etc.},$$

$$\frac{B}{B'}, \quad \frac{D}{D'}, \quad \frac{F}{F'}, \quad \text{etc.},$$

» La première sera composée de fractions toutes plus
» petites que a, et qui iront en augmentant vers la
» quantité a; la seconde sera composée de fractions
» toutes plus grandes que a, mais qui iront en dimi-
» nuant vers cette même quantité. »

La marche de chaque série se déduit aisément de
la suite d'équations qui termine la page 257 et commence la page 258. En ajoutant d'abord la 1re et la 2e,
la 3e et la 4e, etc., il vient

$$\frac{C}{C'} - \frac{A}{A'} = \frac{1}{A'C'} \cdot \frac{C-A'}{B'} = \frac{\gamma}{A'C'} \quad (126),$$

$$\frac{E}{E'} - \frac{C}{C'} = \frac{1}{C'E'} \cdot \frac{E-C'}{D'} = \frac{\epsilon}{C'E'},$$

etc.,

ce qui fait connaître les différences des fractions de la
1re série : celles des fractions de la 2e série s'obtiennent
en ajoutant la 2e des équations citées et la 3e, la 4e et
la 5e, etc., ce qui donne

$$\frac{D}{D'} - \frac{B}{B'} = -\frac{1}{B'D'} \cdot \frac{D'-B'}{C'} = -\frac{\delta}{B'D'},$$

$$\frac{F}{F'} - \frac{D}{D'} = -\frac{1}{D'F'} \cdot \frac{F'-D'}{E'} = -\frac{\zeta}{D'F'},$$

etc.

« Si les nombres γ, δ, ϵ, etc., étaient tous égaux à
» l'unité, on pourrait prouver, comme dans le n° 128,
» qu'entre deux fractions consécutives quelconques de

» l'une ou de l'autre des séries précédentes, il ne pourrait
» jamais se trouver aucune autre fraction dont le déno-
» minateur serait moindre que ceux de ces deux frac-
» tions; mais il n'en sera pas de même, lorsque les
» nombres γ, δ, ϵ, etc., seront différens de l'unité; car
» dans ce cas, on pourra insérer entre les fractions dont
» il s'agit autant de fractions *intermédiaires* qu'il y aura
» d'unités dans les nombres $\gamma - 1$, $\delta - 1$, $\epsilon - 1$, etc.;
» et, pour cela, il n'y aura qu'à mettre successivement
» dans les valeurs de C et C' (126), les nombres 1,
» 2, 3,.... $\gamma - 1$, à la place de γ, de même dans
» les valeurs de D et D', les nombres 1, 2, 3,... $\delta - 1$,
» à la place de δ, et ainsi de suite.

133. » Supposons, par exemple, que γ soit $= 4$, on
» aura

$$C = 4B + A \quad \text{et} \quad C' = 4B' + A',$$

» et on pourra insérer entre les fractions $\dfrac{A}{A'}$ et $\dfrac{C}{C'}$, trois
» fractions intermédiaires, qui seront

$$\frac{B + A}{B' + A'}, \quad \frac{2B + A}{2B' + A'}, \quad \frac{3B + A}{3B' + A'}.$$

» Il est clair que les dénominateurs de ces fractions
» forment une suite croissante par des différences éga-
» les, depuis A' jusqu'à C', et les numérateurs depuis
» A jusqu'à C; et nous allons voir que les fractions
» elles-mêmes croissent aussi continuellement depuis
» $\dfrac{A}{A'}$ jusqu'à $\dfrac{C}{C'}$, en sorte qu'il serait maintenant im-
» possible d'insérer dans la série

$$\frac{A}{A'}, \quad \frac{B + A}{B' + A'}, \quad \frac{2B + A}{2B' + A'}, \quad \frac{3B + A}{3B' + A'}, \quad \frac{4B + A}{4B' + A'} \text{ ou } \frac{C}{C'},$$

» aucune fraction dont la valeur tombât entre celles des

» deux fractions consécutives, et dont le dénominateur
» se trouvât aussi entre ceux des mêmes fractions ; car
» si l'on prend les différences entre les fractions pré-
» cédentes, on aura, à cause de $BA' - AB' = 1$,

$$\frac{B + A}{B' + A'} - \frac{A}{A'} = \frac{1}{A'(B' + A')},$$

$$\frac{2B + A}{2B' + A'} - \frac{B + A}{B' + A} = \frac{1}{(B' + A')(2B' + A')},$$

$$\frac{3B + A}{3B' + A'} - \frac{2B + A}{2B' + A'} = \frac{1}{(2B' + A')(3B' + A')},$$

$$\frac{C}{C'} - \frac{3B + A}{3B' + A'} = \frac{1}{(3B' + A')C'};$$

» d'où l'on voit d'abord que les fractions $\dfrac{A}{A'}$, $\dfrac{B + A}{B' + A'}$, etc.

» vont en augmentant, puisque leurs différences sont
» toutes positives. Ensuite, comme ces différences sont
» égales à l'unité divisée par le produit des deux dénomi-
» nateurs, on pourra prouver, par un raisonnement ana-
» logue à celui que nous avons fait dans le n° 128, qu'il
» est impossible qu'entre deux fractions consécutives de
» la série précédente, il puisse tomber une fraction quel-

» conque $\dfrac{m}{n}$, si le dénominateur n tombe entre les déno-

» minateurs de ces fractions, ou, en général, s'il est
» plus petit que le plus grand des deux dénominateurs.

» De plus, comme les fractions dont nous parlons
» sont toutes plus petites que la vraie valeur de a, et

» que la fraction $\dfrac{B}{B'}$ est plus grande, il est évident

» que chacune de ces fractions approchera de la quan-
» tité a, en sorte que la différence en sera plus petite
» que celle de la même fraction et de la fraction

» $\dfrac{B}{B'}$. Or, on trouve

$$\frac{A}{A'} - \frac{B}{B'} = - \frac{1}{A'B'},$$

$$\frac{B+A}{B'+A'} - \frac{B}{B'} = - \frac{1}{(B'+A')B'},$$

$$\frac{2B+A}{2B'+A'} - \frac{B}{B'} = - \frac{1}{(2B'+A')B'},$$

$$\frac{3B+A}{3B'+A'} - \frac{B}{B'} = - \frac{1}{(3B'+A')B'},$$

$$\frac{C}{C'} - \frac{B}{B'} = - \frac{1}{C'B'}:$$

» donc, puisque ces différences sont aussi égales à
» l'unité divisée par le produit des dénominateurs, on y
» pourra appliquer le même raisonnement du n° 128,
» pour prouver qu'aucune fraction $\frac{m}{n}$ ne saurait tomber
» entre une quelconque des fractions $\frac{A}{A'}$, $\frac{B+A}{B'+A'}$,
» $\frac{2B+A}{2B'+A'}$, etc., et la fraction $\frac{B}{B'}$, si le dénomina-
» teur n est plus petit que celui de la même fraction ;
» d'où il suit que chacune de ces fractions approche plus
» de la quantité a que ne pourrait faire toute autre
» fraction plus petite que a, et qui aurait un dénomi-
» nateur plus petit, c'est-à-dire qui serait conçue en
» termes plus simples.

134. » Nous n'avons considéré dans le numéro pré-
» cédent que les fractions intermédiaires entre $\frac{A}{A'}$ et
» $\frac{C}{C'}$; il en sera de même des fractions intermédiaires
» entre $\frac{C}{C'}$ et $\frac{E}{E'}$, entre $\frac{E}{E'}$ et $\frac{G}{G'}$, etc., si ε, η, etc.,
» sont des nombres plus grands que l'unité.

» On peut aussi appliquer à l'autre série $\dfrac{B}{B'}$, $\dfrac{D}{D'}$,

» $\dfrac{F}{F'}$, etc., tout ce que nous venons de dire relativement à

» la première série $\dfrac{A}{A'}$, $\dfrac{C}{C'}$, etc.; de sorte que si les nom-

» bres δ, ζ, etc., sont plus grands que l'unité, on pourra

» insérer entre les fractions $\dfrac{B}{B'}$ et $\dfrac{D}{D'}$, entre $\dfrac{D}{D'}$ et $\dfrac{F}{F'}$, etc.,

» différentes fractions intermédiaires, toutes plus gran-

» des que a, mais qui iront continuellement en dimi-

» nuant, et qui seront telles, qu'elles exprimeront la

» quantité a plus exactement que ne pourrait faire au-

» cune autre fraction plus grande que a, et qui serait

» conçue en termes plus simples.

» De plus, si β est aussi un nombre plus grand que

» l'unité, on pourra pareillement placer avant la frac-

» tion $\dfrac{B}{B'}$, les fractions $\dfrac{A+1}{1}$, $\dfrac{2A+1}{2}$, $\dfrac{3A+1}{3}$, etc.,

» jusqu'à $\dfrac{\beta A+1}{\beta}$, ou $\dfrac{B}{B'}$; et ces fractions auront

» les mêmes propriétés que les autres fractions inter-

» médiaires.

» De cette manière, on aura donc ces deux suites

» complètes de fractions convergentes vers la quantité a.

Fractions croissantes et plus petites que a.

$$\frac{A}{A'},\quad \frac{B+A}{B'+A'},\quad \frac{2B+A}{2B'+A'},\ \cdots\ \frac{(\gamma-1)B+A}{(\gamma-1)B'+A'},$$

$$\frac{C}{C'},\quad \frac{D+C}{D'+C'},\quad \frac{2D+C}{2D'+C'},\ \cdots\ \frac{(\varepsilon-1)D+C}{(\varepsilon-1)D'+C'},$$

$$\frac{E}{E'},\quad \frac{F+E}{F'+E'},\ \text{etc.},$$

etc.

Fractions décroissantes et plus grandes que α.

$$\frac{A+1}{1}, \quad \frac{2A+1}{2}, \quad \frac{3A+1}{3}, \quad \dots \quad \frac{(\beta-1)A+1}{\beta-1},$$

$$\frac{B}{B'}, \quad \frac{C+B}{C'+B'}, \quad \frac{2C+B}{2C'+B'}, \quad \dots \quad \frac{(\delta-1)C+B}{(\delta-1)C'+B'},$$

$$\frac{D}{D'}, \quad \frac{E+D}{E'+D'}, \quad \text{etc.},$$

etc.

» Si la quantité *a* est irrationnelle, les deux séries pré-
» cédentes iront à l'infini, puisque la série des fractions
» $\frac{A}{A'}, \frac{B}{B'}, \frac{C}{C'}$, etc., et que nous nommerons dans la suite
» *fractions principales*, pour les distinguer des *frac-*
» *tions intermédiaires*, va d'elle-même à l'infini (126).

　　　　» Mais si la quantité *a* est rationnelle et égale à une
» fraction quelconque $\frac{V}{V'}$, nous avons vu dans le numéro
» cité, que la série dont il s'agit sera terminée, et que la
» dernière fraction de cette série sera la fraction même
» $\frac{V}{V'}$; donc cette fraction terminera aussi nécessaire-
» ment une des deux séries ci-dessus, mais l'autre série
» pourra toujours aller à l'infini.

　　　　» En effet, supposons que δ soit le dernier dénomi-
» nateur de la fraction continue; alors $\frac{D}{D'}$ sera la der-
» nière des fractions principales; la série des fractions
» plus grandes que *a* sera terminée par cette même frac-
» tion $\frac{D}{D'}$, et la série des fractions plus petites que *a*
» se trouvera naturellement arrêtée à la fraction $\frac{C}{C'}$,

» qui précède $\dfrac{D}{D'}$; mais pour continuer » cette dernière série, il suffit de remarquer que la fraction qui suivrait $\dfrac{D}{D'}$, savoir,

$$\frac{E}{E'} = \frac{\iota D + C}{\iota D' + C'} = \frac{D + \dfrac{C}{\iota}}{D' + \dfrac{C'}{\iota}},$$

« se réduit à $\dfrac{D}{D'}$, quand $\iota = \infty$, ce qui arrive lorsque » $\flat$ est le dernier dénominateur (120). Or, par la » loi des fractions intermédiaires, il est clair qu'à » cause de $\iota = \infty$, on pourra insérer entre les frac- » tions $\dfrac{C}{C'}$ et $\dfrac{E}{E'}$ une infinité de fractions intermé- » diaires, qui seront

$$\frac{D + C}{D' + C'}, \quad \frac{2D + C}{2D' + C'}, \quad \frac{3D + C}{3D' + C'}, \quad \text{etc.}$$

» Ainsi, dans ce cas, on pourra, après la fraction $\dfrac{C}{C'}$ » dans la première suite de fractions, placer encore » les fractions intermédiaires dont nous parlons, et les » continuer à l'infini.

135. » *Une fraction exprimée par de grands nombres* » *étant donnée, trouver toutes les fractions en moin-* » *dres termes, qui approchent si près de la vérité, qu'il* » *soit impossible d'en approcher davantage par des* » *fractions plus simples.*

» Ce problème se résoudra facilement par la théorie » que nous venons d'expliquer.

» On commencera par réduire la fraction proposée » en fraction continue, par la méthode du n° 121, en » ayant soin de prendre toutes les valeurs approchées » plus petites que les véritables, pour que les nombres

» α, β, γ, etc., soient tous positifs ; ensuite, à l'aide
» des nombres trouvés α, β, γ, etc., on formera, d'après
» la règle du n° 126, les fractions $\dfrac{A}{A'}$, $\dfrac{B}{B'}$, $\dfrac{C}{C'}$, etc.,
» dont la dernière sera nécessairement la même que
» la fraction proposée, parce que, dans ce cas, la frac-
» tion continue est terminée. Ces fractions seront al-
» ternativement plus petites et plus grandes que la
» fraction donnée, et seront successivement conçues
» en termes plus grands ; et de plus, elles seront telles,
» que chacune de ces fractions approchera plus de la
» fraction donnée, que ne pourrait faire toute autre
» fraction quelconque qui serait conçue en termes plus
» simples. Ainsi on aura par ce moyen toutes les frac-
» tions conçues en moindres termes que la proposée,
» qui pourront satisfaire au problème.

　　» Que si l'on veut considérer en particulier les frac-
» tions plus petites et les fractions plus grandes que la
» proposée, on insérera entre les fractions précédentes
» autant de fractions intermédiaires que l'on pourra,
» et l'on en formera deux suites de fractions conver-
» gentes, les unes toutes plus petites et les autres toutes
» plus grandes que la fraction donnée (132, 133 et
» 134) ; chacune de ces suites aura en particulier les
» mêmes propriétés que la suite des fractions princi-
» pales $\dfrac{A}{A'}$, $\dfrac{B}{B'}$, $\dfrac{C}{C'}$, etc. ; car les fractions, dans cha-
» que suite, seront successivement conçues en plus
» grands termes, et chacune d'elle approchera plus de
» la fraction proposée, que ne pourrait faire aucune
» autre fraction qui serait pareillement plus petite ou
» plus grande que la proposée, mais qui serait conçue
» en termes plus simples.

　　» Au reste, il peut arriver qu'une des fractions inter-
» médiaires d'une série n'approche pas si près de la

» fraction donnée, qu'une des fractions de l'autre sé-
» rie, quoique conçue en termes moins simples que
» celle-ci; c'est pourquoi il ne convient d'employer les
» fractions intermédiaires, que lorsqu'on veut que les
» fractions cherchées soient toutes plus petites ou toutes
» plus grandes que la fraction donnée.

136. » Suivant La Caille, l'année solaire est de 365^j5^h
» $48' 49''$, et par conséquent plus longue de $5^h 48' 49''$
» que l'année commune, qui est de 365^j; si cette dif-
» férence était exactement de six heures, elle donne-
» rait un jour au bout de quatre années communes;
» mais si l'on veut savoir au juste au bout de combien
» d'années communes cette différence peut produire un
» certain nombre de jours, il faut chercher le rapport
» qu'il y a entre 24^h et $5^h 48' 49''$; on trouve ce rapport
» $= \frac{86400}{20929}$; de sorte qu'on peut dire qu'au bout de
» 86400 années communes, il faudrait intercaler
» 20929 jours pour les réduire à des années tropi-
» ques (*).

» Comme le rapport de 86400 à 20929 est exprimé en
» termes fort grands, on propose de trouver en des
» termes plus petits des rapports aussi rapprochés de
» celui-ci qu'il est possible.

» On réduira donc la fraction $\frac{86400}{20929}$ en fraction con-

(*) On appelle *année solaire* ou *année tropique* l'espace de temps
qu'il faut pour ramener la terre dans la même position à l'égard du
soleil. Les astronomes ont conclu des observations, que cet espace
est de 365 jours 5 heures 48 minutes 49 secondes; et il suit de là
qu'au bout de 365 jours, ou d'une *année civile*, il s'en faut de
5 heures 48 minutes 49 secondes que la terre n'ait achevé sa révo-
lution autour du soleil. Ce complément se trouve compris dans
l'année suivante. S'il était précisément de 6 heures, 4 révolutions
rempliraient 4 ans et un jour.

Les jours qu'on ajoute pour accorder les révolutions de la terre
avec les années civiles, s'appellent *jours intercalaires*, ou *intercalations*.

» tinue par la règle donnée dans le n° 121. » En dispo-
sant l'opération comme ci-dessus, les dividendes seront
placés à la gauche des diviseurs, « et l'on aura

$$20929 | 86400 | 4 = \alpha$$
$$\underline{|83716|}$$
$$2684 | 20929 | 7 = \beta$$
$$\cdot\underline{|18788|}$$
$$2141 | 2684 | 1 = \gamma$$
$$\underline{|2141|}$$
$$543 | 2141 | 3 = \delta$$
$$\underline{|1629|}$$
$$512 | 543 | 1 = \epsilon$$
$$\underline{|512|}$$
$$31 | 512 | 16 = \zeta$$
$$\underline{|496|}$$
$$16 | 31 | 1 = \eta$$
$$\underline{|16|}$$
$$15 | 16 | 1 = \theta$$
$$\underline{|15|}$$
$$1 | 15 | 15 = \varkappa$$
$$\underline{|15|}$$
$$0.$$

» Connaissant ainsi les quotiens α, β, γ, etc., » la
règle énoncée à la fin du n° 126, fera trouver aisément
la série des fractions principales, $\dfrac{A}{A'}$, $\dfrac{B}{B'}$, etc. ; et en les
plaçant sous les quotiens qui leur correspondent, il
viendra

$$4, \quad 7, \quad 1, \quad 3, \quad 1, \quad 16, \quad 1, \quad 1, \quad 15,$$
$$\frac{4}{1}, \quad \frac{29}{7}, \quad \frac{33}{8}, \quad \frac{128}{31}, \quad \frac{161}{39}, \quad \frac{2704}{655}, \quad \frac{2865}{694}, \quad \frac{5569}{1349}, \quad \frac{86400}{20929},$$

« où l'on voit que la dernière fraction est la même que
» la proposée. » Si, dans cette opération, l'on rencontre
quelque difficulté, elle sera levée par les détails suivans.

« On écrira d'abord la suite des quotiens 4, 7, etc.,
» et on placera au-dessous les fractions qui en résultent.

» La première fraction aura toujours pour numéra-
» teur le nombre qui est au-dessus, et pour dénomina-
» teur l'unité.

» La seconde aura pour numérateur le produit du
» nombre qui y est au-dessus par le numérateur de la
» première, plus l'unité, et pour dénominateur le
» nombre même qui est au-dessus.

» La troisième aura pour numérateur le produit du
» nombre qui y est au-dessus par le numérateur de la
» seconde, plus celui de la première, et de même pour
» dénominateur le produit du nombre qui est au-des-
» sus par le dénominateur de la seconde, plus celui de
» la première.

» Et en général (d'après la règle du n° 126) chaque
» fraction aura pour numérateur le produit du nombre
» qui y est au-dessus par le numérateur de la fraction
» précédente, plus celui de l'avant-précédente, et pour
» dénominateur le produit du même nombre par le dé-
» nominateur de la fraction précédente, plus celui de
» l'avant-précédente.

» Ainsi, $29 = 7.4 + 1$, $7 = 7$, $33 = 1.29 + 4$,
» $8 = 1.7 + 1$, $128 = 3.33 + 29$, $31 = 3.8 + 7$, et
» ainsi de suite.

» Maintenant on voit par les fractions $\frac{4}{1}, \frac{29}{7}, \frac{33}{8}$, etc.,
» que l'intercalation la plus simple est celle d'un jour
» dans quatre années communes, ce qui est le fon-
» dement du calendrier Julien, mais qu'on approche-
» rait plus de l'exactitude, en n'intercalant que sept
» jours dans l'espace de vingt-neuf années communes,
» ou huit dans l'espace de trente-trois ans, et ainsi
» de suite.

» On voit, de plus, que comme les fractions $\frac{4}{1}, \frac{29}{7}, \frac{33}{8}$
» sont alternativement plus petites et plus grandes que la

Comp. des Elém. d'Alg. 18

» fraction $\frac{86400}{20929}$ ou $\dfrac{24^h}{5^h\,48'\,49''}$, l'intercalation d'un jour
» sur quatre ans sera trop forte, celle de sept jours sur
» vingt-neuf ans trop faible, celle de huit jours sur
» trente-trois ans trop forte, et ainsi de suite; mais cha-
» cune de ces intercalations sera toujours la plus exacte
» qu'il est possible dans le même espace de temps.

   » Or, si l'on range dans deux séries particulières les
» fractions plus petites et les fractions plus grandes que
» la fraction donnée, on y pourra encore insérer diffé-
» rentes fractions intermédiaires pour compléter les sé-
» ries ; et pour cela on suivra le même procédé que ci-
» dessus, mais en prenant successivement à la place de
» chaque nombre de la série supérieure tous les nombres
» entiers moindres que ce nombre (lorsqu'il y en a).

   » Ainsi, considérant d'abord les fractions croissantes

$$4, \quad 1, \quad 1, \quad 1, \quad 15,$$
$$\frac{4}{1}, \quad \frac{33}{8}, \quad \frac{161}{39}, \quad \frac{2865}{694}, \quad \frac{86400}{20929},$$

» on voit qu'à cause que l'unité est au-dessus de la se-
» conde, de la troisième et de la quatrième, on ne
» pourra placer aucune fraction intermédiaire, ni entre
» la première et la seconde, ni entre la seconde et la
» troisième, ni entre la troisième et la quatrième; mais
» comme la dernière fraction a au-dessus d'elle le nom-
» bre 15, on pourra, entre cette fraction et la précédente,
» placer quatorze fractions intermédiaires, dont les nu-
» mérateurs formeront la progression par différence,
» $2865+5569$, $2865+2.5569$, $2865+3.5569$, etc.;
» et dont les dénominateurs formeront aussi la progres-
» sion $694+1349$, $694+2.1349$, $694+3.1349$, etc.

   » Par ce moyen, la suite complète des fractions
» croissantes sera

$$\frac{4}{1}, \frac{33}{8}, \frac{161}{39}, \frac{2865}{694}, \frac{8434}{2043}, \frac{14003}{3392}, \frac{18572}{4741}, \frac{25141}{6090}, \frac{30710}{7439},$$
$$\frac{36279}{8788}, \frac{41848}{10137}, \frac{47417}{11486}, \frac{52986}{12835}, \frac{58555}{14184}, \frac{64124}{15533}, \frac{69693}{16882}, \frac{75262}{18231},$$
$$\frac{80831}{19580}, \frac{86400}{20929}.$$

» et comme la dernière fraction est la même que la
» fraction donnée, il est clair que cette série ne peut
» pas être poussée plus loin.

» De là on voit que si l'on ne veut admettre que des
» intercalations qui pèchent par excès, les plus simples
» et les plus exactes seront celles d'un jour sur quatre
» années, ou de huit jours sur trente-trois ans, ou de
» trente-neuf sur cent soixante-un ans, et ainsi de suite.

» Considérons maintenant les fractions décroissantes

$$7, \quad 3, \quad 16, \quad 1,$$
$$\frac{29}{7}, \quad \frac{128}{31}, \quad \frac{2704}{655}, \quad \frac{5569}{1349};$$

» et d'abord, à cause du nombre 7 qui est au-dessus
» de la première fraction, on pourra en placer six autres
» ayant celle-ci, dont les numérateurs formeront la pro-
» gression par différence $4+1, 2.4+1, 3.4+1$, etc.,
» et dont les dénominateurs formeront la progression 1,
» 2, 3, etc.; de même, à cause du nombre 3, on pourra
» placer entre la première et la seconde fractions, deux
» fractions intermédiaires; et entre la seconde et la troi-
» sième, on en pourra placer 15, à cause du nombre 16
» qui est au-dessus de la troisième; mais entre celle-ci
» et la dernière on n'en pourrait insérer aucune, à
» cause que le nombre qui est au-dessus est l'unité.

» De plus, il faut remarquer que comme la série
» précédente n'est pas terminée par la fraction donnée,
» on peut encore la continuer aussi loin que l'on veut,
» comme nous l'avons fait voir dans le n° 134. Ainsi
» l'on aura cette série de fractions décroissantes,

18..

$$\frac{5}{1}, \frac{9}{2}, \frac{13}{3}, \frac{17}{4}, \frac{21}{5}, \frac{25}{6}, \frac{29}{7}, \frac{62}{15}, \frac{95}{23}, \frac{128}{31}, \frac{289}{70}, \frac{450}{109}, \frac{611}{148}, \frac{772}{187},$$

$$\frac{933}{226}, \frac{1094}{265}, \frac{1255}{304}, \frac{1416}{343}, \frac{1577}{382}, \frac{1738}{421}, \frac{1899}{460}, \frac{2060}{499}, \frac{2221}{538},$$

$$\frac{2382}{577}, \frac{2543}{616}, \frac{2704}{655}, \frac{5569}{1349}, \frac{91969}{22278}, \frac{178369}{43207}, \frac{264769}{64136}, \frac{351169}{85065},$$

$$\frac{437569}{105994}, \text{ etc. },$$

» lesquelles sont toutes plus grandes que la fraction pro-
» posée, et en approchent plus que toutes autres frac-
» tions qui seraient conçues en termes moins simples.

» On peut conclure de là que si l'on ne voulait avoir
» égard qu'aux intercalations qui pécheraient par dé-
» faut, les plus simples et les plus exactes seraient
» celles d'un jour sur cinq ans, ou de deux jours sur
» neuf ans, ou de trois jours sur treize ans, etc.

» Dans le calendrier grégorien, on intercale seule-
» ment quatre-vingt-dix-sept jours dans quatre cents
» années ; on voit par la table précédente qu'on appro-
» cherait beaucoup plus de l'exactitude en intercalant
» cent neuf jours en quatre cent cinquante années. »

Tous ces calculs, dépendant de la durée de l'année,
sont liés aux progrès de l'Astronomie, et l'on trouvera
dans le *Traité d'Astronomie* de Delambre ce qui résulte de l'état actuel de la science.

137. « Nous avons déjà donné (125) la fraction con-
» tinue qui exprime le rapport de la circonférence du
» cercle au diamètre, en tant qu'elle résulte de la frac-
» tion de Ludolph ; ainsi, il n'y aura qu'à calculer de
» la manière enseignée dans l'exemple précédent, la
» série des fractions convergentes vers ce même rap-
» port, laquelle sera

3, 7, 15, 1, 292, 1, 1, 1, 2,

$$\frac{3}{1}, \frac{22}{7}, \frac{333}{106}, \frac{355}{113}, \frac{103993}{33102}, \frac{104348}{33215}, \frac{208341}{66317}, \frac{312689}{99532}, \frac{833719}{265381},$$

1, 3, 1, 14, 2, 1,

$$\frac{1146408}{364913}, \frac{4272943}{1360120}, \frac{5419351}{1725033}, \frac{80143857}{25510582}, \frac{165707065}{52746197}, \frac{245850922}{78256779},$$

1, 2, 2, 2, 2,

$$\frac{411557987}{131002976}, \frac{1068966896}{340262731}, \frac{2549491779}{811528438}, \frac{6167950454}{1963319607}, \frac{14885392687}{4738167652},$$

1, 84, 2, 1,

$$\frac{21053343141}{6701487259}, \frac{1783366216531}{567663097408}, \frac{3587785776203}{1142027682075}, \frac{5371151992734}{1709690779483},$$

1, 15, 3,

$$\frac{8958937768937}{2851718461558}, \frac{139755218526789}{44485467702853}, \frac{428224593349304}{136308121570117},$$

13, 1, 4,

$$\frac{5706674932067741}{1816491048114374}, \frac{6134899525417045}{1952799169684491}, \frac{30246273033735921}{9627687765852338},$$

2, 6,

$$\frac{6662744558888887}{2120817462338916\textbf{7}}, \frac{43001094659106\textbf{9}243}{13687673546718\textbf{7}340},$$

6, 1.

$$\frac{2646693125139304345}{842468587426513207}, \frac{3076704071730373588}{9793453228937005\textbf{4}7}.$$

» Ces fractions seront donc alternativement plus pe-
» tites et plus grandes que le vrai rapport de la circon-
» férence au diamètre, c'est-à-dire que la première $\frac{3}{1}$
» sera plus petite, la seconde $\frac{22}{7}$ plus grande, et ainsi
» de suite ; et chacune d'elles approchera plus de la
» vérité que ne pourrait faire toute autre fraction qui
» serait exprimée en termes plus simples, ou en géné-
» ral, qui aurait un dénominateur moindre que le dé-
» nominateur de la fraction suivante ; de sorte que l'on
» peut assurer que la fraction $\frac{3}{1}$ approche plus de la
» vérité que ne peut faire aucune autre fraction dont
» le dénominateur serait moindre que 7, de même la
» fraction $\frac{22}{7}$ approchera plus de la vérité que toute
» autre fraction dont le dénominateur serait moindre
» que 106, et ainsi des autres.

» Quant à l'erreur de chaque fraction, elle sera tou-
» jours moindre que l'unité divisée par le produit du
» dénominateur de cette fraction par celui de la frac-
» tion suivante. Ainsi, l'erreur de la fraction $\frac{3}{7}$ sera
» moindre que $\frac{1}{7}$, celle de la fraction $\frac{22}{7}$ sera moindre
» que $\frac{1}{7.106}$, et ainsi de suite. Mais en même temps
» l'erreur de chaque fraction sera plus grande que l'u-
» nité divisée par le produit du dénominateur de cette
» fraction par la somme de ce dénominateur et du dé-
» nominateur de la fraction suivante; de sorte que l'er-
» reur de la fraction $\frac{3}{1}$ sera plus grande que $\frac{1}{8}$, celle de
» la fraction $\frac{22}{7}$ plus grande que $\frac{1}{7.113}$, et ainsi de
» suite (121).

» Si l'on voulait maintenant séparer les fractions plus
» petites que le rapport de la circonférence au dia-
» mètre, d'avec les plus grandes, on pourrait, en in-
» sérant les fractions intermédiaires convenables, for-
» mer deux suites de fractions, les unes croissantes
» et les autres décroissantes vers le vrai rapport dont
» il s'agit; on aurait de cette manière

$$\text{Fractions plus petites que } \frac{\textit{circonf.}}{\textit{diamèt.}}$$

$$\frac{3}{1}, \frac{25}{8}, \frac{47}{15}, \frac{69}{22}, \frac{91}{29}, \frac{113}{36}, \frac{135}{43}, \frac{157}{50}, \frac{179}{57}, \frac{201}{64}, \frac{223}{71}, \frac{245}{78}, \frac{267}{85},$$

$$\frac{289}{92}, \frac{311}{99}, \frac{333}{106}, \frac{688}{219}, \frac{1043}{332}, \frac{1398}{445}, \frac{1753}{558}, \frac{2108}{671}, \frac{2463}{784}, \text{etc.,}$$

$$\text{Fractions plus grandes que } \frac{\textit{circonf.}}{\textit{diamèt.}}$$

$$\frac{4}{1}, \frac{7}{2}, \frac{10}{3}, \frac{13}{4}, \frac{16}{5}, \frac{19}{6}, \frac{22}{7}, \frac{355}{113}, \frac{104348}{33215}, \frac{312689}{99532}, \frac{1146408}{364913},$$

$$\frac{5419351}{1725033}, \frac{85563208}{27235615}, \frac{165707065}{52746197}, \frac{411557987}{131002976}, \frac{1480524883}{471265707}, \text{etc.}$$

» Chaque fraction de la première série approche plus
» de la vérité que ne peut faire aucune autre fraction

» exprimée en termes plus simples, et qui pécherait
» aussi par défaut; et chaque fraction de la seconde
» série approche aussi plus de la vérité que ne peut
» faire aucune autre fraction exprimée en termes plus
» simples et péchant par excès.

» Au reste, ces séries deviendraient fort prolixes, si
» l'on voulait les pousser aussi loin que nous avons
» fait à l'égard des fractions principales données ci-des-
» sus. »

138. Après les exemples précédens, les lecteurs
trouveront sans peine les diverses valeurs approchées
de $\sqrt{2}$,

$$\frac{1}{1}, \quad \frac{3}{2}, \quad \frac{7}{5}, \quad \frac{17}{12}, \quad \frac{41}{29}, \quad \frac{99}{70}, \quad \frac{239}{169}, \quad \text{etc.},$$

au moyen de la fraction continue

$$1 + \frac{1}{2} + \frac{1}{2} + \frac{1}{2} + \text{etc. (125)}.$$

Une semblable fraction, dans laquelle les dénominateurs sont toujours les mêmes, ou reviennent dans un
certain ordre, se nomme *fraction continue périodique*,
et peut toujours être regardée comme la racine d'une
équation du second degré.

Soit la fraction $a + \dfrac{1}{b} + \dfrac{1}{b} + \dfrac{1}{b} + \text{etc.}$;

en la faisant égale à x, on aura

$$x - a = \frac{1}{b} + \frac{1}{b} + \frac{1}{b} + \frac{1}{b} + \text{etc.}$$

Le nombre des fractions intégrantes étant illimité, il est évident qu'on peut substituer encore $x - a$ à l'ensemble des fractions qui suivent la première, en sorte qu'on aura

$$x - a = \frac{1}{b + x - a};$$

d'où il suit

$$x^2 - (2a - b)x + a^2 - ab - 1 = 0,$$

équation de laquelle dépend l'inconnue x, qui représente la fraction proposée.

Si l'on fait $b = 2a$, l'équation ci-dessus devient $x^2 - a^2 - 1 = 0$; et la fraction

$$x = a + \frac{1}{2a} + \frac{1}{2a} + \text{etc.},$$

donne la valeur de $\sqrt{a^2 + 1}$.

Quand $a = 1$, il vient $a = \sqrt{2}$, ce qui justifie l'expression indéfinie rapportée plus haut (*).

Soit encore la fraction continue

$$a + \frac{1}{b} + \frac{1}{c} + \frac{1}{b} + \frac{1}{c} + \text{etc.},$$

dont la période embrasse deux fractions intégrantes ; on aura, dans ce cas,

$$x - a = \frac{1}{b} + \frac{1}{c} + \frac{1}{b} + \frac{1}{c} + \text{etc.},$$

_____

(*) Elle s'obtient aussi par des considérations géométriques. (Voy. mes *Élémens de Géométrie*.)

et on substituera $x-a$ au lieu de toutes les fractions qui suivent la seconde ; il viendra

$$x - a = \cfrac{1}{b + \cfrac{1}{c + x - a}},$$

dont on tirera

$$bx^2 - (2ab - bc)\,x + a^2 b - abc - c = 0.$$

Il est facile d'étendre ce procédé à telle fraction périodique que ce soit.

139. Réciproquement : une équation du second degré étant donnée, on en tirera une fraction continue périodique, en lui appliquant la méthode donnée (*Elém.*, 221) pour résoudre les équations par approximation.

L'opération est bien simple par rapport à l'équation

$$x^2 - (2a - b)\,x + a^2 - ab - 1 = 0$$

du numéro précédent. En faisant $x = a + \dfrac{1}{y}$, il vient, après les réductions,

$$\frac{1}{y^2} + \frac{b}{y} - 1 = 0, \quad \text{ou} \quad (y - b)\,y - 1 = 0,$$

équation d'après laquelle on reconnaît sans peine que y doit être compris entre b et $b + 1$; et posant en conséquence $y = b + \dfrac{1}{y'}$, on trouve encore

$$(y' - b)\,y' - 1 = 0.$$

Les transformées étant donc toutes semblables, b sera la valeur approchée de chacune des inconnues y, y', y'', etc., et l'on aura par conséquent pour x la première des fractions continues littérales posées dans le numéro précédent.

Pour la démonstration du cas général de la proposition ci-dessus, je renverrai aux *Additions à l'Algèbre* d'Euler, p. 476, et au *Traité de la Résolution des Équations numériques*, par Lagrange, 2ᵉ édit., p. 59.

De quelques autres transformations des fractions.

140. On a vu dans le n° 121 que la fraction continue équivalente au nombre fractionnaire $\frac{A}{B}$, s'obtenait de la même manière qu'on procède à la recherche du plus grand commun diviseur, c'est-à-dire en divisant A par B, puis B par le reste C, puis ce premier reste C par le second D, et ainsi de suite. On peut, au lieu de prendre à chaque opération partielle un nouveau dividende et un nouveau diviseur, diviser le premier nombre A par B, puis par le reste C de cette première division, puis par le reste C' de la seconde, et ainsi de suite. On obtiendra, d'après ce procédé, une espèce de fractions convergentes, remarquées d'abord par Lambert, et traitées depuis par Lagrange, dans le volume des *Débats de l'École normale*, et dans le 5ᵉ cahier du *Journal de l'École Polytechnique*.

Si l'on fait successivement

$$A = mB + C,$$
$$A = nC + C',$$
$$A = n'C' + C'',$$
$$A = n''C'' + C''',$$

etc.,

on en déduira

$$\frac{A}{B} = m + \frac{C}{B},$$

$$C = \frac{A - C'}{n},$$

$$C = \frac{A - C''}{n'},$$

$$C'' = \frac{A - C^{\bullet}}{n''},$$

etc.;

d'où l'on conclura ces diverses valeurs,

$$\frac{A}{B} = m + \frac{C}{B},$$

$$\frac{A}{B} = m + \frac{A}{Bn} - \frac{C'}{Bn},$$

$$\frac{A}{B} = m + \frac{A}{Bn} - \frac{A}{Bnn'} + \frac{C''}{Bnn'},$$

$$\frac{A}{B} = m + \frac{A}{Bn} - \frac{A}{Bnn'} + \frac{A}{Bnn'n''} - \frac{C^{\bullet}}{Bnn'n''},$$

etc.

La fraction $\frac{A}{B}$ est ainsi transformée dans une suite convergente ; car il est visible que les quotiens n, h', n'', etc., vont en croissant ; tandis que les restes C, C', C'', etc., diminuent sans cesse : on voit, de plus, que cette série doit s'arrêter toutes les fois que le nombre $\frac{A}{B}$ est rationnel. En effet, la suite des divisions prescrites par le procédé ci-dessus conduit nécessairement à un quotient exact, lorsque A et B sont des nombres entiers, puisque les restes diminuant successivement, on doit finir par en trouver un égal à l'unité quand les nombres A et B sont premiers entre eux.

141. Si l'on prend, au lieu du nombre fractionnaire $\frac{A}{B}$, la fraction proprement dite $\frac{C}{B}$, dans laquelle

$C < B$, on aura

$$
\left.
\begin{aligned}
B &= nC + C', \\
B &= n'C' + C'', \\
B &= n''C'' + C''', \\
&\text{etc.}
\end{aligned}
\right\}
\quad \text{ou} \quad
\left\{
\begin{aligned}
\frac{C}{B} &= \frac{1}{n} - \frac{C'}{Bn}, \\
\frac{C'}{B} &= \frac{1}{n'} - \frac{C''}{Bn'}, \\
\frac{C''}{B} &= \frac{1}{n''} - \frac{C'''}{Bn''}, \\
&\text{etc.} \; ;
\end{aligned}
\right.
$$

d'où l'on tirera successivement

$$
\frac{C}{B} = \frac{1}{n} - \frac{C'}{Bn},
$$

$$
\frac{C}{B} = \frac{1}{n} - \frac{1}{nn'} + \frac{C''}{Bnn'},
$$

$$
\frac{C}{B} = \frac{1}{n} - \frac{1}{nn'} + \frac{1}{nn'n''} - \frac{C'''}{Bnn'n''},
$$

etc.

Toutes les fractions partielles de ces résultats, ex-cepté la dernière, ont pour numérateur l'unité. Cette dernière donne toujours l'erreur qui résulte de l'ensemble des autres. Il est facile de conclure de là que les valeurs

$$
\frac{1}{n}, \quad \frac{1}{n} - \frac{1}{nn'}, \quad \frac{1}{n} - \frac{1}{nn'} + \frac{1}{nn'n''}; \quad \text{etc.},
$$

sont alternativement plus petites et plus grandes que la fraction $\frac{C}{B}$, en supposant toujours les quotiens n, n', n'', etc., pris comme en Arithmétique. Il serait facile de trouver les modifications qu'apporteraient dans cette conclusion et dans les signes des fractions partielles, des quotiens pris tantôt en excès et tantôt en défaut; les considérations analogues développées dans le n° 124 me dispensent d'entrer ici dans aucun détail à cet égard ; je me bornerai à faire remarquer que l'on aura une approximation plus rapide, en prenant toujours le quotient au plus près, soit en-dessus, soit en-dessous.

Je ferai encore remarquer que l'on peut obtenir, pour le nombre fractionnaire $\frac{A}{B}$, des expressions semblables aux précédentes, en substituant celles-ci à la place de $\frac{C}{B}$ dans l'équation $\frac{A}{B} = m + \frac{C}{B}$.

Si l'on applique ce qui vient d'être dit à la fraction $\frac{887}{1103}$, on trouvera

$$\frac{887}{1103} = 1 - \frac{1}{5} + \frac{1}{5.47} - \frac{1}{5.47.50}$$
$$+ \frac{1}{5.47.50.367} - \frac{1}{5.47.50.367.551}$$
$$+ \frac{1}{5.47.50.367.551.1103}.$$

On peut employer aussi ce procédé pour obtenir des valeurs approchées de fractions décimales, en ayant égard à ce qui a été dit au commencement du n° 125. Si l'on en fait usage pour déduire de la fraction $\frac{141421}{100000}$ des valeurs approchées de $\sqrt{2}$, on trouvera

$$\sqrt{2} = 1 + \frac{1}{2} - \frac{1}{2.5} + \frac{1}{2.5.7} - \text{etc.},$$

En partant de la fraction de laquelle dépend le rapport de la circonférence au diamètre (125), et prenant les quotiens au plus près (123), il vient

$$\frac{circonf.}{diamèt.} = 3 + \frac{1}{7} - \frac{1}{7.113} - \frac{1}{7.113.4739}$$
$$+ \frac{1}{7.113.4739.47051} + \text{etc.}$$

142. On a fait voir, dans le n° 128, qu'en désignant par

$$\frac{A}{A'}, \quad \frac{B}{B'}, \quad \frac{C}{C'}, \quad \frac{D}{D'}, \quad \frac{E}{E'}, \quad \frac{F}{F'}, \quad \text{etc.}$$

la suite des fractions convergentes vers la quantité a, déduites de la fraction continue équivalente à cette quantité, on avait

$$\frac{B}{B'} - \frac{A}{A'} = \frac{1}{A'B'},$$

$$\frac{C}{C'} - \frac{B}{B'} = - \frac{1}{B'C'},$$

$$\frac{D}{D'} - \frac{C}{C'} = \frac{1}{C'D'},$$

$$\frac{E}{E'} - \frac{D}{D'} = - \frac{1}{D'E'};$$

il en résulte, pour a, cette suite de valeurs, de plus en plus approchées,

$$\frac{A}{A'} + \frac{1}{A'B'},$$

$$\frac{A}{A'} + \frac{1}{A'B'} - \frac{1}{B'C'},$$

$$\frac{A}{A'} + \frac{1}{A'B'} - \frac{1}{B'C'} + \frac{1}{C'D'},$$

etc.,

ce qui offre encore une transformation de l'expression de a en série convergente, finie si a est rationnel, et infinie dans le cas contraire.

Cette dernière transformation est d'autant plus remarquable, qu'Euler en a tiré un moyen de convertir en fraction continue toute série dont les termes sont alternativement positifs et négatifs. (*Voy.* le chap. XVIII de l'*Introductio in Analysin infinitorum.*) Il y est revenu depuis, dans le 2ᵉ volume de ses *Opuscula analytica* (pag. 138); mais ces recherches sont trop compliquées pour trouver place ici.

143. On peut généraliser la réduction des fractions ordinaires en fractions décimales, en se proposant de convertir une fraction quelconque en une autre d'un dénominateur donné. $\frac{C}{B}$ étant la première, et b le dénominateur donné, la seconde aura évidemment pour numérateur le quotient $\frac{bC}{B}$ évalué en nombres entiers. Si l'on représente ce quotient par n et le reste par C', on a exactement

$$\frac{bC}{B} = n + \frac{C'}{B}, \quad \text{d'où} \quad \frac{C}{B} = \frac{n}{b} + \frac{C'}{bB},$$

et poursuivant ces divisions, on arrive à

$$\frac{bC'}{B} = n' + \frac{C''}{B}, \quad \frac{C'}{B} = \frac{n'}{b} + \frac{C''}{bB},$$

$$\frac{bC''}{B} = n'' + \frac{C'''}{B}, \quad \frac{C''}{B} = \frac{n''}{b} + \frac{C'''}{bB},$$

etc.,

résultats desquels on tire

$$\frac{C}{B} = \frac{n}{b} + \frac{C'}{bB},$$

$$\frac{C}{B} = \frac{n}{b} + \frac{n'}{b^2} + \frac{C''}{b^2 B},$$

$$\frac{C}{B} = \frac{n}{b} + \frac{n'}{b^2} + \frac{n''}{b^3} + \frac{C'''}{b^3 B},$$

etc.

L'application des raisonnemens faits en Arithmétique, sur les fractions décimales, conduit facilement aux conséquences que fournissent les expressions ci-dessus ; et les considérations qu'on y a développées dans le n° 97 montrent en particulier que si la fraction $\frac{C}{B}$ est rationnelle, les quotiens n, n', n'', etc., doivent nécessairement avoir des retours périodiques (*).

144. Les diverses transformations dont je viens d'exposer succinctement les principes se déduisent de l'équation

$$Cb - Bc = \pm D,$$

qu'on obtient en comparant deux fractions $\frac{C}{B}$ et $\frac{c}{b}$ pour connaître leur différence, dont le numérateur est alors exprimé par D.

1°. Si l'on veut, en supposant le numérateur $c = 1$, trouver pour b un nombre entier tel, que la différence D soit la plus petite possible, il est visible qu'il faut faire b égal au quotient du dénominateur B par le numérateur C; et désignant ce quotient par n, on retombe sur l'équation

$$\frac{C}{B} = \frac{1}{n} - \frac{C'}{Bn},$$

trouvée dans le n° 141. Traitant de même la fraction $\frac{C'}{B}$ et les suivantes, on opérera la transformation indiquée dans ce numéro.

(*) Lagrange (*Journal de l'École Polytechnique*, 5e cahier, p. 98) prouve, par le moyen des fractions du n° 140, que plusieurs expressions, parmi lesquelles se trouve celle du nombre e (106), sont nécessairement irrationnelles. Lambert s'était déjà occupé du même sujet, et particulièrement du rapport de la circonférence au diamètre. (*Mémoires de l'Académie de Berlin*, année 1762, page 265.)

2°. Il est visible qu'en se donnant le dénominateur, on tombe sur la transformation du numéro précédent.

3°. Enfin si, laissant les deux termes de la fraction $\frac{c}{b}$ indéterminés, on parvenait à découvrir la plus petite valeur dont ils sont susceptibles en vertu de l'équation

$$Cb - Bc = \pm 1,$$

dans laquelle D est le plus petit possible, on reproduirait, dans un ordre inverse, les fractions convergentes qui résultent de la fraction continue équivalente à $\frac{C}{B}$. Cela est évident par les équations

$$BA' - AB' = 1,$$
$$CB' - BC' = -1,$$
$$DC' - CD' = 1,$$
$$ED' - DE' = -1,$$
etc.,

déduites de la comparaison des fractions $\frac{A}{A'}$, $\frac{B}{B'}$, $\frac{C}{C'}$, $\frac{D}{D'}$, etc., dans le n° 128; car la dernière de ces fractions étant la proposée, l'avant-dernière sera identique avec $\frac{c}{b}$; faisant ensuite $cb' - bc' = \pm 1$, la fraction $\frac{c'}{b'}$, déterminée comme $\frac{c}{b}$, sera nécessairement l'antépénultième convergente, et ainsi de suite.

C'est sur ces rapprochemens qu'est fondé l'excellent Mémoire de Lagrange sur la transformation des fractions; on y trouve les moyens d'obtenir les nombres b, c, b', c', etc.; mais comme il ne contient pas toute la théorie des fractions continues, j'ai cru devoir encore préférer le texte de ses *Additions à l'Algèbre d'Euler*, qui, plus complet, se lie d'ailleurs mieux avec les divers ouvrages où l'on traite des fractions continues. Les lecteurs que cette matière peut intéresser auront à consulter ,

Les *Œuvres de Wallis ;*

Descriptio automati Planetarii, Œuvres d'Huygens ;

L'*Introductio in Analysin infinitorum*, d'Euler ;

Plusieurs Mémoires de l'Académie de Pétersbourg (*Anciens Comm.*, tom. IX et XI ; *Nouveaux*, tom. IX, XI et XVIII ; Actes 1779, Ire partie) ;

Ceux de l'Académie de Berlin (années 1767, 1768, 1769, 1776) ;

Ceux de l'Académie des Sciences de Paris (année 1772, Ire partie) ;

Le 2e volume des *Elémens d'Algèbre*, d'Euler ;

Les *Opuscula analytica*, d'Euler ;

Le *Traité de la Résolution des Equations numériques*, de Lagrange ;

La *Théorie des Nombres*, de Legendre ;

Et enfin le 5e cahier du *Journal de l'Ecole Polytechnique.*

Notions générales sur l'Analyse indéterminée.

145. Lorsque l'énoncé d'une question fournit moins d'équations que d'inconnues, cette question est indéterminée, parce qu'elle est susceptible d'un nombre infini de solutions. S'il s'agissait , par exemple, de trouver deux nombres dont la somme fût égale à 10, on aurait l'équation

$$x + y = 10,$$

et quelque valeur qu'on donnât à y, on en trouverait une pour x ; mais en se bornant à ne prendre pour l'une et l'autre de ces inconnues que des nombres entiers positifs, il est évident qu'on ne peut avoir que les neuf solutions suivantes :

$$x = 1, \ 2, \ 3, \ 4, \ 5, \ 6, \ 7, \ 8, \ 9,$$
$$y = 9, \ 8, \ 7, \ 6, \ 5, \ 4, \ 3, \ 2, \ 1,$$

et les quatre dernières ne doivent pas être regardées comme différentes des quatre premières, puisqu'il suffit de changer x en y pour rendre celles-ci identiques avec les autres.

L'exclusion donnée aux nombres négatifs et fractionnaires ne limite pas toujours le nombre des solutions des problèmes indéterminés ; mais il faut souvent recourir à des artifices d'analyse très remarquables, pour ne tomber jamais que sur des valeurs entières et positives des inconnues.

L'équation du premier degré à deux inconnues peut être représentée par

$$ax + by = c,$$

a, b, c étant des nombres entiers donnés. Il faut que les deux premiers, a et b, n'aient aucun facteur commun, à moins que ce facteur ne le soit aussi du troisième. En effet, si l'on avait

$$a = km, \qquad b = kn,$$

il en résulterait

$$kmx + kny = c \quad \text{ou} \quad mx + ny = \frac{c}{k},$$

et il serait par conséquent impossible que x et y fussent des nombres entiers, si c n'était pas divisible par k.

L'équation $ax + by = c$ ne demande aucune préparation, lorsque l'un des coefficiens a ou b est égal à l'unité ; car soit $a = 1$, on a sur-le-champ

$$x = c - by,$$

et ne prenant pour y que des nombres entiers, on n'en trouvera non plus que de tels pour x.

146. Occupons-nous donc du cas général, et suppo-

19..

sons que dans l'équation $ax + by = c$, on ait $a < b$. Soit ma le plus grand des multiples de a que puisse contenir b, en sorte que $b = ma + r$, r étant moindre que a, il viendra

$$ax + may + ry = c, \quad \text{ou} \quad a(x + my) + ry = c.$$

Faisons $x + my = t$, nous aurons

$$ry + at = c.$$

Si r était l'unité, la question serait résolue, car on aurait alors les équations

$$x + my = t \quad \text{et} \quad y + at = c,$$

desquelles on tirerait

$$x = t - my, \quad y = c - at,$$

qui donneraient par conséquent des nombres entiers pour x et y, en prenant de pareils nombres pour t.

Si r surpasse l'unité, nous aurons, à cause de $r < a$,

$$a = m'r + r',$$

$m'r$ étant le plus grand multiple de r que puisse contenir a; et substituant cette expression dans l'équation $ry + at = c$, nous trouverons

$$ry + m'rt + r't = c, \quad \text{ou} \quad r(y + m't) + r't = c;$$

nous ferons $y + m't = u$, ce qui donnera

$$r't + ru = c :$$

nous aurons donc les équations

$$x + my = t, \quad y + m't = u, \quad r't + ru = c,$$

qui, si $r' = 1$, donneront

$$x = t - my, \quad y = u - m't, \quad t = c - ru;$$

et prenant pour u un nombre entier, on en déduira aussi des valeurs de t, de y et de x, en nombres entiers.

Si r' surpasse l'unité, il faudra opérer sur la dernière

équation, $r't + ru = c$, comme sur les précédentes ; et puisque r' est $< r$, on aura

$$r = m''r' + r'',$$

$m''r'$ étant le plus grand multiple de r' que puisse contenir r. Par cette expression, l'équation $r't + ru = c$ se changera en

$$r'(t + m''u) + r''u = c ;$$

faisant $t + m''u = v$, on aura

$$r''u + r'v = c,$$

et dans le cas où r'' serait égal à l'unité, il en résulterait les équations

$$x + my = t, \quad y + m't = u, \quad t + m''u = v, \quad u + r'v = c,$$

dont on tirerait

$$x = t - my, \quad y = u - m't, \quad t = v - m''u, \quad u = c - r'v,$$

valeurs qui seront toujours entières, si v est un nombre entier.

Il est facile de voir que ce procédé conduira nécessairement à une équation dans laquelle l'une des inconnues aura l'unité pour coefficient, car les valeurs de $r, r', r'', \ldots\ldots$ s'obtiennent par la même opération que celle qu'il faudrait faire pour trouver le plus grand commun diviseur des deux nombres b et a, et qui donnerait pour dernier résultat l'unité, puisque ces nombres sont premiers entre eux. En effet, dans la suite des expressions

$$b = ma + r, \quad a = m'r + r', \quad r = m''r' + r'', \quad \text{etc.},$$

r est le reste de la division de b par a, r' celui de la division de a par r, r'' celui de la division de r par r', et ainsi de suite.

147. Je prends pour premier exemple cette question : *Quelqu'un qui n'a que des pièces de 5 fr. et des pièces de 24, se propose de payer une somme de 109 fr.; combien doit-il donner des unes et des autres ?*

Soit x le nombre des pièces de 5 francs, y celui des pièces de 24; il viendra

$$5x + 24y = 109;$$

on aura dans ce cas

$$a = 5, \quad b = 24, \quad c = 109,$$

et l'on trouvera

$$m = 4, \quad r = 4, \quad m' = 1, \quad r' = 1,$$

ce qui donnera

$$x + 4y = t, \quad y + t = u, \quad t + 4u = 109,$$

d'où l'on déduira

$$x = t - 4y, \quad y = u - t, \quad t = 109 - 4u;$$

remontant de la valeur de t à celles de y et de x, on trouvera enfin

$$y = 5u - 109, \quad x = 545 - 24u.$$

Pour ne tirer de ces valeurs que des résultats positifs, il faut ne prendre pour u que des nombres tels, qu'on ait $5u > 109$ et $24u < 545$; ces nombres doivent donc être compris entre $\frac{109}{5}$ et $\frac{545}{24}$, c'est-à-dire 21 et 23; il n'y en a par conséquent qu'un seul, savoir, 22. En supposant $u = 22$, on trouve

$$x = 17, \quad y = 1;$$

et, en effet, 17 pièces de 5 francs font 85 francs, qui, ajoutées avec 24, donnent 109.

La question ci-dessus revient à *partager le nombre* 109 *en deux parties, dont l'une soit divisible par* 5 *et l'autre par* 24; et ce cas particulier est remarquable en ce que le problème est déterminé et n'a qu'une seule solution, lorsqu'on exclut les nombres fractionnaires et les nombres négatifs : il n'en est pas de même de la question suivante.

148. *Quelqu'un achète des chevaux et des bœufs; il paie les uns* 31 *pièces de* 5 *francs chaque, et les autres* 20, *et il se trouve que le prix total des bœufs surpasse de* 7 *pièces celui des chevaux; combien pouvait-il y avoir de bœufs et de chevaux?*

En désignant par x le nombre des bœufs, et par y celui des chevaux, on trouvera

$$20x = 31y + 7, \quad \text{ou} \quad 20x - 31y = 7;$$

dans le cas actuel, on a

$$a = 20, \quad b = -31, \quad c = 7,$$

et il en résulte par conséquent

$$m = -1, \ r = -11, \ m' = -1, \ r' = +9, \ m'' = -1,$$
$$r'' = -2, \ m''' = -4, \ r''' = +1;$$

on fera donc

$$x - y = t, \ y - t = u, \ t - u = v, \ u - 4v = w,$$

et il viendra en dernier lieu

$$v - 2w = 7,$$

ce qui donne, en remontant aux valeurs de y et de x,

$$v = 7 + 2w, \quad u = 28 + 9w, \quad t = 35 + 11w,$$
$$y = 63 + 20w, \quad x = 98 + 31w.$$

Rien ne limite ici les valeurs de x et celles de y, qui

sont positives, lors même qu'on donne à w les valeurs négatives -3, -2, -1; et si l'on fait successivement

$w =$	-3, on trouve	$y =$	3,	$x =$	5,
$=$	-2	$=$	23	$=$	36
$=$	-1	$=$	43	$=$	67
$=$	0	$=$	63	$=$	98
$=$	1	$=$	83	$=$	129
$=$	2	$=$	103	$=$	160
$=$	3	$=$	123	$=$	191
etc.		etc.		etc.	

Les valeurs de y et celles de x font, comme l'on voit, deux progressions par différence; dans la progression relative à y, la différence est égale au coefficient de x, et dans la progression relative à x, la différence est égale au coefficient de y. Il est facile de s'assurer que cette circonstance a toujours lieu; il suffit pour cela de remonter des valeurs générales de v, u, t (146), à celles de x et de y; mais on va le voir encore plus simplement.

149. Si l'on connaissait *à priori*, ou qu'on eût trouvé par hasard, une solution d'une équation indéterminée, on pourrait en obtenir une infinité d'autres, ainsi qu'il suit. Soit $x = \alpha$, $y = \beta$ les deux valeurs données; on aura par hypothèse

$$a\alpha + b\beta = c;$$

retranchant cette équation de la proposée $ax + by = c$, il viendra

$$a(x - \alpha) + b(y - \beta) = 0,$$

d'où l'on tirera

$$x - \alpha = \frac{b}{a}(\beta - y);$$

mais puisque les nombres a et b sont premiers entre eux, la quantité $\frac{b}{a}(\beta - y)$ ne peut être entière, à moins que $\beta - y$ ne soit un multiple de a, condition qu'on remplira en faisant $\beta - y = pa$, p étant un nombre quelconque : par ce moyen, on aura, pour déterminer x et y, les deux équations

$$x - \alpha = pb, \quad \beta - y = pa,$$

qui donneront

$$x = \alpha + pb, \quad y = \beta - pa.$$

Ces expressions prouvent d'une manière très simple que les valeurs de x et de y doivent former des progressions par différence, telles qu'il a été dit plus haut.

150. La théorie des fractions continues donne aussi la solution immédiate de l'équation $ax - by = \pm c$; car si l'on suppose d'abord $c = 1$, que l'on développe la fraction $\frac{a}{b}$ en fraction continue, et qu'on représente par $\frac{m}{n}$ la fraction convergente qui précède la proposée, on aura (128)

$$an - bm = \pm 1 ;$$

puis multipliant les deux membres de cette équation par c, on aura

$$acn - bcm = \pm c.$$

Ainsi on pourra prendre $x = cn$, $y = cm$; on aura de cette manière *deux multiples de a et de b, qui différeront entre eux de la quantité* $\pm c$.

151. La méthode exposée n° 146 est générale, et

s'applique à quelque nombre d'équations que ce soit. Voici un exemple qui en présente trois : *trouver un nombre qui, étant divisé par 2, donne pour reste 1, étant divisé par 3, donne pour reste 2, et étant divisé par 5, donne pour reste 3.* Soit N le nombre cherchée, et x, y, z, les quotiens respectifs qu'il donne lorsqu'il est divisé par 2, par 3 et par 5 ; il suit de l'énoncé ci-dessus, que

$$N = 2x + 1, \quad N = 3y + 2, \quad N = 5z + 3,$$

équations qui se réduisent immédiatement à

$$2x + 1 = 3y + 2, \quad 3y + 2 = 5z + 3,$$

ou à

$$2x - 3y = 1, \quad 3y - 5z = 1.$$

On résoudra d'abord la première de celles-ci comme si elle était seule, et l'on trouvera

$$y = 2t - 1, \quad x = 3t - 1 ;$$

substituant la valeur de y dans la seconde, elle deviendra

$$- 5z + 6t = 4,$$

nouvelle équation qu'il faudra résoudre ; on en tirera

$$z - t = u, \quad - 5u + t = 4,$$

et par conséquent

$$z = u + t, \quad t = 5u + 4.$$

En remontant aux valeurs de z, de y et de x, on aura

$$z = 6u + 4, \quad y = 10u + 7, \quad x = 15u + 11,$$

et l'une des équations proposées, $N = 2x + 1$, par exemple, donnera

$$N = 30u + 23.$$

La plus petite valeur que puisse avoir N s'obtient en

faisant $u = 0$; il vient alors $N = 23$, nombre qui, étant divisé par 2, par 3 et par 5, donne en effet pour restes 1, 2, 3.

Cet exemple, quoique fort simple, montre assez comment il faut opérer dans les cas plus compliqués. Le lecteur pourra s'exercer encore sur les deux équations

$$3x + 5y + 7z = 560, \quad 9x + 25y + 49z = 2920 ;$$

il trouvera, en éliminant z, cette équation

$$12x + 10y = 1000,$$

qu'on simplifie en divisant tous ses termes par 2, et qui donne

$$6x + 5y = 500.$$

Faisant ensuite $x + y = t$, il vient

$$x + 5t = 500, \text{ ou } x = 500 - 5t, \quad y = 6t - 500 ;$$

mettant pour x et pour y ces valeurs dans la première des équations proposées, qui est la plus simple, on aura

$$7z + 15t = 1560 :$$

en résolvant cette dernière, on obtiendra

$$t = 1560 - 7u,$$
$$z = 15u - 3120,$$
$$y = 8860 - 42u,$$
$$x = 35u - 7300,$$

et l'on n'aura que deux solutions entières et positives, savoir, en prenant $u = 209$ et $u = 210$, car u doit être $> \frac{7300}{35}$ et $< \frac{8860}{42}$.

152. Si l'on avait une équation à trois inconnues, $ax + by + cz = d$, on passerait le terme cz dans

l'autre membre, et il viendrait

$$ax + by = d - cz;$$

on ferait $d - cz = c'$, et on n'aurait plus à traiter que l'équation $ax + by = c'$. Lorsqu'on serait parvenu à l'équation dans laquelle l'une des inconnues n'a pour coefficient que l'unité, on remonterait successivement aux valeurs de x et de y, en substituant $d - cz$ à la place de c'; et en supposant que ν fût la dernière des inconnues auxiliaires (146), l'expression de x et de y renfermerait alors deux nombres entiers, ν et z, qu'on pourrait prendre arbitrairement.

Soit $5x + 8y + 7z = 50$; on a, d'après ce qui précède,

$$5x + 8y = 50 - 7z = c',$$

et en faisant $a = 5$, $b = 8$, on trouve

$$m = 1,\ r = 3,\ m' = 1,\ r' = 2,\ m'' = 1,\ r'' = 1,$$

ce qui donne

$$x + y = t,\ y + t = u,\ t + u = v,\ u + 2v = c',$$

d'où l'on tire

$$u = c' - 2v,\ t = 3v - c',\ y = 2c' - 5v,\ x = 8v - 3c',$$

et remettant pour c' sa valeur, on a enfin

$$y = 100 - 14z - 5v,\quad x = 8v + 21z - 150,$$

expressions dans lesquelles on pourra prendre z et v arbitrairement, mais de manière cependant à ne donner pour x et pour y que des valeurs positives.

153. La difficulté de trouver des solutions, soit entières, soit au moins rationnelles, dans les problèmes indéterminés qui passent le premier degré, est beaucoup

plus grande que celle d'obtenir des nombres entiers dans les problèmes de ce degré; c'est pourquoi je ne m'arrêterai que sur un petit nombre de cas les plus simples.

Je m'occuperai d'abord de l'équation

$$py = a + bx + cx^2 + dx^3 + ex^4 \ldots + hx^m,$$

dans laquelle y ne passe pas le premier degré, et qui donne

$$y = \frac{a + bx + cx^2 + dx^3 \ldots + hx^m}{p}.$$

Il est facile de voir que lorsqu'on connaît une seule solution de cette équation, on en peut trouver une infinité d'autres; car si la supposition de $x = \alpha$ rend la quantité

$$a + bx + cx^2 + dx^3 \ldots + hx^m$$

divisible par p, tous les nombres compris dans la formule $\alpha + np$ jouiront aussi de la même propriété, puisque par leur substitution, au lieu de x, la quantité $a + bx + cx^2 + dx^3 +$ etc., prendra la forme

$$a + b\alpha + c\alpha^2 + d\alpha^3 + \text{etc.} + Anp + Bn^2p^2 + \text{etc.},$$

et que la partie $a + b\alpha + c\alpha^2 + d\alpha^3 +$ etc., est divisible par p, d'après l'hypothèse.

Ce qui précède prouve encore que si le problème proposé peut se résoudre en nombres entiers, il y aura nécessairement une ou plusieurs solutions entre $\frac{p}{2}$ et $-\frac{p}{2}$; car si α était hors de ces limites, il serait possible de prendre n de manière que $\alpha \pm np$ s'y trouvât compris. Si, par exemple, α tombait entre $3p$ et $4p$, mais plus près de $3p$ que de $4p$, en prenant $n = -3$, on obtiendrait un résultat moindre que

$\frac{p}{2}$. Il suit de là que pour tomber sur une solution , il suffira d'essayer pour x tous les nombres entiers compris entre $\frac{p}{2}$ et $-\frac{p}{2}$.

Par ce moyen on s'assurera aisément que l'équation

$$7y = 4 + 5x + 6x^2$$

n'est pas résoluble en nombres entiers, puisqu'on ne trouve que des fractions, en prenant pour x tous les nombres compris depuis $+4$ jusqu'à -4.

154. On peut aussi prouver que l'*équation*

$$py = a + bx + cx^2 + dx^2\ldots + hx^m$$

ne saurait, lorsque p *est un nombre premier qui ne divise point* a*, admettre plus de* m *solutions en nombres entiers, par des valeurs de* x *prises depuis* o *jusqu'à* p; et voici comme le fait M. Legendre (*Mém. de l'Académie des Sciences*, 1785).

Si α est une de ces solutions , on aura

$$\frac{a + b\alpha + c\alpha^2 + d\alpha^3 \ldots + h\alpha^m}{p} = n ,$$

n désignant un nombre entier, et par conséquent

$$pn = a + b\alpha + c\alpha^2 + d\alpha^3 \ldots + h\alpha^m ;$$

retranchant cette équation de la proposée, on obtiendra

$$py - pn = b(x-\alpha) + c(x^2-\alpha^2) + d(x^3-\alpha^3)\ldots + h(x^m-\alpha^m),$$

résultat qu'on peut mettre sous la forme

$$p(y-n) = (x-\alpha)(b' + c'x + d'x^2 + e'x^3 \ldots + h'x^{m-1})$$

(*Elém.*, 18o). Or, aucune des valeurs de x ne pouvant

être divisible par p, tant que a ne l'est pas, si l'on prend α, β, γ, etc., entre o et p, les quantités $\beta - \alpha, \gamma - \alpha$, etc., toutes plus petites que p, ne pourront se diviser par ce nombre; le facteur $x - \alpha$ ne sera donc divisible dans aucun de ces cas par p : il faudra par conséquent que ce soit le facteur

$$b' + c'x + d'x^2 + e'x^3 \ldots + h'x^{m-1}.$$

Il résulte de là que l'équation

$$py' = b' + c'x + d'x^2 + e'x^3 \ldots + h'x^{m-1}$$

sera résolue par toutes les valeurs β, γ, etc.; et que si le nombre de celles qui résolvent la proposée était seulement $m + 1$, la précédente en admettrait m. En descendant ainsi de proche en proche, on arriverait à conclure que l'équation $py = a + bx$ devrait admettre deux valeurs entières pour x entre o et p, ce qui ne saurait être, puisque les valeurs de x forment une progression dont la différence est p (149) : donc l'équation proposée n'en peut admettre que m au plus dans ces limites.

155. Soit encore l'équation

$$y = \frac{a + bx + cx^2 + dx^3 + ex^4 + \text{etc.}}{a' + b'x + c'x^2 + d'x^3 + e'x^4 + \text{etc.}},$$

la plus générale de celles dans lesquelles une des inconnues ne monte qu'au premier degré.

Si l'on fait

$$a + bx + cx^2 + dx^3 + ex^4 + \text{etc.} = p,$$
$$a' + b'x + c'x^2 + d'x^3 + e'x^4 + \text{etc.} = q,$$

en éliminant x de ces deux dernières équations, on en

trouvera une de la forme

$$A + Bp + Cq + Dp^2 + Epq + Fq^2 + \text{etc.} = \text{o},$$

entre p et q. Mais par hypothèse, $y = \dfrac{p}{q}$, ou $p = qy$; substituant cette valeur, l'équation précédente deviendra

$$A + Bqy + Cq + Dq^2y^2 + Eq^2y + Fq^2 + \text{etc.} = \text{o};$$

tous les termes étant alors divisibles par q, excepté le premier A, il faudra que celui-ci le soit également; sans cela x et y ne pourraient pas avoir des valeurs entières. On cherchera donc tous les diviseurs du nombre A; en les désignant par α, β, γ, etc., et en les prenant successivement pour q, on aura les équations

$$\alpha = a' + b'x + c'x^2 + \text{etc.},$$
$$\beta = a' + b'x + c'x^2 + \text{etc.},$$
$$\text{etc.},$$

desquelles on cherchera les racines entières, et celles de ces racines qui rendront p divisible par q résoudront la question proposée.

156. Voici un problème très simple qui se rapporte à l'équation précédente. *Trouver deux nombres tels que si l'on ajoute leur produit à leur somme, on obtienne* 79. Désignons ces nombres par x et par y, l'équation à résoudre sera

$$x + y + xy = 79;$$

et prenant la valeur de y, nous trouverons

$$y = \frac{79 - x}{x + 1} = -\frac{x - 79}{x + 1} = -1 + \frac{80}{x + 1},$$

en faisant la division. Le dernier résultat montre que la

question proposée sera résolue en prenant pour $x + 1$ les diviseurs de 8o, qui sont

$$1, \quad 2, \quad 4, \quad 5, \quad 8, \quad 10, \quad 16, \quad 20, \quad 40, \quad 80,$$

et qui donnent respectivement

$$x = \quad 0, \quad 1, \quad 3, \quad 4, \quad 7, \quad 9, \quad 15, \quad 19, \quad 39, \quad 79,$$
$$y = 79, \quad 39, \quad 19, \quad 15, \quad 9, \quad 7, \quad 4, \quad 3, \quad 1, \quad 0 (*).$$

157. Je passe à l'équation

$$a + bx + cy + dx^2 + exy + fy^2 = 0,$$

où les deux inconnues montent au second degré ; en la mettant sous la forme

$$y^2 + \left(\frac{ex + c}{f}\right)y = -\frac{a + bx + dx^2}{f},$$

on en tire

$$y = -\frac{ex + c}{2f} \pm \frac{\sqrt{(ex + c)^2 - 4f(a + bx + dx^2)}}{2f},$$

ou, ce qui revient au même,

$$2fy + ex + c = \pm\sqrt{(ex + c)^2 - 4f(a + bx + dx^2)}.$$

En développant et ordonnant par rapport à x la quantité soumise au radical, on lui donnera la forme....

(*) On résoudrait de même cette question : *Trouver un rectangle dont le contour et l'aire soient exprimés par le même nombre ;* car en nommaut x et y les côtés contigus de ce rectangle, on aurait

$$2x + 2y = xy ;$$

équation dont les solutions entières et positives sont $x = y = 4$, $x = 3$, $y = 6$. Le contour et l'aire sont exprimés par 16 dans le premier cas, et par 18 dans le second. Plutarque avait en vue cette propriété des nombres 16 et 18, lorsqu'il disait, dans son Traité *d'Isis* et d'*Osiris*, que ce sont les deux seuls *nombres plans* dont les *périmètres sont égaux à leurs aires;* il ajoute que les pythagoriciens avaient en aversion le nombre 17, parce qu'il sépare 18 de 16. (*OEuvres morales* de Plutarque, traduites par Ricard, t. XVI, p. 104.) On voit ici un exemple des idées ridicules que les anciens attachaient aux propriétés des nombres.

Compl. des Elém. d'Alg. 20

$m + nx + px^2$, dans laquelle

$$c^2 - 4af = m, \quad 2ce - 4bf = n, \quad e^2 - 4df = p.$$

Si l'on ne demande pour x et pour y que des nombres rationnels, soit entiers, soit fractionnaires, la difficulté du problème se réduira à trouver des valeurs de x qui rendent la quantité $m + nx + px^2$ égale à un quarré parfait; et ce quarré étant désigné par t^2, on aura

$$2fy + ex + c = \pm t.$$

La résolution de l'équation $m + nx + px^2 = t^2$, conduit à

$$x = -\frac{n}{2p} \pm \frac{\sqrt{n^2 - 4pm + 4pt^2}}{2p},$$

ou

$$2px + n = \pm\sqrt{4pt^2 + n^2 - 4pm};$$

faisant $4p = A$ et $n^2 - 4pm = B$, on aura

$$2px + n = \pm\sqrt{At^2 + B}.$$

Par ce résultat, la question est ramenée à déterminer t de manière que $\sqrt{At^2 + B}$ soit un quarré; car ce quarré étant u^2, les deux inconnues x et y ne dépendront plus que des équations du premier degré,

$$2fy + ex + c = t, \quad 2px + n = u,$$

dont les coefficiens c, e, f, n et p sont rationnels, ainsi que les quantités t et u.

La détermination de t, par la condition énoncée ci-dessus, ou, ce qui est la même chose, la résolution de l'équation $u = \sqrt{At^2 + B}$ en nombres rationnels, renferme en général de grandes difficultés. L'un des cas les plus simples a lieu lorsque A est un quarré; en représentant ce quarré par α^2, on aura

$$u = \sqrt{\alpha^2 t^2 + B},$$

et supposant $u = \alpha t + v$, il viendra

$$at + v = \sqrt{a^2 t^2 + B};$$

quarrant les deux membres et réduisant, on trouvera

$$2avt + v^2 = B,$$

et par conséquent

$$t = \frac{B - v^2}{2av};$$

prenant pour v un nombre rationnel, t deviendra un nombre rationnel, ainsi que u, et il en sera de même de x et de y.

Lorsque B est un quarré représenté par β^2, l'équation proposée se résout encore avec la même facilité que tout-à-l'heure, en supposant $u = vt + \beta$, ce qui donne

$$(vt + \beta)^2 = At^2 + \beta^2,$$

équation qui se réduit à

$$v^2 t^2 + 2\beta vt = At^2,$$

ou, en divisant par t, à

$$v^2 t + 2\beta v = At,$$

et d'où il résulte

$$t = \frac{2\beta v}{A - v^2}.$$

Enfin si la quantité $At^2 + B$ peut être décomposée en deux facteurs rationnels, $at + \beta$, $a't + \beta'$, en sorte qu'on ait

$$(at + \beta)(a't + \beta') = At^2 + B,$$

on fera

$$u = v(at + \beta);$$

on en déduira

$$v^2(at + \beta)^2 = (at + \beta)(a't + \beta');$$

supprimant le facteur commun $at + \beta$, on trouvera

$$v^2(at + \beta) = a't + \beta' \quad \text{et} \quad t = \frac{\beta' - \beta v^2}{av^2 - a'}.$$

20..

158. Quant on connaît une valeur rationnelle de t, on peut en déduire facilement une infinité d'autres qui satisfont à l'équation proposée. Pour le prouver, soit α la valeur donnée de t, et β celle de u qui en résulte ; on aura

$$\beta = \sqrt{A\alpha^2 + B}, \quad \text{ou} \quad \beta^2 = A\alpha^2 + B ;$$

retranchant cette équation de $u^2 = At^2 + B$, il vient

$$u^2 - \beta^2 = A(t^2 - \alpha^2), \quad \text{ou} \quad u^2 = A(t^2 - \alpha^2) + \beta^2.$$

Mais si l'on fait $u = (t - \alpha)\,v + \beta$; il viendra, après l'élévation au quarré et la substitution dans l'équation précédente,

$$v^2(t - \alpha)^2 + 2\beta v(t - \alpha) = A(t^2 - \alpha^2) ;$$

divisant tout par $t - \alpha$, on trouvera

$$v^2(t - \alpha) + 2\beta v = A(t + \alpha),$$

d'où l'on tirera

$$t = \frac{2\beta v - A\alpha - \alpha v^2}{A - v^2},$$

formule qui donnera des nombres rationnels pour t, lorsqu'on en prendra de tels pour v.

159. Il est facile de faire autant d'applications qu'on voudra des formules ci-dessus, c'est pourquoi je me bornerai aux suivantes : *Trouver deux nombres* x *et* y, *tels que la somme ou la différence de leurs quarrés soit égale à un quarré donné* β^2. Les équations à résoudre sont

$$y^2 + x^2 = \beta^2, \qquad y^2 - x^2 = \beta^2,$$

et conduisent à

$$y = \sqrt{\beta^2 - x^2}, \qquad y = \sqrt{\beta^2 + x^2},$$

expressions qui se rapportent immédiatement au second cas du numéro précédent. On fera $y = vx - \beta$, ce qui donnera pour l'une

$$(vx - \beta)^2 = \beta^2 - x^2,$$

et pour l'autre

$$(vx - \beta)^2 = \beta^2 + x^2.$$

En développant ces équations, on tirera de la première

$$x = \frac{2\beta v}{v^2 + 1},$$

et de la seconde,

$$x = \frac{2\beta v}{v^2 - 1};$$

substituant ces valeurs dans celle de y, on aura

$$y = \frac{\beta(v^2 - 1)}{v^2 + 1} \quad \text{et} \quad y = \frac{\beta(v^2 + 1)}{v^2 - 1};$$

assignant ensuite des valeurs rationnelles à β et à v, on en obtiendra pareillement de telles pour x et pour y.

Si l'on prend $\beta = 5$, les équations proposées deviendront

$$y^2 + x^2 = 25, \quad y^2 - x^2 = 25;$$

on aura dans la première

$$x = \frac{10v}{v^2 + 1}, \quad y = \frac{5(v^2 - 1)}{v^2 + 1},$$

dans la seconde

$$x = \frac{10v}{v^2 - 1}, \quad y = \frac{5(v^2 + 1)}{v^2 - 1}.$$

On ne peut supposer $v = 1$, car l'une des expressions de y donnerait alors $\frac{0}{2}$, et l'autre $\frac{10}{0}$; mais en faisant successivement $v = 2$, $v = 3$, $v = 4$, etc., les solutions de la première équation seront

$$x = 4, \quad x = 3, \quad x = \frac{40}{17}, \quad \text{etc.,}$$
$$y = 3, \quad y = 4, \quad y = \frac{75}{17}, \quad \text{etc.,}$$

et celles de la seconde,

$$x = \tfrac{20}{3}, \quad x = \tfrac{30}{8}, \quad x = \tfrac{40}{15}, \quad \text{etc.},$$
$$y = \tfrac{25}{3}, \quad y = \tfrac{50}{8}, \quad y = \tfrac{85}{15}, \quad \text{etc.}$$

On ne parvient point à des nombres entiers dans cette dernière, lorsqu'on ne donne que des valeurs entières à ν; mais si l'on fait $\nu = \tfrac{3}{2}$, il en résulte

$$x = 12 \quad \text{et} \quad y = 13.$$

Rien n'est plus facile que de résoudre la seconde question en nombres entiers, lorsque β^2 est impair; car la différence entre le quarré de a et celui de $a + 1$ étant $2a + 1$, il suffira de poser l'équation

$$2a + 1 = \beta^2,$$

de laquelle on tirera

$$a = \frac{\beta^2 - 1}{2};$$

et prenant $x = a$ et $y = a + 1$, il en résultera

$$y^2 - x^2 = \beta^2.$$

Dans l'exemple proposé, où $\beta^2 = 25$, on trouve

$$a = \tfrac{24}{2} = 12,$$

et par conséquent

$$x = 12 \quad \text{et} \quad y = 13,$$

comme ci-dessus.

Il est bon de remarquer qu'on peut supprimer les dénominateurs des valeurs de x et de y, sans changer leurs relations.

Pour la première question on trouve

$$x = 2\beta\nu, \quad y = \beta(\nu^2 - 1),$$

et la racine de la somme des quarrés de ces quantités devient

$$\beta\,(v^2 + 1).$$

Si l'on écrit $\dfrac{m}{n}$ au lieu de v, il viendra

$$x = \frac{2\beta m}{n}, \quad y = \frac{\beta\,(m^2 - n^2)}{n^2},$$

et

$$\beta\,(v^2 + 1) = \frac{\beta\,(m^2 + n^2)}{n^2}.$$

On fera disparaître les dénominateurs de cette formule en prenant $\beta = n^2$, et il viendra

$$x = 2mn, \quad y = m^2 - n^2,$$

d'où $x^2 + y^2 = (m^2 + n^2)^2$. On trouvera des résultats analogues pour la seconde question (*).

Je ne pousserai pas plus loin la résolution des équations indéterminées : ceux qui voudront s'appliquer en particulier à cette branche d'Analyse, pourront con-

---

(*) Ces formules, qui sont très simples, donnent tous les nombres entiers qui peuvent mesurer des côtés de triangles rectangles.

Le rapport des côtés de l'angle droit, ou la tangente de l'un des angles aigus, a pour expression

$$\frac{2v}{v^2 - 1} = \frac{1}{\frac{1}{2}v - \frac{1}{2v}},$$

d'où il suit que ces triangles renferment des angles de toutes les grandeurs. (Voyez les *Tables de Schulze*, tome II, p. 308.)

Il est visible, par la formule

$$\frac{2v}{v^2 - 1} = \frac{v + v}{v \cdot v - 1},$$

que $v = -\tan\frac{1}{2}X$, X représentant l'angle opposé au côté x.

sulter les *Mémoires de l'Académie de Berlin*, ann. 1769,
et le 2ᵉ volume de l'*Algèbre d'Euler*; ils y trouveront la
solution complète de l'équation $u = \sqrt{At^2 + B}$, par
Lagrange, et beaucoup d'autres recherches non moins
intéressantes.

Des propriétés des nombres.

160. Les nombres, considérés en eux-mêmes, indépendamment de tout système de numération et de toute
question particulière, ont des propriétés très remarquables; plusieurs sont relatives à leur divisibilité les
uns par les autres; telle est la proposition qui termine
le nº 16, et dont voici la preuve.

Soit n un nombre premier, v un nombre non-divi-
sible par n; le produit vp divisé par n laissera toujours
des restes différens, tant que p sera $< n$.

En effet, soit

$$vp = En + r, \quad vp' = E'n + r,$$

E et E' désignant des quotiens entiers de la division
des produits vp et vp' par n, et r un reste qui soit le
même pour ces deux opérations; on aura, en retranchant la première équation de la seconde,

$$vp' - vp = (E' - E)n, \quad \text{d'où} \quad \frac{v(p'-p)}{n} = E' - E;$$

et comme v n'est pas divisible par n, il faudra que
$p' - p$ le soit (*Elém.*, 97), ce qui ne saurait arriver
tant que p et p' sont $< n$.

161. On possède aussi plusieurs théorèmes remarquables sur la décomposition des nombres en puissances
parfaites. Bachet de Meziriac, qui commenta le pre-

.mier avec succès l'ouvrage que Diophante nous a laissé sur l'Arithmétique, ou plutôt l'Analyse numérique, remarqua qu'*un nombre quelconque est toujours ou un quarré, ou la somme de deux quarrés, ou celle de trois, ou enfin celle de quatre au plus.*

10, par exemple, est la somme des deux quarrés 1 et 9,
24, celle des trois quarrés, 4, 4 et 16,
39, celle des quatre quarrés, 1, 4, 9 et 25.

Cette proposition fut démontrée ensuite par Fermat, l'un des plus grands géomètres dont la France s'honore, et qui enrichit de remarques le commentaire de Bachet ; mais l'écrit où il se proposait de réunir les grandes découvertes qu'il avait faites sur la théorie des nombres, ne nous est point parvenu, et la propriété précédente n'était qu'un simple fait prouvé par l'expérience, jusqu'à ce que Lagrange l'eût démontrée en 1770, dans les *Mémoires de l'Académie de Berlin*. Euler a prouvé cette proposition d'une manière un peu plus simple, dans la deuxième partie de l'année 1777 des *Actes de l'Académie de Pétersbourg* (*).

En 1770, Wilson fit connaître la propriété suivante des nombres premiers : *Si n désigne un nombre premier quelconque, le produit* $1.2.3...(n-1)$, *augmenté de l'unité, sera divisible par n.*

Par exemple, soit $n = 7$, on a

$$1.2.3....(n-1) = 1.2.3.4.5.6 = 720 ;$$

(*) Fermat avait joint à cette remarque celle que *tout nombre pouvait être ramené à la somme de trois nombres triangulaires, ou cinq pentagonaux, et ainsi de suite.* (Note de la page 196.) Cette dernière partie de son beau théorème a enfin été démontrée par M. Cauchy. (Voyez le *Supplément à l'Essai sur la théorie des nombres*, par M. Legendre, p. 13.)

en ajoutant l'unité, il vient 721, qui, divisé par 7, donne 103 pour quotient, et il s'ensuit que ce même nombre, divisé par tous ceux qui précèdent 7, à partir de 2, laisserait toujours pour reste l'unité. C'est encore Lagrange qui démontra le premier la vérité de cette proposition. (*Mémoires de l'Académie de Berlin*, année 1771.) (*) !

Il est bon de remarquer que les propriétés des nombres correspondent à des questions d'Analyse indéterminée; celle que nous avons citée la première revient à prouver que l'équation

$$u^2 + x^2 + y^2 + z^2 = A$$

peut toujours être résolue en nombres entiers, quelque nombre entier que l'on prenne pour A; la seconde propriété suppose que dans l'équation

$$1.2.3 \ldots (n-1) + 1 = nx,$$

x est toujours un nombre entier, lorsque n est un nombre premier.

Il serait impossible, sans sortir beaucoup des limites où je dois renfermer cet ouvrage, de développer ici les démonstrations des théorèmes que je viens d'énoncer; mais pour donner une idée de ces recherches, je vais exposer, d'après M. Gauss, la *théorie des restes* que laissent les puissances d'un nombre, lorsqu'on les divise par le même nombre premier, et qui conduit au résultat annoncé à la fin du n° 57.

162. Soit, par exemple, la suite

$$1, \ 3, \ 9, \ 27, \ 81, \ 243, \ 729, \ \text{etc.},$$

formée des puissances du nombre 3, et qu'on divise

(*) Voy. aussi mon *Traité du Calc. diff. et du Calc. int.*, tom. III, pag. 722.

chacun de ses termes par le nombre premier 7, on aura les restes

$$1, \quad 3, \quad 2, \quad 6, \quad 4, \quad 5, \quad 1, \quad \text{etc.},$$

où l'on voit revenir, après 6 divisions, le premier reste 1. Dans cet exemple, la période des restes embrasse tous les nombres inférieurs au diviseur, ce qui, dans d'autres cas, n'a pas lieu. Dans la progression

$$1, \quad 2, \quad 4, \quad 8, \quad 16, \quad 32, \quad \text{etc.},$$

par exemple, les restes de la division par 7 étant seulement

$$1, \quad 2, \quad 4, \quad 1, \quad 2, \quad 4, \quad \text{etc.},$$

reviennent après trois divisions, nombre qui est diviseur de 6, c'est-à-dire de 7 — 1. La généralisation de ces remarques donne les théorèmes suivans.

Dans la suite des puissances

$$1, \ a, \ a^2, \ a^3, \ldots$$

il existe, outre le premier terme, un terme a^t, *qui, divisé par un nombre* p, *premier à la base* a, *laisse l'unité pour reste,* t *étant moindre que* p.

C'est-à-dire que, E désignant un nombre entier quelconque, on a

$$a^t = Ep + 1.$$

Soit en général $a^m = Ep + \alpha$; en donnant à m un nombre de valeurs égal à p, on doit rencontrer au moins deux fois une même valeur de α, puisque α est un entier $< p$. Soit donc m' la valeur de m, qui donne cette répétition, et E' la valeur de E, qui lui correspond; on aura

$$\left.\begin{array}{l} a^m = Ep + \alpha, \\ a^{m'} = E'p + \alpha, \end{array}\right\} \text{ d'où } a^{m'} - a^m = (E' - E)p = a^m(a^{m'-m} - 1);$$

mais comme a n'est pas divisible par p, a^m ne le sera pas non plus ($Élém.$, 97); et puisque $(E' - E)p$ l'est, il faudra que $a^{m'-m} - 1$ le soit : donc $a^{m'-m} - 1$ est de la forme Ep, et $a^{m'-m}$ de la forme $Ep + 1$.

Il est visible que $m' - m < p$; en partant du premier terme $1 = a^0$, on rencontrera donc le terme $a^{m'-m}$, avant d'avoir atteint l'exposant p.

Par exemple, dans la progression

$$2^0,\ 2^1,\ 2^2,\ 2^3,\ \text{etc.},$$

on a $2^{12} = 4096$, qui, divisé par 13, laisse 1 de reste.

163. En partant du terme $a^t = Ep + 1$, on trouve

$$
\begin{aligned}
a^t &= Ep + 1,\\
a^{t+1} &= aEp + a,\\
a^{t+2} &= a^2 Ep + a^2,\\
a^{t+3} &= a^3 Ep + a^3,\\
&\text{etc.};
\end{aligned}
$$

d'où l'on voit que les restes reviennent les mêmes que ceux des puissances a, a^2, a^3, ... jusqu'à a^{t-1} inclusivement; ainsi tous les restes que peuvent fournir les différens termes de la suite se présentent dans l'intervalle

$$1,\ a^1,\ a^2,\ a^3, \ldots a^{t-1}.$$

On peut encore voir immédiatement que le terme a^{nt} est de la forme $Ep + 1$; car en faisant $a^t = Ep + 1$, on trouve

$$a^{nt} = (Ep + 1)^n = E^n p^n .. + nEp + 1 = (E^n p^{n-1} .. + nE)p + 1,$$

ce qui revient à la forme indiquée.

164. En classant par périodes, dans lesquelles re-

viennent les mêmes restes, la suite des puissances d'un nombre, ce qui précède fournit le moyen d'obtenir les restes des puissances très élevées; car si l'on demande, par exemple, dans la progression

$$3^0, \ 3^1, \ 3^2, \ 3^3, \ \text{etc.},$$

le reste de la division du terme 3^{1000} par 13, on cherchera d'abord à quelle puissance on a l'unité pour reste en divisant par 13, et l'on trouverait 27 ou 3^3; on aura par conséquent ainsi de 3 en 3, l'unité : divisant donc 1000 par 3, le reste 1 marquera le rang que tient 3^{1000} dans la période, et qu'il laisse le même reste que 3^1; donc ce reste sera 3.

Tout ce qui précède suppose seulement que p soit premier par rapport à a: ce qui suit ne s'applique qu'aux nombres absolument premiers.

165. *Si* p *est un nombre premier qui ne divise point* a, *et* a^t *le terme du plus petit exposant, pour lequel on ait* a$^t =$ Ep $+$ 1, *l'exposant* t *sera ou* p $-$ 1, *ou un diviseur de* p $-$ 1.

On a déjà vu que t ne peut surpasser $p - 1$; il reste à montrer qu'il doit diviser $p - 1$.

Soient d'abord 1, α', α'', etc., les restes des termes

$$1, \ a, \ a^2, \ \dots \ a^{t-1};$$

le nombre de ces restes n'étant égal qu'à t, ils ne comprendront pas tous les nombres $1, 2, 3, \dots p - 1$, dans le cas actuel, où l'on suppose $t < p - 1$: ils sont d'ailleurs tous différens, puisque s'il y en avait deux pareils pour deux termes a^m, a^n, antérieurs au terme a^t, il s'ensuivrait que $a^n - a^m = a^m(a^{n-m} - 1)$ serait divisible par p, ou que a^{n-m}, divisé par p, laisserait l'unité pour reste, ce qui ne peut arriver dans l'intervalle de 1 à a^i.

Soit β un des nombres de la série $1, 2, \ldots p-1$, non compris dans la série $1, \alpha', \alpha''$, etc.; si l'on multiplie chaque terme de celle-ci par β, on formera la série

$$\beta, \quad \alpha'\beta, \quad \alpha''\beta, \text{ etc.},$$

dont la division par p conduira à une nouvelle série de restes que je représenterai par

$$\beta, \quad \beta', \quad \beta'', \quad \text{etc.},$$

tous différens, 1°. entre eux, 2°. avec les restes $1, \alpha'$, α'', etc., dont α désignera un quelconque.

La première assertion se prouve en multipliant par β les deux équations

$$a^m = Ep + \alpha, \qquad a^{m'} = E'p + \alpha',$$

correspondantes à deux termes de la période $1, a, \ldots$ a^{i-1}; on aura

$$\beta a^m = \beta Ep + \alpha\beta, \qquad \beta a^{m'} = \beta E'p + \alpha'\beta;$$

or, si les nombres $\alpha\beta$, $\alpha'\beta$, divisés par p, laissaient le même reste β', il viendrait

$$\alpha\beta = ep + \beta',$$
$$\alpha'\beta = e'p + \beta',$$

d'où

$$\beta a^m = \beta Ep + ep + \beta',$$
$$\beta a^{m'} = \beta E'p + e'p + \beta',$$
$$\beta(a^{m'} - a^m) = (E'\beta - E\beta + e' - e)p;$$

et comme β n'est pas divisible par p, il faudrait que la différence $a^{m'} - a^m$ le fût, ce qui est impossible dans l'intervalle de 1 à a^i.

La seconde assertion s'appuie sur ce que si l'un des nombres de la série β', β'', etc., était le même que quelqu'un de ceux de la série 1, α', α'', etc., on aurait en même temps

$$a^m = Ep + \alpha \quad \text{et} \quad \beta a^{m'} = \beta E'p + \beta \alpha' = E''p + \alpha\,;$$

or, cela ne peut être quand $m' < m$, parce qu'il en résulterait

$$a^m - \beta a^{m'} = (E - E'')p, \quad \text{ou} \quad a^{m'}(a^{m-m'} - \beta) = (E - E'')p\,;$$

il faudrait donc que $a^{m-m'} - \beta$ fût divisible par p; et comme le terme $a^{m-m'}$ ne peut laisser pour reste qu'un des nombres 1, α', α'', etc.; il faudrait que la différence entre β et ce dernier, fût divisible par p, ce qui ne peut être, puisque tous deux sont moindres que p.

Si $m' > m$, on considèrerait alors le terme a^{t+m}, qui laisse le même reste que a^m, et l'on aurait

$$a^{t+m} - \beta a^{m'} = (E - E'')p\,,$$

d'où

$$a^{m'}(a^{t+m-m'} - \beta) = (E - E'')p\,;$$

or, $t + m - m' < t$ dans cette hypothèse; ainsi l'absurdité est encore la même que dans le cas précédent.

La série β, β', β'', etc., n'ayant aucun terme commun avec la série 1, α', α'', etc., elles contiennent ensemble un nombre $2t$ de termes.

Si ces termes n'épuisent pas les nombres $1, 2, .. p-1$, on multipliera les termes de la série 1, α', α'',...... par γ, l'un de ceux qui manquent, et l'on aura un nombre t de résultats,

$$\gamma, \quad \alpha'\gamma, \quad \alpha''\gamma; \quad \text{etc.,}$$

qui conduiront à t restes,

$$\gamma, \quad \gamma', \quad \gamma'', \quad \text{etc.}$$

différens, 1°. entre eux, 2°. avec les termes de la série
1, a', a'', etc., 3°. avec ceux de la série β, β', β'', etc.

Les deux premières assertions se prouvent comme
précédemment; la troisième se vérifie en observant
que si l'on avait en même temps les équations

$$\beta a^m = Ep + \beta',$$
$$\gamma a^{m'} = E'p + \beta',$$

il en résulterait, si $m' < m$,

$$\beta a^m - \gamma a^{m'} = (E - E')p,$$
$$a^{m'}(\beta a^{m-m'} - \gamma) = (E - E')p,$$

$\beta a^{m-m'} - \gamma$ serait par conséquent divisible par p; et
comme $\beta a^{m-m'}$ donne pour reste un des nombres de
la série β, β', etc., moindre que p, il faudrait que
la différence entre un de ces nombres et γ, aussi
moindre que p, fût divisible par p, ce qui ne se peut.

Quand $m' > m$, on considère le terme a^{t+m}, qui donne
le même que a^m, et l'on a l'équation

$$a^{m'}(\beta a^{t+m-m'} - \gamma) = (E - E')p,$$

absurde par les mêmes raisons que la précédente.

En joignant les t termes compris dans la série γ,
γ', etc., avec ceux des séries précédentes, on a en
tout $3t$ de nombres distincts, tous entiers, tous moindres que p.

Si les nombres 1, 2, ... $p - 1$, ne s'y trouvent pas
tous compris, en prenant un de ceux qui manquent,
on formera une nouvelle série entièrement distincte
des trois précédentes, contenant t termes; et en continuant, puisque rien ne s'y oppose, de procéder
ainsi, il faudra bien qu'on épuise, par un nombre
multiple de t, ceux de la série 1, 2, ... $p - 1$, qui

n'en renferme qu'un nombre limité : donc t sera un diviseur de $p - 1$.

166. La quantité $\frac{p-1}{t}$ étant un nombre entier, si l'on élève les deux membres de l'équation

$$a^i = Ep + 1$$

à la puissance marquée par ce nombre, il viendra

$$a^{\frac{t(p-1)}{t}} = a^{p-1} = (Ep + 1)^{\frac{p-1}{t}} ;$$

tous les termes du développement de cette puissance, excepté le dernier, qui est 1, seront divisibles par p ; ainsi l'on aura

$$a^{p-1} = E'p + 1,$$

d'où il suit que *le nombre* $a^{p-1} - 1$ *est divisible par le nombre premier* p *lorsque* a *ne l'est pas*. Théorème dû à Fermat, et qui a conservé le nom de ce géomètre. (Voy. ses *Opera varia*, p. 163).

167. *Il existe des nombres tels, qu'aucune de leurs puissances, dans les degrés inférieurs à* p −1, *ne donne pour reste l'unité, lorsqu'on la divise par* p.

Soient a, b, c, etc., les facteurs premiers de $p - 1$, en sorte que $a^\alpha b^\beta c^\gamma$ etc. $= p - 1$; on va montrer d'abord qu'il existe des nombres A, B, C, etc., tels, que leurs puissances A^{a^α}, B^{b^β}, C^{c^γ}, etc., sont celles du degré le moins élevé qui, dans la division par p, laissent 1 pour reste, et ensuite que le produit ABC, etc. de ces nombres est tel, que $(ABC$ etc.$)^{p-1}$ est celle de ses puissances du degré le moins élevé, sur laquelle la division par p laisse 1 pour reste.

Compl. des Elém. d'Alg.   21

Comme depuis o jusqu'à p l'équation $py = x^m - 1$ n'admet au plus que m valeurs entières pour x (154), il s'ensuit que si l'on considère la quantité $x^{\frac{p-1}{a}} - 1$, il y aura nécessairement dans la série $1, 2, 3, \ldots p-1$, un nombre qui, mis à la place de x, ne rendra pas $x^{\frac{p-1}{a}} - 1$ divisible par p.

Ce nombre aura également la propriété de ne pas rendre $x^{\frac{p-1}{na}} - 1$ divisible par p, car s'il satisfaisait à la condition $x^{\frac{p-1}{na}} - 1 = Ep$, il satisferait aussi à $x^{\frac{p-1}{a}} - 1 = E'p$ (163).

Soit g ce nombre; on aura $g^{\frac{p-1}{a^{\alpha}}} = Ep + h$ (*), E désignant toujours un entier; et en élevant à la puissance a^{α} les deux membres de cette équation, il viendra

$$g^{p-1} = (Ep + h)^{a^{\alpha}} = E'p + h^{a^{\alpha}},$$

E' désignant aussi un entier.

Ainsi $g^{p-1} - h^{a^{\alpha}}$ est divisible par p; mais par le théorème de Fermat (166), g étant premier à p, $g^{p-1} - 1$ est divisible par p, ou g^{p-1} est de la forme $E''p + 1$; donc

$$E''p + 1 = E'p + h^{a^{\alpha}},$$

(*) Il faut observer qu'ici, et dans tout ce qui suit, la lettre g a pour exposant la fraction placée au-dessus.

d'où

$$h^{a^\alpha} = E''p - E'p + 1,$$

et par conséquent $h^{a^\alpha} - 1$ est divisible par p. Les puissances $a^{\alpha-1}$, $a^{\alpha-2}$, etc, de h, pour lesquelles

$$g^{\frac{p-1}{a}} = (Ep + h)^{a^{\alpha-1}} = E'''p + h^{a^{\alpha-1}},$$

$$g^{\frac{p-1}{a^2}} = (Ep + h)^{a^{\alpha-2}} = \bar{E}''''p + h^{a^{\alpha-2}},$$

etc.,

ne remplissent point cette condition, puisque les quantités $g^{\frac{p-1}{a}}$, ... $g^{\frac{p-1}{a^\alpha}}$, etc., par hypothèse, ne la remplissent pas ; mais, d'après le n° 165, le plus petit exposant de la puissance du nombre h, qui rend la quantité $h^t - 1$ divisible par p, doit diviser a^α, puisque $h^{a^\alpha} - 1$ est divisible par p ; or a étant premier, a^α ne peut être divisé par d'autres nombres que a et ses puissances, mais ce ne peut être aucune de celles qui sont inférieures à la puissance α, puisqu'on vient de voir que $h^{a^{\alpha-1}} - 1$ ne saurait être divisible par p, quand $g^{\frac{p-1}{a}}$ ne l'est point : donc $t = a^\alpha$; donc le nombre h, reste de la division de $g^{\frac{p-1}{a^\alpha}}$ par p, est le nombre A demandé. On trouverait de même des nombres B, C, etc.

Maintenant, puisque les nombres

$$A^{a^\alpha}, \quad B^{b^\beta}, \quad C^{c^\gamma},$$

sont de la forme $Ep + 1$, leurs puissances et les produits de ces puissances seront aussi de la même forme
(163), et par conséquent

$$Aa^{\alpha}b^{\beta}c^{\gamma}Ba^{\alpha}b^{\beta}c^{\gamma}Ca^{\alpha}b^{\beta}c^{\gamma} = (ABC)^{p-1}$$

sera aussi de cette forme; et de plus, $p - 1$ sera le
plus petit exposant qui rend $(ABC)^t - 1$ divisible par
p. En effet, si l'on suppose que le produit des nombres
A, B, C, soit tel, que $(ABC)^t = Ep + 1$, t étant
moindre que $p - 1$, il faudra que t divise $p - 1$,
ou que $\frac{p-1}{t}$ soit entier (165); et puisque . . . . . .
$p - 1 = a^{\alpha}b^{\beta}c^{\gamma}$, le quotient ne peut être qu'un des
nombres a, b, c, ou un de leurs multiples.

Soit, par exemple, $\frac{p-1}{t} = na$; on aura $p - 1 = nat$,
d'où $\frac{p-1}{a} \cdot \frac{1}{t} = n$; ainsi t divisera $\frac{p-1}{a}$: dans ce cas,
et en vertu de l'hypothèse, $(ABC)^{\frac{p-1}{a}} - 1$ sera divisible
par p (163). Mais puisque B, C, séparément, sont tels
que

$$Bb^{\beta} = E'p + 1,$$
$$Cc^{\gamma} = E''p + 1,$$

le produit $Ba^{\alpha-1}b^{\beta}c^{\gamma}Ca^{\alpha-1}b^{\beta}c^{\gamma} = (BC)^{\frac{p-1}{a}} = E'''p + 1$;
et si $(ABC)^{\frac{p-1}{a}} = Ep + 1$, il faut que $A^{\frac{p-1}{a}} = E^{\mathrm{iv}}p + 1$,
car $A^{\frac{p-1}{a}} = E^{\mathrm{iv}}p + h$ donnerait

$$(ABC)^{\frac{p-1}{a}} = (E^{\mathrm{iv}}p + h)(E'''p + 1) = E^{\mathrm{v}}p + h.$$

D'un autre côté, A étant tel, que $A^{a^\alpha} - 1$ est divisible par p, il faudra, par le n° 165, que a^α divise $\dfrac{p-1}{a}$, où que $\dfrac{p-1}{a^{\alpha+1}}$ soit un entier, ce qui est impossible, puisque

$$\frac{p-1}{a^{\alpha+1}} = \frac{a^\alpha\, b^\beta\, c^\gamma}{a^{\alpha+1}} = \frac{b^\beta\, c^\gamma}{a} :$$ on ne peut donc pas supposer t d'un degré inférieur à $p-1$.

168. Il suit de là que si l'on désigne par g le produit ABC, ou le plus petit reste de la division de ce produit par p, ou enfin un nombre tel, que g^{p-1} en soit la puissance la moins élevée de la forme $Ep+1$, les restes de la division par p des puissances

$$g^0,\ g^1,\ g^2,\ g^3,\ \dots\ g^{p-2},$$

comprendront tous les nombres $1, 2, 3, \dots p-1$, mais dans un ordre différent de l'ordre naturel.

Si, par exemple, $p = 19$, on pourra prendre $g = 2$, et en divisant les diverses puissances de ce nombre par 19, on formera la table suivante :

Puissances.	2^0,	2^1,	2^2,	2^3,	2^4,	2^5,	2^6,	2^7,	2^8.
Restes.	1,	2,	4,	8,	16,	13,	7,	14,	9,

Puissances.	2^9,	2^{10},	2^{11},	2^{12},	2^{13},	2^{14},	2^{15},	2^{16},	2^{17},
Restes.	18,	17,	15,	11,	3,	6,	12,	5,	10.

Il y a entre ces restes et les exposans auxquels ils correspondent, des relations analogues à celles des nombres et de leurs logarithmes, et Euler a désigné sous le nom de *racines primitives*, par rapport au nombre p, ceux dont les puissances fournissent tous les restes $1, 2, 3, \dots p-1$; de cette manière 2 est racine primitive à l'égard de 19. La même racine primitive peut convenir à plusieurs nombres premiers, et le même nombre premier a le plus ordinairement plusieurs racines primitives. On n'a pas encore de procédé pour trouver directement ces racines; mais Lagrange, dans la note XIV de son *Traité de la Résolution des Équations numériques*, en a donné une table pour les nombres premiers jusqu'à 37, à cause de leur usage dans la résolution de l'équation $x^p - 1 = 0$, découvert par M. Gauss, et qu'il a lui-même beaucoup simplifié, en le combinant avec la méthode exposée dans les n°ˢ 23 et 24 : voici à peu près comme il procède.

169. Soit l'équation

$$x^p - 1 = 0 \qquad (1),$$

p étant un nombre premier; si l'on en ôte le facteur $x - 1$, on aura seulement à résoudre l'équation

$$x^{p-1} + x^{p-2} + x^{p-3} \ldots + 1 = 0 \qquad (2),$$

dont les diverses racines se déduisent des puissances d'une seule (17), en sorte que si l'une quelconque de ces racines était désignée par r, les autres seraient r^2, $r^3, \ldots r^{p-1}$. Mais si a représente une des racines primitives du nombre p, on trouvera aussi toutes les racines de l'équation (2) dans la série

$$r, \; r^a, \; r^{a^2}, \; r^{a^3}, \ldots r^{a^{p-2}},$$

puisque les exposans de r, divisés par p, laisseront pour restes tous les nombres entiers, depuis 1 jusqu'à $p - 1$ (168), les seuls dont il faille tenir compte, à cause que $r^p = 1$, en vertu de l'équation (1). Substituant donc aux racines x', x'', x''', etc., dans la fonction t' d'un° 23, les puissances de r prises dans l'ordre indiqué ci-dessus, et changeant m en $p-1$, on aura

$$t = r + \alpha r^a + \alpha^2 r^{a^2} + \alpha^3 r^{a^3} \ldots + \alpha^{p-2} r^{a^{p-2}},$$

α étant une des racines autre que 1, de l'équation

$$y^{p-1} - 1 = 0.$$

Cela posé, si dans l'expression de t on change r en r^a, elle deviendra

$$r^a + \alpha r^{a^2} + \alpha^2 r^{a^3} \ldots + \alpha^{p-2} r^{a^{p-1}};$$

et comme a^{p-1}, divisé par p, laisse 1 pour reste, la puissance $r^{a^{p-1}}$ sera équivalente à r, ce qui changera l'expression ci-dessus en

$$r^a + \alpha r^{a^3} + \alpha^2 r^{a^3} \ldots + \alpha^{p-3} r^{a^{p-2}} + \alpha^{p-2} r,$$

résultat qui est le même que celui qu'on déduirait de la première valeur de t, en la multipliant par α^{p-2}, et en observant que $\alpha^{p-1} = 1$: on aura donc

$$\alpha^{p-2} t = r^a + \alpha r^{a^2} + \alpha^2 r^{a^3} \ldots + \alpha^{p-2} r.$$

Changeant r en r^a dans cette dernière expression, on verra de même que c'est comme si on l'avait multipliée par α^{p-2}, que le résultat est par conséquent la valeur de $\alpha^{p-3} t$, et qu'il naîtrait aussi du changement de r en r^{a^2} dans la première valeur de t. Un nombre $p-2$ de pareils changemens successifs, épuisera tous ceux qu'on peut faire en substituant à r ses diverses puissances, puisqu'elles reprennent les mêmes valeurs à partir de $r^{a^{p-1}}$. On formera donc ainsi les valeurs des $p-1$ fonctions

$$t, \quad \alpha^{p-2} t, \quad \alpha^{p-3} t, \ldots \alpha t,$$

dont la puissance $p-1$ sera la fonction θ, qui aura par conséquent la propriété de conserver la même valeur, lorsqu'on y changera r en r^a, r^{a^2}, r^{a^3}, etc. Son expression, développée suivant les puissances de a rabaissées au-dessous du degré $p - 1$, sera de la forme

$$\xi + a\xi' + a^2\xi'' \ldots + a^{p-2}\xi^{(p-2)},$$

où les fonctions ξ, ξ', ξ'', etc., ne contiendront que des puissances entières et positives de r, et demeureront les mêmes, lorsqu'on y changera r en r^a, r^{a^2}, etc. (24), propriété qui en simplifie considérablement l'expression.

170. D'abord, il est évident que toute fonction rationnelle et entière de r, peut être réduite à la forme

$$A + Br + Cr^2 + Dr^3 \ldots + Pr^{p-1},$$

quand $r^p = 1$, et qu'ainsi elle peut encore être mise sous la forme

$$A + B'r + C'r^a + D'r^{a^2} \ldots + P'r^{a^{p-2}},$$

lorsqu'on substitue aux exposans $1, 2, 3, \ldots p - 1$, les puissances de a, dont ils dérivent comme restes de la division par p ; seulement l'ordre de succession des puissances n'étant pas le même que celui des restes, les coefficiens B, C, D, ..., P, changeront de place, en passant d'une forme à l'autre ; B', par exemple, sera l'un de ces coefficiens, mais non pas le même que B.

Si maintenant la fonction dont il s'agit doit demeurer la même, lorsqu'on y changera r en r^a, ce qui est le cas des fonctions ξ, ξ', etc., il faudra que l'égalité

$$A + B'r + C'r^a + D'r^{a^2} \ldots + P'r^{a^{p-2}} =$$
$$A + B'r^a + C'r^{a^2} + B'r^{a^3} \ldots + P'r,$$

ait lieu indépendamment de r, et que par conséquent

$$B' = C', \quad C' = D' \ldots P' = B',$$

valeurs qui réduisent à

$$A + B'(r + r^a + r^{a^2} + r^{a^3} \ldots + r^{a^{p-1}}),$$

la fonction proposée, ou bien à

$$A + B's,$$

si l'on désigne par s la somme de toutes les racines de l'équation (2).

Il suit de là que les fonctions ξ, ξ', etc., seront connues immédiatement ; car le développement de θ ou de t^{p-1} donnera les coefficiens A et B', et l'on a $s = -1$, puisque le coefficient du second terme de l'équation (2) est $+1$. La fonction θ étant donc ainsi déterminée, on pourra, au moyen des $p-1$ valeurs de $\sqrt[p-1]{\theta}$, former les valeurs de r, par le procédé indiqué dans le n° 25 ; *il sera donc toujours possible de résoudre algébriquement l'équation* $x^p - 1 = 0$, p *étant un nombre premier, lorsqu'on aura les racines de l'équation...* $y^{p-1} - 1 = 0$.

171. La démonstration de ce théorème est le résultat le plus important de la méthode précédente ; car, pour les applications numériques, on a, depuis long-temps, un procédé beaucoup plus commode (*voyez* la note de la page 120) ; je n'entrerai donc pas dans le détail des abréviations dont cette méthode est susceptible, à cause que $p - 1$ est toujours un nombre composé (26). On les trouvera dans l'ouvrage de Lagrange (*) ; je me

---

(*) On prouverait, par leur moyen, que les racines de toute équation de la forme $x^{2^n+1} - 1 = 0$, lorsque son exposant est un nombre premier, ne dépendent que d'équations du second degré, et que par conséquent on peut effectuer, avec la règle et le compas, la division du cercle en $2^n + 1$ parties égales.

bornerai au développement d'un exemple très simple , destiné seulement à particulariser les indications générales du n° précédent.

L'équation $x^5 - 1 = 0$ étant ramenée à

$$x^4 + x^3 + x^2 + x + 1 = 0,$$

et la racine primitive de 5 étant 2, on aura

$$t = r + \alpha r^2 + \alpha^2 r^{2^2} + \alpha^3 r^{2^3},$$

ce qui revient à

$$t = r + \alpha r^2 + \alpha^2 r^4 + \alpha^3 r^3,$$

en abaissant au-dessous de 5 le dernier exposant de r, et α étant une des racines autre que l'unité , dans l'équation $y^4 - 1 = 0$.

En effectuant le développement de t^4, dans la forme

$$\theta = \xi + \alpha \xi' + \alpha^2 \xi'' + \alpha^3 \xi''',$$

on trouvera

$$\xi = -1, \quad \xi' = 4, \quad \xi'' = 14, \quad \xi''' = -16;$$

d'où

$$\theta = -1 + 4\alpha + 14\alpha^2 - 16\alpha^3;$$

puis mettant pour α ses trois valeurs, qui sont

$$-1, \quad +\sqrt{-1}, \quad -\sqrt{-1} \quad (Elém., 159),$$

on trouvera

$$\theta' = 25,$$
$$\theta'' = -15 + 20\sqrt{-1},$$
$$\theta''' = -15 - 20\sqrt{-1}.$$

Le procédé indiqué dans le n°.25, fournit les équations

$$\sqrt[4]{\overline{\theta'}} = x' + \alpha x'' + \alpha^2 x''' + \alpha^3 x^{\mathrm{IV}},$$

$$\sqrt[4]{\overline{\theta''}} = x' + \beta x'' + \beta^2 x''' + \beta^3 x^{\mathrm{IV}},$$

$$\sqrt[4]{\overline{\theta'''}} = x' + \gamma x^{v} + \gamma^2 x''' + \gamma^3 x^{\mathrm{IV}},$$

qui, jointes à l'équation

$$A = x' + x'' + x''' + x^{\mathrm{IV}},$$

donneraient

$$A + \sqrt[4]{\overline{\theta'}} + \sqrt[4]{\overline{\theta''}} + \sqrt[4]{\overline{\theta'''}} = 4x' = 4r,$$

et par conséquent,

$$r = \tfrac{1}{4}\left(A + \sqrt[4]{\overline{\theta'}} + \sqrt[4]{\overline{\theta''}} + \sqrt[4]{\overline{\theta'''}}\right);$$

mais comme chacune des expressions $\sqrt[4]{\overline{\theta'}}$, $\sqrt[4]{\overline{\theta''}}$, $\sqrt[4]{\overline{\theta'''}}$, est susceptible de quatre valeurs, l'emploi de toutes ces valeurs en produirait 64 pour l'inconnue r, entre lesquelles il faudrait faire un choix, par des considérations analogues à celles qui terminent les n°s 19 et 20. Lagrange ne s'étant pas rappelé cette circonstance, a donné, sur la page 284 de son ouvrage (2ᵉ édit.), un résultat inexact ; mais on est dispensé de tout examen ultérieur, quand on cherche les racines communes aux équations

$$r^4 + r^3 + r^2 + r + 1 = 0,$$

et

$$t = r + \alpha r^2 + \alpha^2 r^4 + \alpha^3 r^3.$$

Lorsqu'on fait $\alpha = -1$, $t = \sqrt[4]{\overline{\theta'}} = \sqrt{5}$, on trouve le facteur commun

$$r^2 + \frac{(1 - \sqrt{5})}{2} r + 1 = 0;$$

d'où l'on tire

$$r = \tfrac{1}{4}(-1 + \sqrt{5} \pm \sqrt{-2\sqrt{5} - 10}).$$

En prenant $t = -\sqrt{5}$, ce qui revient à changer le signe de $\sqrt{5}$, on obtient

$$r = \tfrac{1}{4}(-1 - \sqrt{5} \pm \sqrt{2\sqrt{5} - 10}).$$

Ces valeurs et les précèdentes sont celles que, par la méthode indiquée n° 26, Lagrange a obtenues à la page 293 de son ouvrage, et que donne aussi la méthode du n° 56.

172. Ce qui précède suffit pour montrer l'importance et la difficulté de la théorie des nombres; les lecteurs qui voudront s'en instruire à fond, pourront consulter l'ouvrage où M. Legendre a, le premier, réuni cette théorie en un corps de doctrine complet, et les *Disquisitiones arithmeticæ* de M. Gauss, ou la traduct. française qu'en a donnée M. Poullet Delisle. Les premiers matériaux de cette théorie sont l'ouvrage des plus grands géomètres de notre siècle, qui ont démontré la plupart des propositions dont Fermat ne nous avait laissé que les énoncés : leurs travaux sont consignés dans les Recueils des Académies de Paris, de Berlin et de Pétersbourg. C'est dans le dernier (*Novi Commentarii*, t. VII et XVIII) qu'Euler a donné la *Théorie des Restes* exposée ci-dessus (p. 314 et suiv.)

FIN.

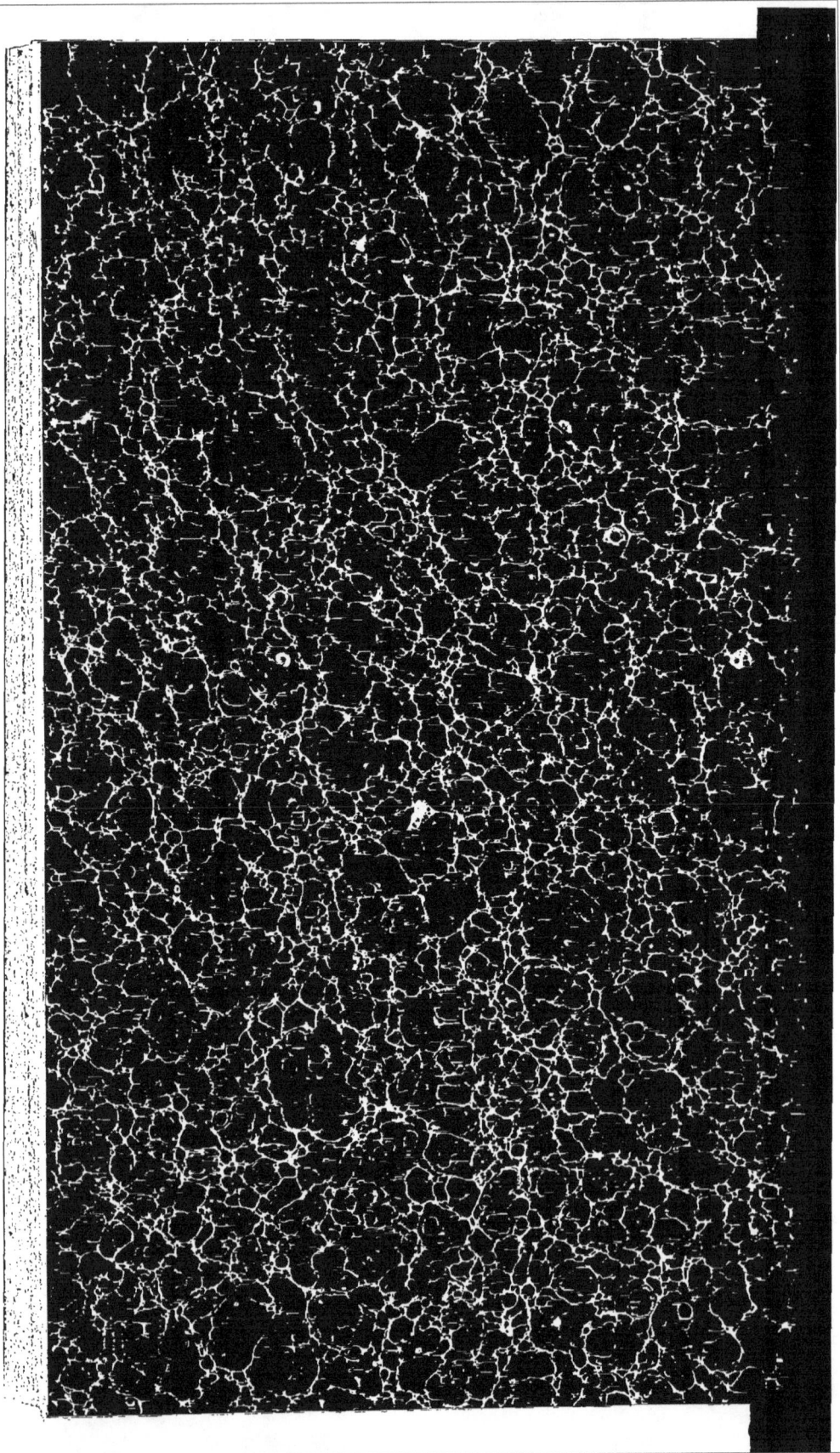

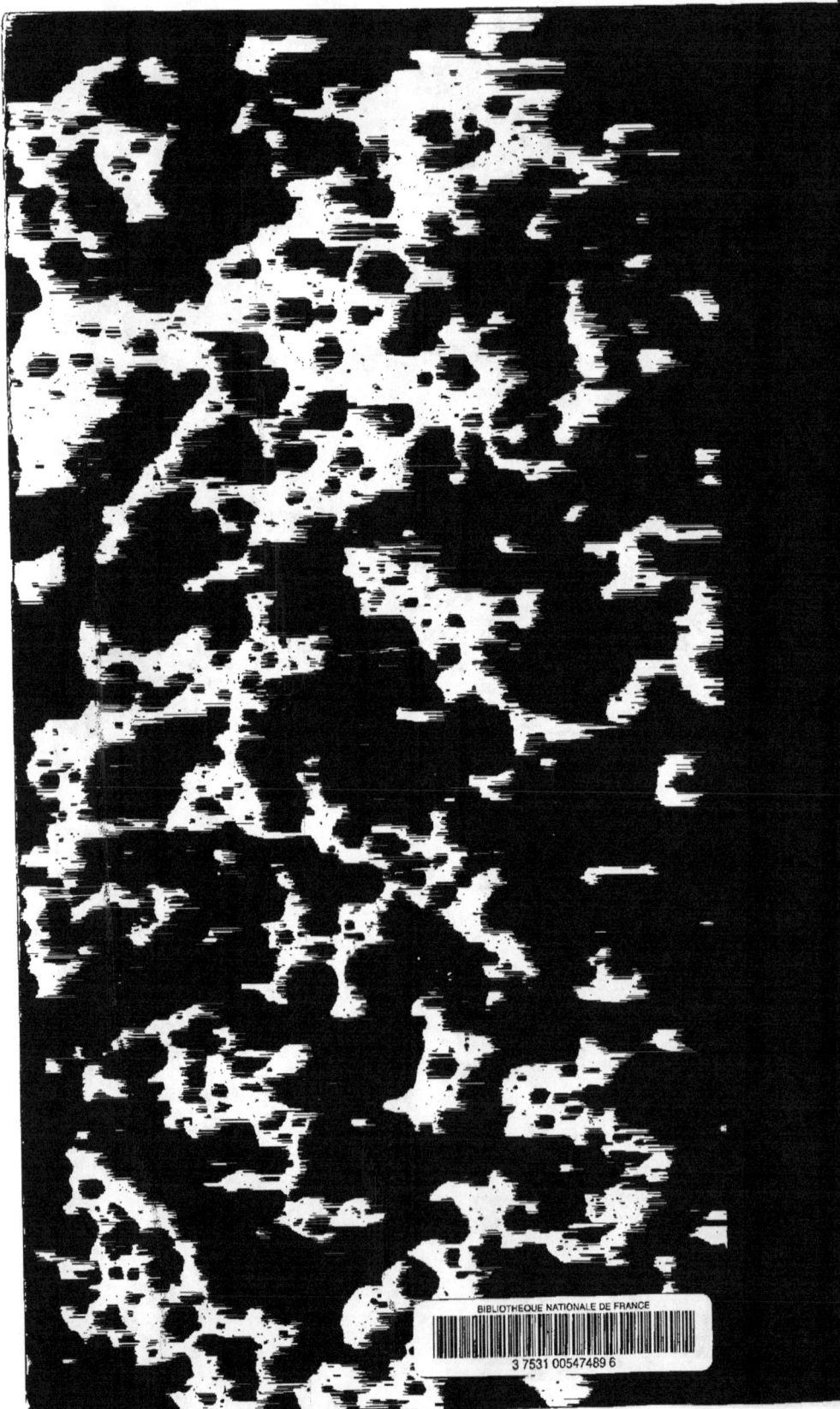

BIBLIOTHEQUE NATIONALE DE FRANCE

3 7531 00547489 6

www.ingramcontent.com/pod-product-compliance
Lightning Source LLC
Chambersburg PA
CBHW060130200326
41518CB00008B/991